JN232397

計測・制御
テクノロジー
シリーズ
13

計測自動制御学会 編

ビークル

金井　喜美雄　ほか著

コロナ社

出版委員会（平成12年度）

委員長	黒森 健一	
委員	岩月 正見	
（五十音順）	國藤 進	
	田村 安孝	
	松尾 芳樹	
	武藤 康彦	
	劉 康志	
	渡辺 嘉二郎	

（本シリーズ企画時の出版委員会構成）

まえがき

　1903年にライト兄弟が動力飛行に成功し，人間が初めて地上から足を離して空中を飛ぶという夢が実現できてから，今年はちょうど100年目に当たる。アメリカを中心に各種のイベントが計画されているが，これまでに，1969年にはアポロ11号が月着陸に成功し，人類が初めて地球以外の天体に足跡を残した。1981年には宇宙から帰還した宇宙船が通常の航空機と同じように滑走路に着陸し，再使用可能となるスペースシャトル，コロンビア号が就航し，これによって宇宙はわれわれにとってかなり身近になり，さらにISS（国際宇宙ステーション）が建造されて人類が宇宙空間で居住できるまでになりつつある。旅客機の大型化にも関心が集まり，来年の初飛行を目指しているA380-800は550席とジャンボ機よりはるかに多くの座席数を有し，旅客数の増大，さらには高速化など著しい進展が期待できる。一方，自動車分野では，コストの問題や，主役は運転者であって特にその必要性がなかったことから，制御技術を積極的に取り入れてこなかったが，最近では，走る，止まる，曲がる，の基本機能をより改善するための制御技術とエレクトロニクスの導入が盛んになってきた。1990年代後半には，ITS（高度道路交通システム）プロジェクトを中心に高速道路における快適な運転，安全性の増大を目指した研究が盛んになり，ACC（車間距離および速度制御）技術などが実用化の段階に入り，やがては航空機のFBW（フライバイワイヤ）技術と同等の自動車のバイワイヤ技術が現実のものとなっていくことだろう。

　本書では，自動車，航空機（ヘリコプタを含む），ロケットおよび宇宙機をビークルの代表として取り上げ，これらの誘導，航法および制御（GNC）技術と運動および各ビークルの特徴，ミッションなどについて平易に解説する。さらに，これらのビークルの運行（移動）を正確，安全に，さらには快適に実

現するための人間の視覚がもつ状況判断能力を工学的に実現する画像処理技術を明らかにし，移動体の位置認識および衝突防止，障害物回避など最適な経路計画技術を紹介して具体的に適用可能な手法などを概観する。

　講義計画の指針としては，まず，航空機あるいは自動車など専門とするビークル（あるいは複数）を取り上げて基本的な運動を導出して乗り物としての基本を理解させる。つぎに，2次元運動の地上の乗り物と3次元運動の航空機，ロケット，宇宙機の相違およびビークルとしての共通点を明らかにし，取り入れられている制御手法など共用技術を明確にする。特に，制御理論の適用および具体例の基本方式を示し，ビークルというキーワードで特徴，ミッションなどを理解させる。さらに，取り上げたビークルが安全，正確，快適にミッションを達成するための画像処理技術の基本を習得させ，衝突防止，障害物回避などの経路計画技術の基本，および適用可能な手法の具体例を示す。本書は代表的なビークルとしての自動車，航空機などの運動，制御を基本から学ぶ教科書として活用でき，さらに，航空機分野，自動車分野などの技術者にも有益な参考書として使用できるように配慮している。

2003年10月

著　者

執筆分担

1章	金井喜美雄	5章	吉田　和哉
2章	川邊　武俊	6章	石井　　抱
	金井喜美雄		石川　正俊
3章	河内　啓二	7章	坪内　孝司
4章	川口淳一郎	8章	登尾　啓史

まえがき

　1903年にライト兄弟が動力飛行に成功し，人間が初めて地上から足を離して空中を飛ぶという夢が実現できてから，今年はちょうど100年目に当たる。アメリカを中心に各種のイベントが計画されているが，これまでに，1969年にはアポロ11号が月着陸に成功し，人類が初めて地球以外の天体に足跡を残した。1981年には宇宙から帰還した宇宙船が通常の航空機と同じように滑走路に着陸し，再使用可能となるスペースシャトル，コロンビア号が就航し，これによって宇宙はわれわれにとってかなり身近になり，さらにISS（国際宇宙ステーション）が建造されて人類が宇宙空間で居住できるまでになりつつある。旅客機の大型化にも関心が集まり，来年の初飛行を目指しているA380-800は550席とジャンボ機よりはるかに多くの座席数を有し，旅客数の増大，さらには高速化など著しい進展が期待できる。一方，自動車分野では，コストの問題や，主役は運転者であって特にその必要性がなかったことから，制御技術を積極的に取り入れてこなかったが，最近では，走る，止まる，曲がる，の基本機能をより改善するための制御技術とエレクトロニクスの導入が盛んになってきた。1990年代後半には，ITS（高度道路交通システム）プロジェクトを中心に高速道路における快適な運転，安全性の増大を目指した研究が盛んになり，ACC（車間距離および速度制御）技術などが実用化の段階に入り，やがては航空機のFBW（フライバイワイヤ）技術と同等の自動車のバイワイヤ技術が現実のものとなっていくことだろう。

　本書では，自動車，航空機（ヘリコプタを含む），ロケットおよび宇宙機をビークルの代表として取り上げ，これらの誘導，航法および制御（GNC）技術と運動および各ビークルの特徴，ミッションなどについて平易に解説する。さらに，これらのビークルの運行（移動）を正確，安全に，さらには快適に実

現するための人間の視覚がもつ状況判断能力を工学的に実現する画像処理技術を明らかにし，移動体の位置認識および衝突防止，障害物回避など最適な経路計画技術を紹介して具体的に適用可能な手法などを概観する。

　講義計画の指針としては，まず，航空機あるいは自動車など専門とするビークル（あるいは複数）を取り上げて基本的な運動を導出して乗り物としての基本を理解させる。つぎに，2次元運動の地上の乗り物と3次元運動の航空機，ロケット，宇宙機の相違およびビークルとしての共通点を明らかにし，取り入れられている制御手法など共用技術を明確にする。特に，制御理論の適用および具体例の基本方式を示し，ビークルというキーワードで特徴，ミッションなどを理解させる。さらに，取り上げたビークルが安全，正確，快適にミッションを達成するための画像処理技術の基本を習得させ，衝突防止，障害物回避などの経路計画技術の基本，および適用可能な手法の具体例を示す。本書は代表的なビークルとしての自動車，航空機などの運動，制御を基本から学ぶ教科書として活用でき，さらに，航空機分野，自動車分野などの技術者にも有益な参考書として使用できるように配慮している。

2003年10月

著　者

執筆分担

1章	金井喜美雄	5章	吉田　和哉
2章	川邊　武俊	6章	石井　　抱
	金井喜美雄		石川　正俊
3章	河内　啓二	7章	坪内　孝司
4章	川口淳一郎	8章	登尾　啓史

目　　　　次

1. 概　　　論

2. 自動車の運動制御

2.1 は じ め に …………………………………………………… *4*
2.2 自動車制御の流れ ……………………………………………… *5*
　2.2.1 線形制御が有効な場合 …………………………………… *5*
　2.2.2 非線形，時変制御が有効な場合 ………………………… *6*
2.3 自動車の運動 …………………………………………………… *7*
　2.3.1 タイヤ力 …………………………………………………… *8*
　2.3.2 横運動（操舵応答）のダイナミクス …………………… *10*
　2.3.3 縦方向運動（加減速）のダイナミクス ………………… *14*
　2.3.4 上下運動のダイナミクス ………………………………… *15*
2.4 自動車の運動制御 ……………………………………………… *17*
　2.4.1 人間-自動車系 …………………………………………… *17*
　2.4.2 アンチロックブレーキ …………………………………… *19*
　2.4.3 セミアクティブサスペンション ………………………… *25*
2.5 新世代の自動車運動制御 ……………………………………… *29*
2.6 お わ り に …………………………………………………… *33*

3. 飛行機・ヘリコプタ

3.1 は じ め に …………………………………………………… *34*
3.2 飛行機の制御メカニズム ……………………………………… *34*
　3.2.1 翼 の 働 き ………………………………………………… *35*

3.2.2 機体固定座標 ································· 37
3.2.3 舵と機体の運動 ······························· 37
3.2.4 機体の運動方程式 ··························· 40
3.2.5 操　縦　系 ······································· 44
3.2.6 セ ン サ ··· 46
3.2.7 3.2節の参考文献 ······························· 47
3.3 ヘリコプタの運動・制御メカニズム ············· 47
3.3.1 制 御 方 法 ······································· 48
3.3.2 ロータダイナミクス ························· 49
3.3.3 全機の運動 ······································· 56
3.3.4 3.3節の参考文献 ······························· 58

4. ロ ケ ッ ト

4.1 は じ め に ··· 59
4.2 ロケットの姿勢・軌道運動 ························· 60
4.2.1 ロケット推進 ······································· 60
4.2.2 ロケットの軌道運動 ··························· 63
4.2.3 柔軟性を考慮したロケットの姿勢運動 ········· 66
4.3 ロケットの姿勢制御 ································· 72
4.3.1 姿勢制御の基本的な考え方 ··················· 72
4.3.2 制御論理の設計 ································· 75
4.3.3 周波数領域で見る，柔軟ロケットの力学，制御系としての性質 ········· 77
4.4 慣　性　航　法 ··· 86
4.4.1 姿勢積分計算 ······································· 86
4.4.2 軌道積分計算 ······································· 88
4.5 誘　　　　　導 ··· 89
4.6 飛翔体に及ぼす風荷重の影響と打上げの可否判定 ··················· 91
4.7 お わ り に ··· 94

5. 宇宙機・宇宙構造物

- 5.1 は じ め に …………………………………… 95
- 5.2 宇 宙 往 還 機 …………………………………… 96
  - 5.2.1 米国の宇宙往還機 …………………………… 96
  - 5.2.2 日本における宇宙往還機開発 ……………… 98
- 5.3 軌道上構造物 …………………………………… 100
  - 5.3.1 宇宙ステーション …………………………… 100
  - 5.3.2 宇宙望遠鏡 …………………………………… 106
  - 5.3.3 伸展マスト …………………………………… 108
  - 5.3.4 太陽発電衛星 ………………………………… 111
- 5.4 軌道上ロボティクス …………………………… 112
  - 5.4.1 宇宙ロボット ………………………………… 112
  - 5.4.2 宇宙ロボットの技術課題 …………………… 113
  - 5.4.3 スペースシャトルおよびISS搭載ロボットアーム …… 115
  - 5.4.4 技術試験衛星VII型 ………………………… 118
  - 5.4.5 ランデブードッキング ……………………… 119
  - 5.4.6 テレオペレーション ………………………… 121
  - 5.4.7 無反動制御 …………………………………… 122

6. ビークルと画像処理

- 6.1 は じ め に …………………………………… 124
- 6.2 知的ビークルと画像処理 ……………………… 125
  - 6.2.1 知的ビークルにおける画像処理の流れ …… 125
  - 6.2.2 知的ビークルにおける画像処理への要求 … 126
  - 6.2.3 カメラ配置と画像処理 ……………………… 127
- 6.3 ビークルにおける画像処理研究 ……………… 128
  - 6.3.1 交通情報の計測 ……………………………… 128
  - 6.3.2 周囲情報の計測・認識 ……………………… 129
  - 6.3.3 レーン抽出・障害物検出 …………………… 131
  - 6.3.4 運転者の計測 ………………………………… 132

vi　目　次

6.3.5　自動運転システム ……………………………………… 132
6.4　画像処理ハードウェア ………………………………………… 133
　6.4.1　イメージャ ……………………………………………… 133
　6.4.2　処理ハードウェア ……………………………………… 134
6.5　ビジョンチップ ………………………………………………… 135
　6.5.1　ビジョンチップの概念 ………………………………… 135
　6.5.2　S³PE アーキテクチャ ………………………………… 136
　6.5.3　高速ビジュアルフィードバック ……………………… 138
　6.5.4　高速視覚のためのアルゴリズム ……………………… 139

7.　移動体の位置認識

7.1　はじめに ………………………………………………………… 142
7.2　移動体のオドメトリ …………………………………………… 144
　7.2.1　移動体の並進速度と回転角速度―移動体の運動学 … 144
　7.2.2　オドメトリによる自己位置の推定値 ………………… 146
　7.2.3　自己位置の推定誤差 …………………………………… 148
　7.2.4　自己位置の推定誤差の平均と分散 …………………… 150
　7.2.5　誤差楕円 ………………………………………………… 152
7.3　ランドマークを用いる測位 …………………………………… 153
　7.3.1　ランドマーク情報と移動体の自己位置に関する表現の一般化 ……… 154
　7.3.2　線ランドマーク ………………………………………… 156
　7.3.3　点ランドマーク ………………………………………… 158
　7.3.4　ランドマークの観測による移動体の推定位置の平均と誤差分散 …… 160
　7.3.5　ランドマークを用いた最小二乗法による位置推定 … 162
7.4　オドメトリおよび観測による推定位置の融合 ……………… 162
　7.4.1　分散最小推定の枠組による移動体の推定位置 ……… 163
　7.4.2　推定位置の融合による誤差楕円の縮小 ……………… 166
　7.4.3　推定位置の誤差分散を考慮するランドマークの観測計画 ………… 169
　7.4.4　遡及的位置推定―ランドマークの観測に時間がかかる場合の取扱い 170
7.5　おわりに ………………………………………………………… 172

8. 経路計画

- 8.1 はじめに ……………………………………………… 174
- 8.2 オフライン（モデルベースト）経路計画 …………… 175
  - 8.2.1 背景・歴史 ……………………………………… 175
  - 8.2.2 探索グラフ ……………………………………… 176
  - 8.2.3 探索アルゴリズム ……………………………… 180
- 8.3 オンライン（センサベースト）経路計画 …………… 187
  - 8.3.1 背景・歴史 ……………………………………… 187
  - 8.3.2 移動体や未知環境 ……………………………… 189
  - 8.3.3 探索アルゴリズム ……………………………… 190

参考文献 ………………………………………………………… 200
索　　引 ………………………………………………………… 215

1 概　　　論

　ビークルは一般に人を乗せて運ぶ乗り物であり，モータビークル，オートモティブビークル，あるいはスペースビークルなど，海上，陸上，大気および宇宙空間の乗り物（移動体）を意味する．これらの乗り物は，出発地をスタートして目的地まで運行する際に，一般に，**航法**（navigation），**誘導**（guidance）および**姿勢制御**（安定化，stabilization）の3重の制御ループを形成し，移動時の位置の認識，障害物の回避を行うなどして目的を達成する．**図 1.1** において，航法ループへの入力は目的地まで運行するというミッションであり，無事に目的地に到達することが最終目的である．航空機では台風など外乱としての気象条件などを考慮しながら飛行コース，位置を決定する．飛行パターン，飛行コース，および速度変化などが誘導ループへの入力となり，着陸時には設定した飛行コースに追従するのがこのループの目的である．飛行中に大気じょう乱などを受けて定常飛行状態から変動したとき，もとの状態に戻す姿勢制御は安定化ループの役目であり，機体の望ましい姿勢，速度などがこのループへの入力となる．航空機，自動車などでは外乱の影響を抑えて安定な運行を維持する安定化問題，さらには機体の動特性の改善などが重要なテーマである．

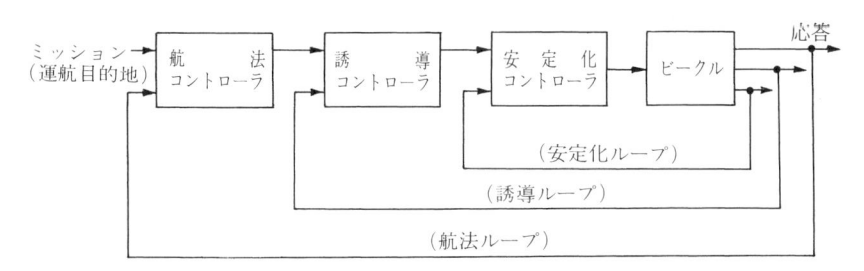

図 1.1　ビークル制御のレベル

ビークルの代表として航空機，宇宙船，自動車を取り上げ，制御理論の発展とそれに関連した分野の主なものを列挙すると**図 1.2** となる。これからわかるように，ビークルの開発は制御理論の進展とともにあり，特に最近のような高速化，大型化，および長距離飛行を可能にした航空機，あるいは大気圏外を航行する宇宙船は，制御理論に基づく計算機技術に負うところが大である。一方，自動車はこれまでは制御技術を積極的に取り入れてこなかったが，1990年代にはITS（インテリジェント交通システム）プロジェクトが各国で開始され，自動運転および安全運転支援システムを中心に現代制御理論が積極的に採用，あるいは検討されている。また，船舶では比較的早い時期から制御手法を取り入れており，航海の安全，省力化，コスト節約などに適用している。

　さらに，操縦方式においても大きな変革が見られ，これまでは操縦輪（ハンドル）から舵面（車輪）までの信号伝達は機械的結合方式であったが，いまでは電気的（あるいは近い将来に光学的）手段に移りつつある。航空機では，サイドスティックを採用した **FBW**（fly by wire）**方式** がすでに軍用機，民間機で実用になっており，電磁干渉や落雷などに有利とされる **FBL**（fly by light）**方式** も積極的に研究，開発が進められている。自動車でも **TBW**（throttle by wire），**BBW**（brake by wire），**SBW**（steer by wire）などのバイワイヤ方式に関する研究が注目を集めている。

　本書では，代表的なビークルとして自動車，航空機（ヘリコプタを含む），ロケット，および宇宙機を取り上げ，運動，制御，および各ビークルの特徴，ミッションなどについて解説する。さらに，これらのビークルの運行（移動）を安全，正確に実現するための人間の視覚がもつ状況判断能力を工学的に実現する画像処理技術，移動体の位置認識および衝突防止，障害物回避などに関する最適な経路計画技術，手法などを概観する。

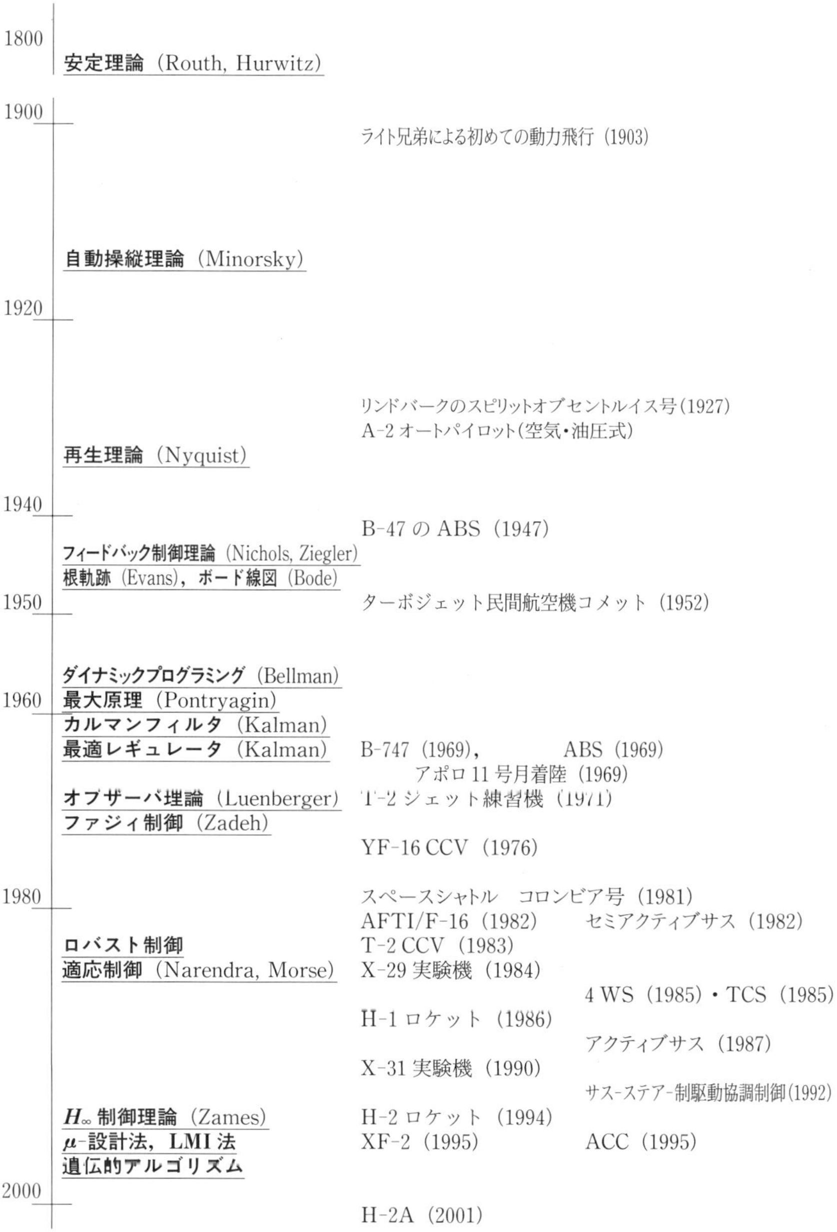

年代	理論	ビークル開発
1800	安定理論（Routh, Hurwitz）	
1900		ライト兄弟による初めての動力飛行 (1903)
	自動操縦理論（Minorsky）	
1920		
		リンドバークのスピリットオブセントルイス号 (1927)
		A-2 オートパイロット（空気・油圧式）
	再生理論（Nyquist）	
1940		
	フィードバック制御理論（Nichols, Ziegler）	B-47 の ABS（1947）
	根軌跡（Evans），ボード線図（Bode）	
1950		ターボジェット民間航空機コメット（1952）
	ダイナミックプログラミング（Bellman）	
1960	最大原理（Pontryagin）	
	カルマンフィルタ（Kalman）	
	最適レギュレータ（Kalman）	B-747（1969），ABS（1969）
		アポロ11号月着陸（1969）
	オブザーバ理論（Luenberger）	T-2 ジェット練習機（1971）
	ファジィ制御（Zadeh）	
		YF-16 CCV（1976）
1980		スペースシャトル コロンビア号（1981）
		AFTI/F-16（1982） セミアクティブサス（1982）
	ロバスト制御	T-2 CCV（1983）
	適応制御（Narendra, Morse）	X-29 実験機（1984）
		4 WS（1985）・TCS（1985）
		H-1 ロケット（1986）
		アクティブサス（1987）
		X-31 実験機（1990）
		サス-ステア-制駆動協調制御（1992）
	H_∞ 制御理論（Zames）	H-2 ロケット（1994）
	μ-設計法，LMI 法	XF-2（1995） ACC（1995）
	遺伝的アルゴリズム	
2000		H-2A（2001）

図 **1.2** 制御理論の展開とビークル（航空機，自動車）の開発（金井喜美雄：計測と制御，**30**, 12, p.91（2001）表1より転載）

2 自動車の運動制御

2.1 はじめに

　もっと運転が面白い車に乗りたい。もっと安価に車を手に入れたい。もっと便利な車に乗りたい。しかし，交通事故や資源の消費は可能なかぎり少なくしたい。自動車技術は，このような人間としての願望や，あるいは社会的要請に応えるために発展してきた。自動車は不断に改良され続け，新技術がつぎつぎと投入される。新技術は自動車の仕組みや構造の革新を伴うが，そのとき制御技術が重要な役割を果たすことが少なくない。長い間自動車のなかでは主役であったガソリンエンジンは，近い将来に退場させられ，代わりに燃料電池と電動機が据えられる可能性がある。また，交通渋滞の緩和や安全性の向上を目的として，道路-自動車系の自動化・情報化が検討されている。このように自動車はこれからなお様変わりしそうであり，制御技術の役割がいっそう増えることは想像に難くない。

　一口に自動車の制御系といっても，そこにはセンサ，アクチュエータ，制御装置が含まれ，技術分野は，物性，回路技術，パワーエレクトロニクス，油圧，コンピュータ，半導体，ソフトウェア技術，計算機シミュレーション，力学系の解析，制御理論などと広大な範囲にまたがっている。本章で述べるのは制御系設計に関連する事柄である。自動車には，内燃機関やアクチュエータのサーボ系など多くのサブシステムが搭載されている。これらサブシステムは，ほかの産業分野にも類似したものが見られるが，車載するためには独特の技術が用いられている。サブシステムの制御は興味深いが，ここでは紙数の限りがある

ため，2.2 節において概観するに止めることにする．本章では，自動車そのものを制御対象として考えていることから，走る・曲がる・止まる（ただし乗り心地よく）を扱う運動制御について取り上げる．まず，2.3 節において自動車運動の力学を簡単に説明する．2.4 節では，アンチロックブレーキ，セミアクティブサスペンション，2.5 節では，車間距離制御について解説する．

2.2 自動車制御の流れ

最近の自動車制御の研究状況を主として自動車メーカの発表論文から概観してみよう．自動車に要求される性能は多々あるが，大まかに分類すると
- 耐環境性：暑さ，寒さ，風雨，振動に耐える
- 耐久性：長期間壊れにくい
- 地球環境への配慮：省エネルギー，排気性能
- 安全性，乗り心地，操縦しやすさ

などに分けられる．要求性能どうしは複雑に絡み合っていることが多く，例えば，エンジンとブレーキ，ブレーキとサスペンションというように複数の部位が関係する場合が少なくない．エンジン・動力伝達系[41]†（空燃比制御[12],[34]，アイドル回転数制御[2],[3],[18]，変速機制御[4],[7],[14],[16]），ブレーキ系（アンチロック・アンチスリップ制御[28],[55]），懸架系（アクティブ・セミアクティブサスペンション[19],[29],[35],[45],[47],[53],[54],[56],[58]），騒音制御[38]，操舵系[5],[6],[8],[20]～[22],[42],[43]，あるいはそれらの系の操作端としてのサーボ系，など自動車の多くの部分に制御が導入されている．以下，これらの制御系を制御対象が線形近似できるか，あるいは非線形として扱うかという見方でまとめ直してみる．

2.2.1 線形制御が有効な場合

線形系とみなせる制御対象に対しては，線形制御理論は非常に有力な制御系開発の手段の一つである．サーボ系，懸架系，操舵系などでは，制御対象の線形

---
† 肩付数字は巻末の参考文献番号を表す．

近似が有効で，そのため線形制御理論の応用例が多く見られる．MATRIXxやMATLABに代表されるパッケージソフトが普及し，線形制御理論が現場技術者に手軽に利用可能になったことも，その大きな要因の一つであろう．

操舵応答の制御では，好ましい操舵特性を規範モデルとして記述し，応答誤差の評価関数を最小化することにより制御則が導出された[20]．タイヤと路面の間の非線形性や不確かさに対しロバスト安定とするため，フィードフォワード制御[5),20)]や適応制御[21),22)]，H_∞制御（2次安定化）[43]が用いられてきた．文献42)では制駆動系と操舵系の統合制御系の設計にμ設計が用いられた．横加速度をフィードバックする後輪操舵制御では制御対象が非最小位相系となることがあるが，この問題に対して文献26)では古典的周波数整形にH_∞最適化を用いた．

大量生産された部品の特性には個体差があり，経時変化がある．また，部品特性は温度や動作点によっても変化する．燃料噴射ポンプ制御系[32]，エンジンのアイドル回転数制御系[2),3)]クラッチのスリップロックアップ制御系[14]，アクティブサスペンション制御系[58]では，これら部品の特性変動やアクチュエータの応答遅れを制御対象の摂動として定式化し，H_∞制御やμ設計によりロバスト性を検討している．アイドル回転数制御[2)]では，操作端飽和を考慮するため，2自由度制御系の前置補償器をl_1最適化した．また，四輪操舵用サーボ系では部品の特性変動に対するロバスト性を考えるうえで，制御則の離散時間化や適応化が検討されている[24),27)]．

車室の振動を抑えるサスペンション制御は振動制御の一つであり，周波数領域で性能が評価されることが多い．この問題については，従来の時間領域評価関数[19]の最適制御に代わって周波数領域評価関数を用いるH_∞制御が適用された[45),58)]．H_∞制御あるいはH_2制御の具体的な適用例として，トラックのキャブサスペンション[35]やエンジンマウント[53]，シートの振動制御[54]がある．

2.2.2 非線形，時変制御が有効な場合

エンジン系の空燃比制御や，アンチロック・アンチスピン制御などでは，非

線形性や時変性が無視できない。これらの制御対象に対しては，一つに適当な制御理論がなかったため，設計者が自分の物理的な直感をもとに制御則を導くことが多かった。このような方法では制御設計が試行錯誤的になることがある。試行錯誤を設計手順から排除することを目的の一つとして，時変・非線形制御理論の適用が検討されている。以下にその検討の例を挙げる。

エンジンの燃焼は多くの時変パラメータにより支配され，簡単な線形モデル化が困難である。また，状態量の多くが直接検出できない。このため，空燃比（混合気の濃さ）制御に状態観測器[12]や適応制御[34]が応用された。車室内の騒音を能動的にスピーカで打ち消す制御に適応フィルタが用いられた[38]。

タイヤと路面の間で発生する力は，旋回加速度やタイヤの滑り率に関しては非線形であり，しかも路面状態や積載状態による変化が大きい。この問題に対してはアンチロック・スリップ制御系の設計に**スライディングモード** (sliding mode) **制御**の適用が検討されている[28],[55]。

セミアクティブサスペンションは，アクティブサスペンションに比べてエネルギー消費が少ないという利点がある。セミアクティブサスペンション系はダンパの減衰係数を操作量とするため，双線形系となり，制御系の設計では非線形性を考慮した制御法がいくつか提案されている[11],[29],[47],[56]。

ここでは主に自動車メーカの研究のみを取り上げたが，大学，公的研究機関の研究については例えば文献57）がある。

2.3 自動車の運動

具体的に，自動車はどのように制御されるのか，運動制御を取り上げて解説する。自動車の運動は，タイヤと路面の間で発生する力（以下，タイヤ力と呼ぶことにする）と車体が受ける空気力により発生する。車速が大きくなるほど空気力の影響は大きくなるが，操縦安定性や乗り心地に大きく寄与するのはタイヤ力である。自動車の運動制御はいかにタイヤ力を有効利用するかという問題であるということもできよう。そこで，まずタイヤ力について述べる。つぎ

に自動車のモデル化について述べる。自動車のモデルには，エンジン，サスペンションなどサブシステムを詳細かつ網羅的にモデル化し，車両実験を計算機シミュレーションで代替する目的のものがある。このようなモデルは必然的に複雑かつ大規模になり，制御系を設計したり，自動車運動の基本を理解するには不向きである。そこで，ここでは制御系設計用としてよく用いられる簡略化されたモデルについて述べる。

なお，本章ではつぎの記号を用いる。q：微分演算子（$=d/dt$），s：ラプラス演算子，R：実数の集合，R^n：n次元実ベクトルの集合，$R^{n\times m}$：n行m列の行列の集合，j：虚数単位。I_m：m行m列の単位行列。

2.3.1 タイヤ力

タイヤが路面に対して"滑り"をもつと，路面との間に力が発生する。タイヤが路面から受ける力を**タイヤ力**という。タイヤ力（F_Tとする）の発生のメカニズムは単純ではなく，摩擦力，粘着力，ヒステリシスロスなど複合的な現象であると考えられている。ここでは，制御系設計に必要な最も基礎的な事柄を述べることにする。タイヤについての詳細は，例えば文献59）を参照されたい。

路面に対する車輪の速度ベクトルをV_wとする。車輪の回転面は，V_wから時計回りに角度β_wの方向であるとする。β_wをタイヤの横滑り角という。V_wの車輪の回転面内の成分をV_{wx}，回転軸に平行な成分をV_{wy}とすると（**図2.1**），タイヤ横滑り角β_wは

$$\beta_w = \tan^{-1}\frac{V_{wy}}{V_{wx}} \qquad (2.1)$$

と表される。このとき，回転軸方向のタイヤ力（横力F_{wy}とする）は滑り角β_wに応じて発生する。

また，縦方向の力（縦力F_{wx}とする。制動のとき**ブレーキ力**，加速のとき**トラクション**である）は**スリップ率**

2.3 自動車の運動

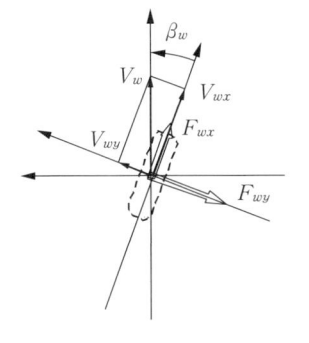

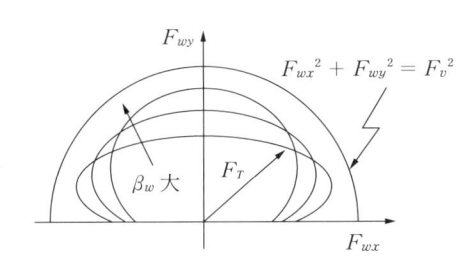

図 2.1 タイヤ力の分解

図 2.2 タイヤの摩擦円

$$\lambda = \begin{cases} \dfrac{R_w x_w - V_{wx}}{R_w x_w} & (R_w x_w > V_{wx}) \\[2mm] \dfrac{R_w x_w - V_{wx}}{V_{wx}} & (R_w x_w \leqq V_{wx}) \end{cases} \quad (2.2)$$

により発生する。ここで x_w は車輪の回転の角速度，R_w は車輪半径である。$R_w x_w$ はタイヤの接地面での線速度であり，$R_w x_w > V_{wx}$ のときトラクション，$R_w x_w < V_{wx}$ のときブレーキ力が発生する。

発生し得るタイヤ力 F_T の大きさ $F_{T\max}$ には限りがある。特殊なタイヤの場合を除き，$F_{T\max}$ は輪加重（タイヤを路面に押し付ける力：F_v とする）の大きさを越えない。もちろん滑りやすい路面（例えば氷上）では，$F_{T\max}$ は，乾燥したアスファルト上より減少する。また，F_{wx} あるいは F_{wy} のどちらか一方が発生しているとき，一方の大きさに応じて，他方の大きさは制限される。このような関係を摩擦円という概念で表す（**図 2.2**）。タイヤ力が真に摩擦力であれば，摩擦円は正しく"円"になるはずであるが，実測すると，通常は図のような上下につぶれた曲線が得られる。発生し得る縦力 F_{wx} が最大となるとき，発生し得る横力 F_{wy} はゼロでない。

輪加重を一定とし，横軸に横滑り角 β_w，縦軸に $-F_{wy}$ をプロットすると**図 2.3** のようなグラフが得られる。$-F_{wy}$ は β_w が小さいとき（典型的な乗用車用タイヤでは 8° 程度まで）β_w の増加に応じて増えるが，β_w が大きくなると飽和し，減少する。$-\partial F_{wy}/\partial \beta_w$ を**コーナリングパワー**という。コーナリン

10   2. 自動車の運動制御

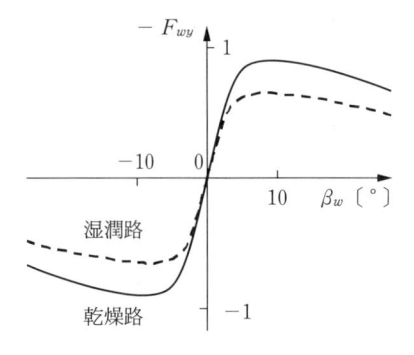

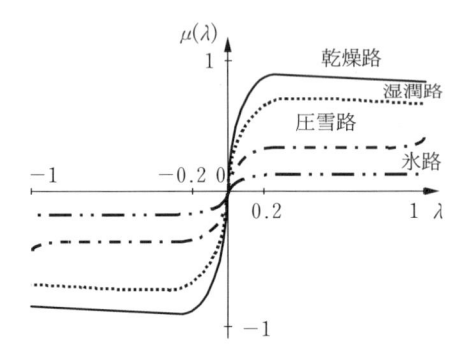

図 2.3 タイヤ横力と横滑り角の関係　　**図 2.4** 路面摩擦係数とスリップ率の関係

グパワーは，β_w が小さいときほぼ一定の値をとり，タイヤの材質や構造，空気圧，路面の状態などにより決まる。

F_{wx} を摩擦力になぞらえて，F_{wx}/F_v を**路面摩擦係数**（ここでは記号 μ を用いる）と呼ぶ。横軸にスリップ率 λ をとり，μ をプロットすると**図 2.4** のようなグラフが得られる。μ は λ が小さいときは λ に応じて増加するが，$\lambda = 0.2$ 程度をピークとして飽和し，その後は減少する。空気力を利用して輪加重を増やしたり，特別なタイヤを使ったりしないかぎり，発生し得る縦方向の加速度の絶対値は重力加速度の大きさを越えない。

2.4.2 項に示すように，スリップ率を ± 0.2 付近に保てば，制駆動力はほぼ最大に効き，しかもなおタイヤ横力を発生できてある程度操舵も利く。アンチロックブレーキやトラクション制御の目的の一つは，スリップ率を ± 0.2 付近に保ち，最大の縦力を得るとともに横力をも発生させ，スピンを防いだり操舵を可能としたりすることである。

タイヤ力を詳細に記述するためのモデルとして，例えば文献 44) のモデルがある。

2.3.2 横運動（操舵応答）のダイナミクス

2 輪モデル[1]と呼ばれる最も簡単な横運動のモデルを紹介する。2 輪モデルは自動車の操舵応答特性を論じるのによく使われる。左右のタイヤ力の差，サ

スペンションの効果，タイヤ横力の滑り角に対する非線形性などは省略されているが，自動車の横滑りが小さい日常的な走行範囲では，よい近似になっている。

自動車に固定した座標系を使うと，車軸方向の並進運動の運動方程式は

$$2C_f + 2C_r = M\alpha \tag{2.3}$$

重心点回りの回転の運動方程式は

$$2C_f L_f - 2C_r L_r = I_z \ddot{\psi} \tag{2.4}$$

と表される（図 2.5 参照）。ただし，C_f は前輪の発生する**コーナリングフォース**，C_r は後輪の発生するコーナリングフォース，L_f は前車軸から重心点までの距離，L_r は後車軸から重心点までの距離，M は自動車の質量，I_z はヨー方向の慣性モーメント，α は重心点での横方向への並進加速度（**横加速度**），$\ddot{\psi}$ は**ヨー角加速度**，$\dot{\psi}$ は**ヨーレート**（**ヨー角速度**），V_y は重心点の車軸方向への並進速度（**横滑り速度**），V_x は縦方向の速度である。

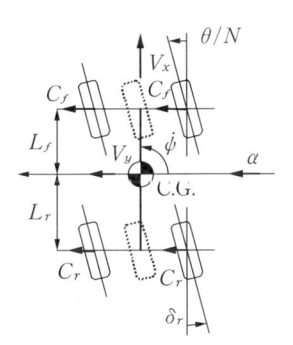

図 2.5　2輪モデル

V_x と V_y は，それぞれ自動車の路面に対する速度（車速）の縦方向成分と横方向成分である。車速の大きさを $V = \sqrt{V_x^2 + V_y^2}$ とすると，自動車が直進するとき $V = V_x$，$V_y = 0$ である。日常的な走行では $V_y \ll V_x$ であり，V と V_x を区別することは実用的にはあまり意味がない。横加速度は

$$\alpha = \dot{V_y} + V\dot{\psi} \tag{2.5}$$

と表される。

コーナリングフォースは，タイヤ力の車体横方向の成分である[†]。いま，横滑りが小さい運動領域を考えているから，β_w は小さく，$\partial F_{wy}/\partial \beta_w$ は一定とみなせる。そこで，前輪，後輪おのおのの $\partial F_{wy}/\partial \beta_w$ を定数とみなし，それぞれ前輪のコーナリングパワー K_f，後輪のコーナリングパワー K_r と呼ぶことにする。この仮定のもとに前後輪コーナリングフォースはそれぞれ

$$C_f = -K_f \beta_f \tag{2.6}$$
$$C_r = -K_r \beta_r \tag{2.7}$$

と表される。ここで β_f は路面に対する前輪の滑り角，β_r は路面に対する後輪の滑り角である。

さて，β_f はどのように表されるか考える。いま，自動車は $\dot{\psi}$ でヨー運動し，V_y の横速度をもつから，2輪モデルで前車輪のところの横運動の速度は $V_y + L_f \dot{\psi}$ である。操舵角 $\theta = 0$ とすると，このときのタイヤ滑り角は $(V_y + L_f \dot{\psi})/V_x$ である。このときタイヤは滑りと逆方向に力を出すから，幾何学的な関係から

$$\beta_f = -\frac{\theta}{N} + \frac{V_y + L_f \dot{\psi}}{V} \tag{2.8}$$
$$\beta_r = \delta_r + \frac{V_y - L_f \dot{\psi}}{V} \tag{2.9}$$

と近似できる。ただし $V = V_x$ とした。ここで，δ_r は後輪舵角，N はステアリングギヤ比である。式(2.3)〜(2.9)を用いるとつぎの状態方程式が得られる。

$$\dot{\boldsymbol{x}}_p = \boldsymbol{A}_p \boldsymbol{x}_p + \boldsymbol{B}_p \boldsymbol{u}_p \tag{2.10}$$

$$\boldsymbol{x}_p = \begin{bmatrix} \dot{\psi} & V_y \end{bmatrix}^T, \quad \boldsymbol{u}_p = \begin{bmatrix} \theta & \delta_r \end{bmatrix}^T$$

$$\boldsymbol{A}_p = \begin{bmatrix} a_{11} & a_{12} \\ a_{21} & a_{22} \end{bmatrix}, \quad \boldsymbol{B}_p = \begin{bmatrix} b_{11} & b_{12} \\ b_{21} & b_{22} \end{bmatrix}$$

[†] 舵角がゼロでなかったり，自動車が横滑りしたりヨー運動している状態では，タイヤの横力の方向は x 軸方向（コーナリングフォースの方向）と厳密には一致していない。ただし両者の差は横滑りが小さい運動領域ではわずかである。

2.3 自動車の運動

$$a_{11} = -\frac{2(L_f{}^2 K_f + L_r{}^2 K_r)}{I_z V}, \quad a_{12} = -\frac{2(L_f K_f - L_r K_r)}{I_z V},$$

$$a_{21} = -\frac{2(L_f K_f - L_r K_r)}{M V_x} - V, \quad a_{22} = -\frac{2(K_f + K_r)}{M V}$$

$$b_{11} = \frac{2L_f K_f}{I_z N}, \quad b_{12} = -\frac{2L_r K_r}{I_z}, \quad b_{21} = \frac{2K_f}{M N}, \quad b_{22} = \frac{2K_r}{M}$$

車速 V を固定すると式(2.10)は線形系であり，線形システムとしての解析が可能である。

通常の乗用車は A_p が安定になるように設計されている。横風や路面の凹凸など外乱に対しても，横運動のダイナミクスは安定である。式(2.10)に関して伝達関数を計算すると，一般の自動車では，$\dot{\psi}(s)/\theta(s)$ と $\dot{\psi}(s)/\delta_r(s)$ は強プロパーで安定な最小位相系となり，強正実である。$\alpha(s)/\theta(s)$ は直達項を有する安定な最小位相系，$\alpha(s)/\delta_r(s)$ は直達項を有する安定な非最小位相系とな

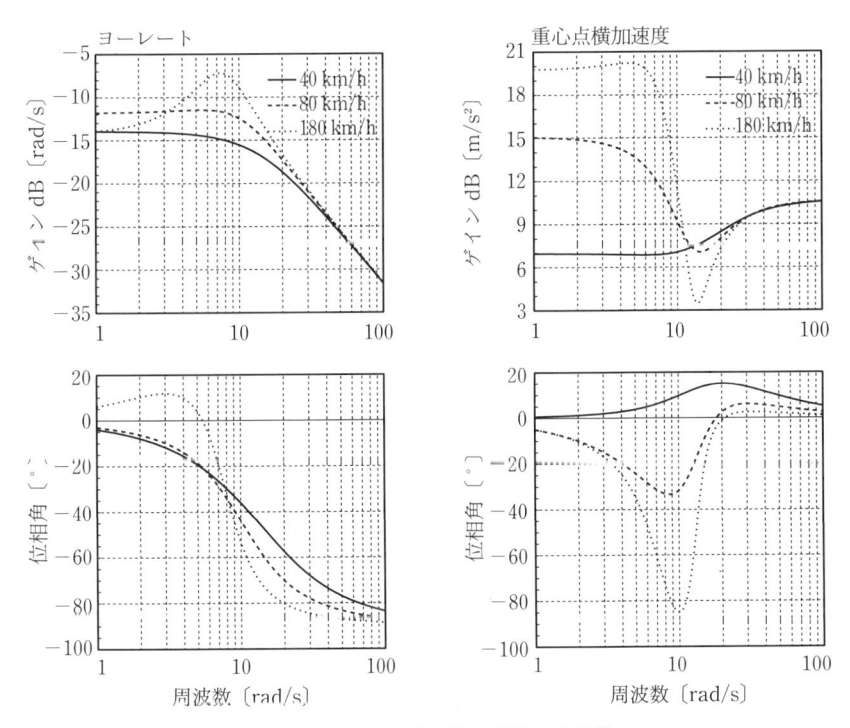

図 **2.6** 乗用車の典型的な操舵応答特性

っている。式(2.10)に小型乗用車の典型的なパラメータ $K_f = 45\,372.9$ N/rad, $K_r = 74\,405.5$ N/rad, $L_f = 1.122$ m, $L_r = 1.428$ m, $I_z = 2\,205$ kg·m², $M = 1\,507$ kg, $N = 17.6$ を代入すると，ヨーレート，横加速度の操舵角に対する周波数応答は図 2.6 のようになる。車速が大きくなるにつれて操舵角に対する応答は振動的になり，高い周波数での位相遅れが大きくなる。なお，具体的な自動車の伝達関数の同定結果は，一般に図に示した結果より位相遅れが大きい[25]ことがわかっている。位相遅れが大きい理由として，タイヤ力の滑り角に対する応答遅れ，ロールやピッチ運動，サスペンションやステアリング系の剛性など，式(2.10)の導出過程で無視したダイナミクスやその非線形性の影響が考えられる。

2.3.3 縦方向運動（加減速）のダイナミクス

自動車の縦方向運動を考える。図 2.7 は，車輪の一つを抜き出し，縦方向について単純化した図である。ここでは，車体のピッチング運動は無視し，縦方向の力は空気力とタイヤ力，転がり抵抗など，主要な力に限っている。図のモデルについて，つぎのような運動方程式が得られる。

$$M\dot{V}_x = \sum_{i=1}^{n_w}(f_{\mu_i} - f_{r_i}) - f_{aero} \tag{2.11}$$

$$J_{w_i}\dot{x}_{w_i} = -R_w f_{\mu_i} + T_{b_i} \tag{2.12}$$

$$f_{\mu_i} = F_{v_i}\mu_i(\lambda_i) \tag{2.13}$$

$$f_{r_i} = F_{v_i}B_{r_i}, \quad f_{aero} = B_v x_v^2 \tag{2.14}$$

ここで，V_x は車速，λ_i は第 i 番目の車輪のスリップ率，x_v は車輪角速度に換

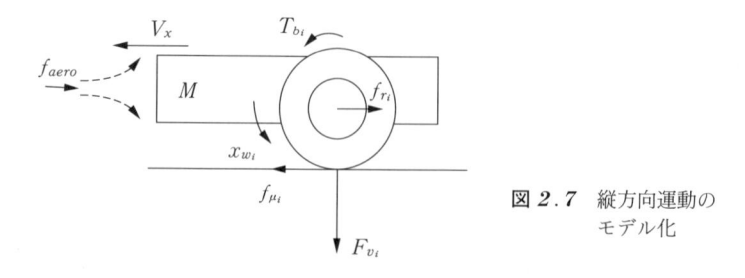

図 2.7 縦方向運動のモデル化

算した車速（$= V_x/R_w$），x_{w_i} は第 i 番目の車輪の角速度，T_{b_i} は第 i 番目の車輪の制駆動トルク，M は車両の質量，B_v は空気抵抗係数，B_{r_i} は第 i 番目の車輪の転がり抵抗係数，J_{w_i} は第 i 番目の車輪の慣性モーメント，R_w は車輪半径，$\mu_i(\lambda_i)$ は第 i 番目の車輪の路面摩擦係数，F_{v_i} は第 i 番目の車輪の荷重，n_w は車輪の数である。

制動や駆動のとき，f_{aero} や f_{r_i} は，f_{μ_i} と比較して小さい。f_{μ_i} は，**図 2.4** に示したように λ_i に対して非線形関数であり，λ_i は式 (2.2) のように状態量 x_{w_i} と x_v に関して非線形である。ただしタイヤ力は輪加重を越えないことから，f_{μ_i} は有界である。

摩擦係数 $\mu_i(\lambda_i)$ はスリップ率 λ_i の関数であるが，**図 2.4** から明らかなように，その関数形は路面の状態（乾燥，氷結，湿潤，…）により大きく変化する。ただし，多くの路面でピーク値は $\lambda_i = \pm 0.2$ 付近であることが経験的に知られている。

近年話題になっている高速道路自動化における車間距離の制御や ACC (adaptive cruise control) 系では，乗り心地を悪化させない観点から，発生する加減速度は $\pm 0.2\,\mathrm{m/s^2}$ 程度に制限される傾向にある。発生する加減速度が小さければ，タイヤの滑りも無視できるので，モデルとしてはより簡略化されたものとなり

$$M\dot{V}_x = f_t \tag{2.15}$$
$$f_t = G_d u_c$$

が用いられる。ここで，f_t はタイヤが発生する制駆動力，u_c はブレーキ系やエンジン系への指令値，G_d は f_t の u_c に対する遅れ（エンジンの吸気系の遅れ，スロットルアクチュエータの遅れ，ブレーキアクチュエータの遅れなどに起因する）を表す。具体的には，G_d としては 1 次遅れやむだ時間，あるいはその両者の積などが用いられる[15]。

2.3.4 上下運動のダイナミクス

路面の凹凸や，加減速運動により発生する車体の上下運動のダイナミクスを

考える。

アクティブサスペンションやセミアクティブサスペンションの制御では，車体の上下運動（バウンシング）のほかにピッチングを考慮することが多い。この場合には，左右のサスペンションの動きを同一視したつぎのモデル（ここでは **1/2 モデル**と呼ぶ[†]）がよく用いられる[11),19),29)]。1/2 モデルを**図 2.8** に示す。

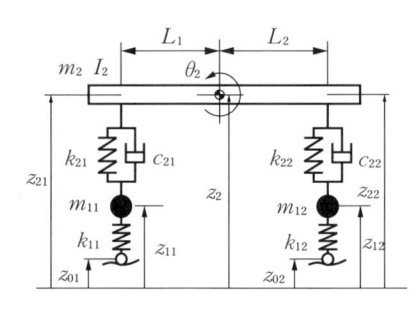

図 2.8 1/2 モデル

z_2 は車体重心点の変位，θ_2 は車体ピッチ角，z_{11}，z_{12} はそれぞれ前車輪，後車輪の変位，z_{01}，z_{02} はそれぞれ前車輪，後車輪に対応する路面変位，m_2，I_2 はそれぞれ車体質量，車体慣性モーメント，L_1，L_2 はそれぞれ前車軸，後車軸から車体重心点までの距離，c_{21}，c_{22} はそれぞれ前後サスペンションの減衰係数，k_{21}，k_{22} はそれぞれ前後サスペンションのばね定数，k_{11}，k_{12} はそれぞれ前後タイヤの剛性である。u_1，u_2 をそれぞれ前後のサスペンションの制御力とすると，運動方程式は

$$\left.\begin{aligned} m_2 \ddot{z}_2 &= f_1 + f_2 \\ I_2 \ddot{\theta}_2 &= - L_1 f_1 + L_2 f_2 \\ m_{11} \ddot{z}_{11} &= - f_1 + f_{10} \\ m_{12} \ddot{z}_{12} &= - f_2 + f_{20} \end{aligned}\right\} \quad (2.16)$$

$$z_2 = \frac{L_1 z_{22} + L_2 z_{21}}{L_1 + L_2}$$

$$f_1 = - k_{21}(z_{21} - z_{11}) - c_{21}(\dot{z}_{21} - \dot{z}_{11}) + u_1$$

[†] half car model ということがある。

$$f_2 = -k_{22}(z_{22} - z_{12}) - c_{22}(\dot{z}_{22} - \dot{z}_{12}) + u_2$$
$$f_{10} = -k_{11}(z_{11} - z_{01})$$
$$f_{20} = -k_{12}(z_{12} - z_{02})$$

を得る。ここで f_1 は前サスペンションが車体を押す力,f_1 は後サスペンションが車体を押す力,f_{10} は前タイヤがサスペンションを押す力,f_{20} は後タイヤがサスペンションを押す力である。一般的な自動車の振動特性を見ると,車体の質量とサスペンションのばねによる第一の共振点(1〜2 Hz の間)と,車輪の質量とタイヤの弾性による周波数の高い(10 Hz 以上)第二の共振点が存在する。

2.4 自動車の運動制御

この節では,まず人間と自動車が閉ループ系を構成するという観点から制御の目的を明らかにする。つぎに縦方向の制御としてアンチロックブレーキ,上下方向の制御としてセミアクティブサスペンションを取り上げる。

2.4.1 人間-自動車系

人間がなにがしかの乗り物を操縦するとき,図 2.9 のような準線形な閉ループ系が構成されていると考えることができる[17]。ここで H は人間(図中"操縦者")の記述関数,P は制御対象となる乗り物の応答特性を表す伝達関数である。r_e はレムナントと呼ばれ,H だけでは表現しきれない人間の動作を表す。この閉ループ系の入力は例えば自動車の目標位置や目標運動状態,出力は自動車の位置や運動である。人間の入力は視覚,体感する加速度などの情報であり,これらの情報と経験などからハンドル操作[9],アクセル操作,ブレーキ操作,ギヤ操作など運転操作を行って入力と出力との誤差を修正する。ドライバである人間は,この閉ループ系で制御装置としての役割を果たしていると考えることができる。以下,制御対象を自動車と限定した場合,この閉ループ系を**人間-自動車系**と呼ぶことにする。自動車の運動制御系の目的は,人間

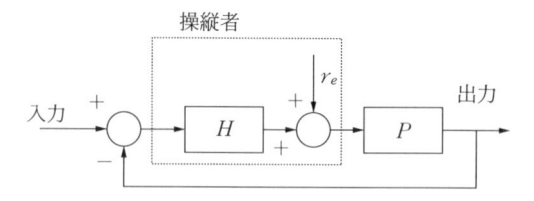

図 2.9 操縦者の準線形モデルを用いた手動
制御系のブロック図[17]

の制御装置としての負担を軽減し，また人間-自動車系の性能が向上するように自動車の特性を補償することである。自動車の特性をどのように補償するかという問題に対しては，つぎに紹介する研究が参考になる。

クロスオーバモデル　図 2.9 の系では一般に，つぎの**クロスオーバモデル**（cross over model）と呼ばれる関係が成り立つことが実験的に示されている[36]。HP のゲインが 0 となる周波数（**クロスオーバ周波数**）付近では

$$HP(j\omega) = \frac{\omega_c}{j\omega} e^{-j\omega\tau_e}$$

なる近似が成り立つ。ここで j は虚数単位，ω は角周波数，ω_c はクロスオーバ周波数，τ_e は神経-筋肉系の遅れを考慮した等価的むだ時間である。自動車の操舵に関してもクロスオーバモデルが成り立つことが文献 37) に示されている。

図 2.10 は操舵に関する HP の測定結果を示したものである。ここでは人間の出力は操舵角，P の出力として横変位および方向角がとられており，人間は 2 入力 1 出力系と考えられている。HP は H と P の中間で閉ループを切り開いたときの"一巡伝達関数"を表している。クロスオーバモデルの関係が成り立つことから，P の遅れが大きい場合には，人間が微分補償器の役目をして，P の遅れを補う動作をすると考えられる。

文献 17) では，人間の微分補償が多く必要な自動車は操縦しにくいとされている。また，文献 49) によると，ヨーレートや横加速度の操舵に対する位相遅れを減らすと，人間-自動車系の性能が向上し，人間は運転しやすいと感じる。例えば，文献 5)，20)〜22) に示す四輪操舵車の制御では，操舵入力に

(a) 男性運転者（8）　　　　　(b) 女性運転者（8）

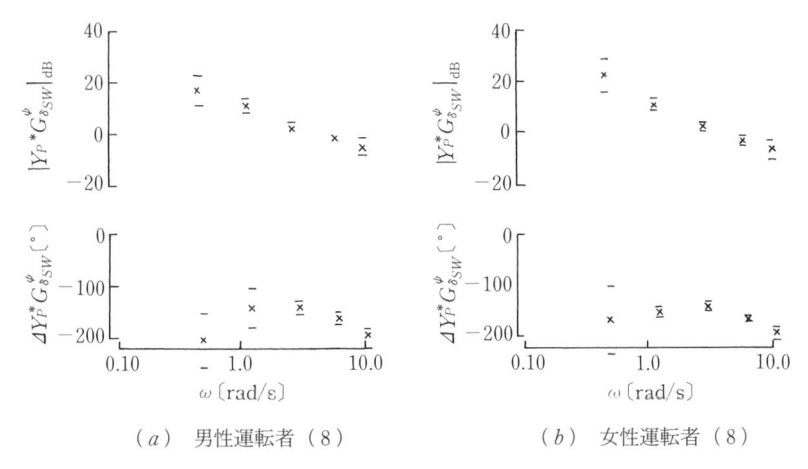

図中 Y_P^* は人間の記述関数，$G_{\delta_{SW}}^{\psi}$ は自動車の伝達関数を表す

図 2.10　操舵に関する HP の測定結果[37]

対するヨーレートあるいは横加速度の位相遅れを小さくするために，後輪を前輪舵角に協調させて操舵している。

2.4.2　アンチロックブレーキ

スリップ率±0.2付近では，タイヤのブレーキ力は最大化し，しかも，横力発生の余地が残る。スリップ率が過大になると，ブレーキ力は徐々に減り，横力はほとんど発生できなくなる（**図 2.11** 参照）。横力が発生できないと，自動車は操舵不能になり，横運動の安定性を保持できない。**ABS**（anti-lock brake system）の目的は，ブレーキ中にスリップ率が過大になることを防止することである。ABS制御系の構成を**図 2.12** に示す。

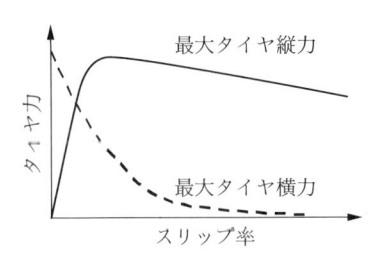

図 2.11　発生し得るタイヤの縦力，横力とスリップ率の関係

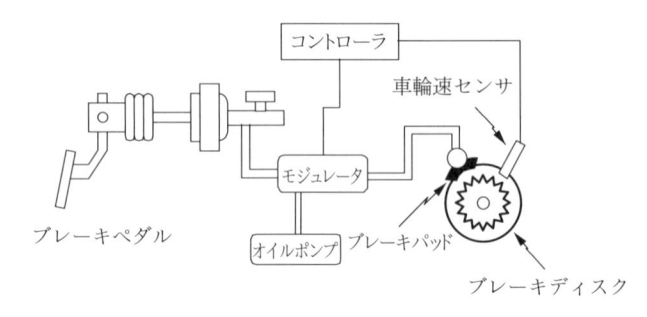

図 2.12 ABS 制 御 系

　人間がブレーキペダルを通じて油圧を発生させると，タイヤに制動トルクが発生する。このとき，ABS制御装置は車輪速センサ（一般には磁気式エンコーダ）で車輪回転数を監視しており，スリップ率が過大と判断するとモジュレータにより油圧を減少させ（減圧），スリップ率が過小と判断すると油圧を増大（増圧）させる。適正なスリップ率と判断したときは油圧は保持される。減圧や増圧を何段階で行うか，どのようにスリップ率を判断するかに関しては種々の方式が提案されている。

　タイヤ力やスリップ率は状態量の非線形関数であるから，ABS制御は非線形制御である。また，滑りやすい路面と滑りにくい路面では当然，適切なブレーキのかけ方は違うことは容易にわかる。ABS制御は，路面摩擦係数の変動に対して適応的であり，ロバストであることが望まれる。

　ABSへの非線形制御理論の応用は種々の見地から検討されており，スライディングモード制御によるもの[28),55)]，線形サーボ系を応用したもの[48)]，ファジィ（fuzzy）制御によるもの[33)]などがある。これらの文献の制御則の多くは，スリップ率あるいは車体速を知ることが必要な構成となっている。ところが現状では，スリップ率あるいは車体速を安価なセンサを用いて精度よく計測，あるいは推定することは困難であり，このことが主な障害となり，非線形制御理論の実用化は実現していない。現在実用（商品化）されているABSには，例外なく，車体速と路面摩擦係数の推定機能を含んだif-then型の制御則が用いられている。if-then型の制御則は，ABSの作動状況を時系列的に考察するこ

とで，基本的な制御"ロジック"が決定され，細部は実験や計算機によるシミュレーションによりチューニングされるのが普通である。

路面摩擦係数の推定についても，非線形制御理論に基づいたアプローチが検討されており，適応オブザーバ[30]や拡張カルマンフィルタを用いる方法[46]が提案されている．文献 40) では，路面摩擦係数は，氷上，圧雪路，雨に濡れた路面，乾燥アスファルト路などと，何段階かで識別できれば十分であるという観点から，周期ゲイン型適応オブザーバを用いた路面の段階的判別方法を提案している．

if-then 型の制御則を用いた ABS 制御は，興味深くはあるが複雑であり，ここでは省略する．興味ある読者は，文献 39), 51) を参照されたい．ここではスライディングモード制御理論を応用した制御則を紹介する[28]．ABS にスライディングモード制御を適用すると，バングバング (bang-bang) 方式としての制御則が得られる．バングバング制御では**チャタリング**の問題が発生するので，周波数整形の考え方を用い，チャタリングを解決する方法を示す．

〔**1**〕 **ABS のバングバング制御**　式(2.11)，(2.12)を考える．以下，表記を簡単にするため，$n_w = 1$, $f_{r_i} = 0$, $f_{aero} = 0$ を仮定する†．このとき式 (2.11), (2.12) は

$$\dot{x}_v = \frac{f_\mu}{R_w M} \tag{2.17}$$

$$\dot{x}_w = \frac{-R_w f_\mu + T_b}{J_w} \tag{2.18}$$

$$f_\mu = F_v \mu(\lambda) \tag{2.19}$$

となる．制御誤差 σ をつぎのように定義する．

$$\sigma = \eta x_v + x_w \tag{2.20}$$

ここで η はつぎのように定義する．

$$\eta = -1 - \lambda_0 \tag{2.21}$$

λ_0 はスリップ率の目標値である．スリップ率の定義から $\sigma > 0$ なら $\lambda_i > \lambda_0$

---

† 導出される制御則はこの仮定がない場合と本質的に同じである．

(滑り不足)，$\sigma < 0$ なら $\lambda_i < \lambda_0$ (滑り過剰)，$\sigma = 0$ のとき $\lambda_i = \lambda_0$ となることを容易に確かめることができる．スライディングモード制御の**切換面**として

$$S = \sigma = 0 \tag{2.22}$$

を考える．**リャプノフ**（Lyapunov）**関数**の候補を $V_L = S^2/2$ とし，$\dot{V}_L < 0$ を満たす制御則を導出する．

$$\dot{V}_L = \dot{\sigma}\sigma = (\eta \dot{x}_v + \dot{x}_w)\sigma \tag{2.23}$$

であるから，式 (2.23) に式 (2.17)，(2.18) を代入すると

$$\dot{V}_L = R_w\Big(\frac{\eta}{MR_w{}^2}f_\mu - \frac{1}{J_w}f_\mu + \frac{1}{J_wR_w}T_b\Big)\sigma \tag{2.24}$$

を得る．

$$T_0 < \Big(\frac{R_w}{J_w} - \frac{\eta}{MR_w}\Big)J_wf_\mu \tag{2.25}$$

となるようなトルク T_0 を用い

$$T_b = \begin{cases} T_0 & (\sigma > 0) \\ 0 & (\sigma < 0) \end{cases} \tag{2.26}$$

と制御すれば，つねに $\dot{V}_L < 0$ となり，$V_L \to 0$，$\sigma \to 0$ となる．すなわち，$S = 0$ にスライディングモードが発生する．

式 (2.26) は滑り過剰ならブレーキ力を抜き，滑りが不足ならブレーキ力をかけるバンバン制御則になっている．この制御則は，物理的にわかりやすいが，操作量が急激に切り換わるので，アクチュエータやセンサに応答遅れや検出遅れがあるとき，チャタリングを起こす．以下ではチャタリングの防止を考える．

〔2〕 **チャタリングを考慮した切換面の設計** 周波数整形の考え方を導入してチャタリングの対策を考える．**切換関数**をつぎのように修正する．

$$S = \Big[1 + \frac{N(q)}{qD(q)}\Big]\sigma \tag{2.27}$$

$D(q)$ は q のモニックな安定多項式，$N(q)$ は $M(q) = qD(q) + N(q)$ が安定多項式で，かつ $N(q)/qD(q)$ が強プロパとなるような q の多項式とする．ただし，q は微分演算子とする．$1 + N(q)/qD(q)$ は $N(q)$，$D(q)$ を定数と選べ

ば，PI 補償器である．式(2.27)の積分器により制御系に積分動作が導入される．$S \equiv 0$ のもとで σ のダイナミクスは

$$\frac{M(q)}{qD(q)}\sigma = 0 \tag{2.28}$$

となり漸近安定である．

センサ，アクチュエータの遅れが無視できない場合，式(2.25)のような切換型の制御則を用いるとチャタリングが発生することがある[60]．チャタリング防止のためここでは，切換要素を飽和要素に置き換える方法を使う．つぎのような連続型の制御則を用いる．

$$u = -K\,\mathrm{sat}(\Phi^{-1}S) \tag{2.29}$$

ここで Φ は境界層の幅を決める定数，K は定数ゲイン，sat はつぎに定義する飽和要素である．

$$\mathrm{sat}(\Phi^{-1}S) = \begin{cases} 1 & (\Phi^{-1}S > 1) \\ \Phi^{-1}S & (|\Phi^{-1}S| \leq 1) \\ -1 & (\Phi^{-1}S < -1) \end{cases}$$

$|\Phi^{-1}S| \leq 1$ の領域を境界層という．境界層の中で，制御装置は

$$u(s) = -W(s)\sigma, \quad W(q) = \frac{K}{\Phi}\frac{M(q)}{qD(q)} \tag{2.30}$$

と線形になる．このとき，閉ループ系は図 2.13 のように表される．図中で用いた記号 Δ はセンサやアクチュエータなどの遅れに起因する非モデル化ダ

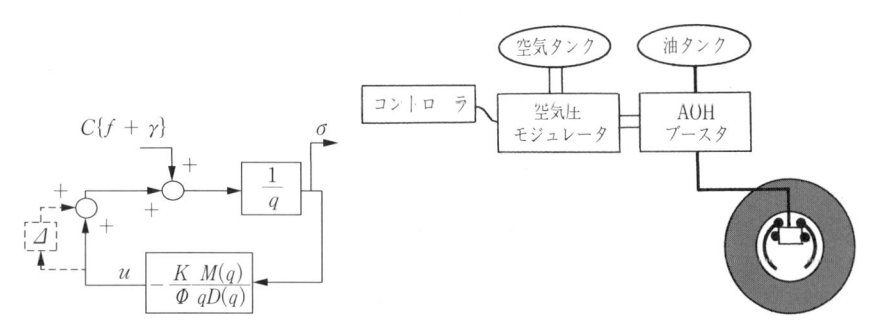

図 2.13 境界層内における等価な閉ループ系

図 2.14 ブレーキ系の構成

イナミクス，$f = [-f_\mu/MR_w \quad R_w f_\mu/J_w]^T$，$C = [\eta \quad 1]$，$\gamma$ は有界な外乱である．いま，f_μ は有界であることから，閉ループ系の安定性への関与は少ないとみなす．そこで，ABS 制御装置の設計問題は，非モデル化ダイナミクス Δ の存在のもとに，積分系 $1/q$ を制御する PID 型の制御装置の設計問題と置き換え，周波数整形の考え方を適用して設計する．

実機実験　中型トラック（$M = 3\,870\,\text{kg}$）を用いた実験の結果を示す．実験車のブレーキ系の構成を図 **2.14** に示す．CPU の出力するブレーキトルク目標値は，空気圧モジュレータで空気圧に変換され，さらに AOH（air

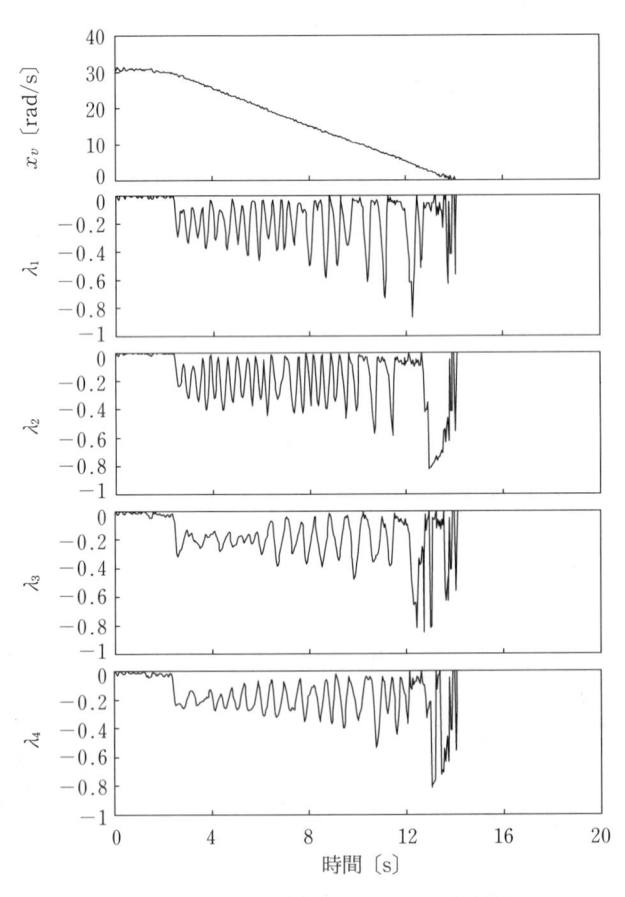

図 **2.15**　氷上（$\mu(1) = 0.07$）での試験結果

over hydraulic) ブースタによりブレーキシリンダの液圧に変換される。CPU として Motorola 68040, 空気圧モジュレータとして BOSCH 社 DRM を用いた。車速および車輪回転速度は，それぞれ 1 回転 170 パルスと 80 パルスのロータリエンコーダで検出した。制御装置のサンプリング周期は 0.01 s とした。台上での測定では，CPU の指令値に対する液圧の遅れは，無駄時間 50 ms かつ 1 次遅れとしての時定数 0.165 s 程度である。

切換面は，演算量を減らすために簡単な次式を用いる。

$$s_i = \sigma_i + \frac{N_i}{q}\sigma_i \tag{2.31}$$

$$N_i = 2\pi 5 \quad (i = 1, 2 \text{ 前輪})$$

$$N_i = 2\pi 7 \quad (i = 3, 4 \text{ 後輪})$$

スリップ率 λ_i の目標値は -0.2 とした。氷上での実験結果を図 **2.15** に示す。図から明らかなように，スリップ率は目標値の周辺に保たれており，実用上十分な結果であると判断される。

2.4.3 セミアクティブサスペンション

アクティブサスペンションを使うと乗り心地に大きな効果が期待できるが，消費するエネルギーは小さくない。一方，ダンパ減衰係数を操作量とするセミアクティブサスペンションは，制御のためのエネルギーをほとんど必要としない。図 **2.16** にセミアクティブサスペンションの制御系の一例を示す。制御

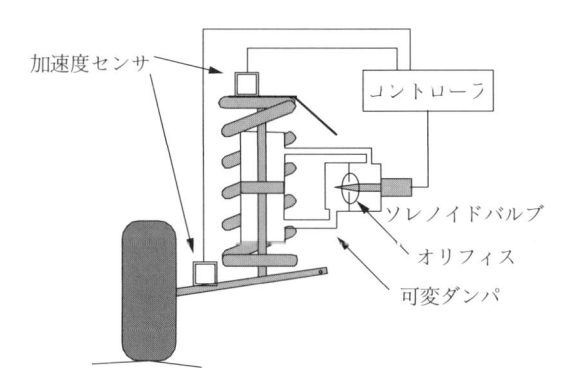

図 **2.16** セミアクティブサスペンション制御系

装置は加速度センサによりばね上（車体），ばね下（車輪）の加速度を検出し，後で説明するような制御則に基づいて可変ダンパの減衰力を調節する。可変ダンパは，油路にソレノイドで開口面積が可変なオリフィスをもち，オリフィスの開口面積に応じて減衰力が変化する。図では，車体側と車輪側とに加速度センサが描かれているが，車輪側の加速度センサは省略されることがある。

サスペンションの制御は，一種の振動制御である。振動の制御では，周波数領域での考察が有効である。近年 H_∞ 最適化法の研究が進み，周波数整形を考えた制御系の設計が容易になっている。ところが，セミアクティブサスペンションは双線形系であり，入力（ここではダンパ係数）に対して応答が線形でない。セミアクティブサスペンションの制御則としては，ばね上とばね下との相対変位速度とばね上の速度に応じてダンパの減衰係数を切り換える**スカイフック制御**[23]が最も一般的である。非線形制御理論の応用としては**非線形 H_∞ 制御**を用いた研究[50]がある。ここでは，**周波数整形**による制御法[29]を紹介する。

〔**1**〕 "**相対座標モデル**"**による周波数整形制御**　スカイフック制御を実行するには，車体の絶対空間における速度 $\dot{z}_2$ を知らなければならない。サスペンションの外乱入力は z_0 であるが，z_0 を未知であるとすると，オブザーバなどの手段で $\dot{z}_2$ を正確に推定することはたやすくない。そこで，モデル化の方法を検討する。

つぎの振動方程式

$$M\ddot{\boldsymbol{\xi}}(t) + C\dot{\boldsymbol{\xi}}(t) + K\boldsymbol{\xi}(t) = C\dot{\boldsymbol{\xi}}_1(t) + K\boldsymbol{\xi}_1(t) + \boldsymbol{u}(t) \qquad (2.32)$$

で表されるサスペンション系を考える。ここで，$\boldsymbol{\xi} \in R^n$ は絶対座標系での一般化された車体（ばね上質量）の変位，$\boldsymbol{\xi}_1 \in R^n$ は絶対座標系での一般化された車輪（ばね下質量）変位，$\boldsymbol{u} \in R^n$ は制御力，$M \in R^{n \times n}$ は車体（ばね上）慣性テンソル，$C \in R^{n \times n}$ は粘性テンソル，$K \in R^{n \times n}$ は剛性テンソルである。式(2.16)の 1/2 モデルを式(2.32)の形に表すには $\boldsymbol{\xi} = [z_{21}\ z_{22}]^T$，$\boldsymbol{\xi}_1 = [z_{11}\ z_{12}]^T$ とすればよい。ここでばね上とばね下の相対運動を表すため

$$\boldsymbol{x} = [\boldsymbol{x}_1^T\ \boldsymbol{x}_2^T]^T, \quad \boldsymbol{x}_1 = \boldsymbol{\xi} - \boldsymbol{\xi}_1, \quad \boldsymbol{x}_2 = \dot{\boldsymbol{\xi}} - \dot{\boldsymbol{\xi}}_1 \qquad (2.33)$$

を導入する。$\boldsymbol{x}$ を使って式(2.32)はつぎのように表すことができる。

2.4 自動車の運動制御

$$\dot{x} = Ax + B_1\ddot{\xi}_1 + B_2 u \tag{2.34}$$

$$A = \begin{bmatrix} 0 & I \\ -M^{-1}K & -M^{-1}C \end{bmatrix}$$

$$B_1 = \begin{bmatrix} 0 \\ -I \end{bmatrix}, \quad B_2 = \begin{bmatrix} 0 \\ -M^{-1} \end{bmatrix}$$

ここでは，このモデルを"相対座標モデル"と呼ぶ．外乱入力とみなせる $\ddot{\xi}_1$ は図 2.16 で車輪側に付けた加速度センサにより検出可能なので，すべての入力は検出することができ，オブザーバによる精度の高い状態量推定が可能である[10),11),13)]。

式(2.34)をもとに制御装置を設計する．粘性 C（1/2 モデルでは c_{21} や c_{22}）を小さく設定したサスペンションがあると仮定する．このサスペンションは，高い周波数では振動の小さいよい特性を示すが，低周波数領域のダンピングは十分でない．そこで，C の小さいサスペンションの高周波特性は変えずに，低い周波数領域だけを制御入力でダンピングする制御装置を設計することを考える．この目的のために，H_∞ 周波数整形手法を用いる．

擬似的に線形化するために，式(2.34)をつぎのように書き直す．

$$\dot{x} = A_{p0}x + B_1\ddot{\xi}_1 + B_{p2}u \tag{2.35}$$

$$A_{p0} = \begin{bmatrix} 0 & I \\ -M^{-1}K & -M^{-1}C_0 \end{bmatrix}, \quad B_{p2} = \begin{bmatrix} 0 \\ M^{-1} \end{bmatrix}$$

ただし，$C = C_0 + C_u$，$u = -C_u x_2$，C_u は減衰力可変ダンパの減衰係数可変しろ，C_0 は定数とする．仮想的に高周波特性の良好なサスペンションとするため，C_0 は極力ゼロに近い値を選ぶ．一方，車体の加速度は

$$\ddot{\xi} = C_{p0}x + D_{p0}u \tag{2.36}$$

$$C_{p0} = [-M^{-1}K \quad -M^{-1}C_0], \quad D_{p0} = M^{-1}$$

と表せる．

制御力 u は低い周波数の成分のみとするため，ローパスフィルタ $W_c(s)$ を入力に挿入した拡大形を考える．ローパスフィルタを

$$u(s) = W_c(s)v(s), \quad W_c(s) = C_c(sI - A_c)^{-1}B_c \qquad (2.37)$$

とする．ここで $v \in R^n$ は新しい入力である．式(2.35)とローパスフィルタの拡大系はつぎのように表すことができる．

$$\dot{x}_e = \begin{bmatrix} A_{p0} & B_{p2}C_c \\ 0 & A_c \end{bmatrix} x_e + \begin{bmatrix} B_1 \\ 0 \end{bmatrix} \dot{\xi}_1 + \begin{bmatrix} 0 \\ B_c \end{bmatrix} v,$$

$$\ddot{z}_2 = C_p x_e \qquad (2.38)$$

ただし $x_e = [x^T \ x_c^T]^T$．x_c は W_c の状態量，$C_p = [C_{p0} \ D_{p0}C_c]$．

この拡大形をもとに，外乱 $\dot{\xi}_1$ の存在下で，振動体の加速度 $\ddot{\xi}$ のレベルをできるだけ小さくするような制御を考える．そのためには，スライディングモード制御系[60]を構成し，切換面をつぎの評価関数を最小化するように選べばよい．

$$J_\infty = \sup_{\dot{\xi}_1} \frac{\|z\|_2}{\|\dot{\xi}_1\|_2}, \quad z = [(W\ddot{\xi})^T \ \varepsilon x_e^T]^T \qquad (2.39)$$

ここで $W \in R^{n \times n}$ は設計者が与える重み行列，$\varepsilon > 0$ は H_∞ 制御問題の可解性のために導入する小さな定数である．

〔2〕 **大型バスのサスペンションへの適用** 大型バス（質量約 11 000 kg）の車体の上下運動およびピッチング制御系への応用結果を紹介する[29]．

$$z = [z_2 \ \theta_2]^T, \quad W = \begin{bmatrix} 1 & 0 \\ 0 & \sqrt{k} \end{bmatrix}$$

ととる．

車両実験の結果を**図 2.17** に示す．図中 "Firm" は減衰定数を最大値に固定した場合，"Soft" は減衰定数を最小値に固定した場合，"Proposed ($k = 1$)"，"Proposed ($k = 10$)" は，それぞれ $k = 1$，$k = 10$ としたときの結果を表す．周波数の低い共振点の付近ではセミアクティブサスペンションの効果で，$\ddot{z}_2$ は "Soft" に対し $k = 10$ とすると 10 dB，$k = 1$ とすると約 20 dB 低下した．1〜3 Hz の間ではセミアクティブサスペンションの効果は，"Firm" に対し約 5 dB であり，2〜3 Hz の間では "soft" とほぼ同等である．この結果から提案する制御法により，従来のパッシブなサスペンションでは得られな

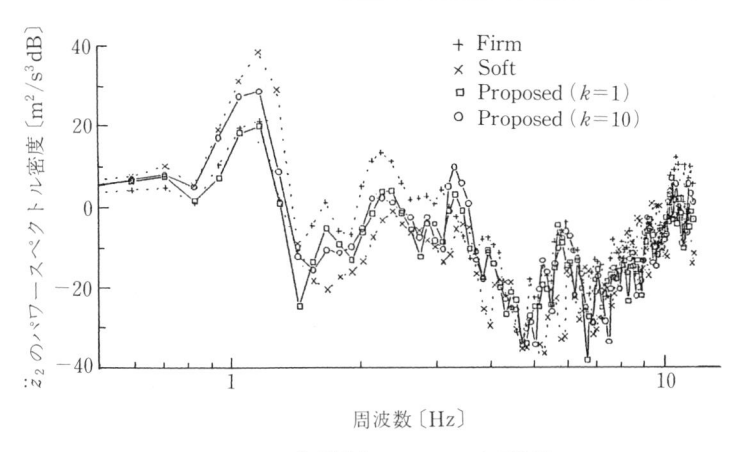

図 2.17　大型観光バスによる走行実験

い減衰特性が得られたことがわかる。

2.5　新世代の自動車運動制御

　ABS，サスペンション制御などの例を紹介してきた．これらは'90年代に出そろったシステムであり，操舵系，ブレーキ系などで，従来は機械系が受け持っていた機能を制御系に一部代替させ，それぞれの固有機能を改良しようとするシステムであったとの見方ができる．そして今日では，エコロジカルな問題や安全性への配慮が，自動車開発におけるつぎなる大きな関心事になってきている．ここから生まれてきた要求に応えるために，複数の制御系を統合・協調的に働かせたり，以前にはあまり使われなかったレーダやカメラのような，新しい種類のセンサを用いてより複雑な制御目的に対応しようとする流れがある．そのようなシステムの一つとして，**車間自動制御** (adaptive/autonomous cruise control：**ACC**) **システム**の例を紹介する．

車間自動制御システム

　道路交通の円滑化や安全性の向上を目的とし，自動車と道路を知能化したシ

ステム（intelligent transportation systems：**ITS**）とする研究が進められている。ITSは，自動車-道路システムの情報化と自動化により実現される大規模なシステムであり，ドライバへの情報提供，高速道路料金の自動徴収等のほか，高速道路上で自動車を車群にまとめて自動運転する（プラトーニングあるいはコンボイ走行という）構想[52]が含まれる。プラトーニングを実現するには，自動車の車間距離を制御する縦方向制御と，自動車が車線を逸脱しないようにする横方向制御が課題となる[52]。縦方向制御については，ITSの実現を待つまでもなく，一部実用化されているシステムもある。前方を走行する自動車との車間距離を自動的に調節する車間自動制御（ACC）システム[15),31)]である。

ACCシステムの構成を**図 2.18**に示す。ACCシステムは，レーダにより前方に車を発見すると，やり過ごすのか追従するかなどを判断し，判断に基づいて車間距離や自己の車速を制御する。このような機能の自動化により，運転者の操作頻度は減少することが確認されており[31)]，その結果として，疲労軽減が期待される。

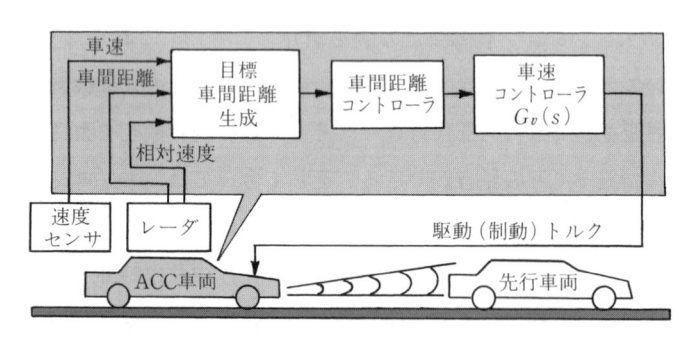

図 2.18 車間自動制御システム[15)]

目的とする機能が，車速や車間距離に関するものであるため，ACCの制御系は車速制御系，車間距離制御系というように階層的な構造をもち，操作もブレーキ系とエンジン系にまたがっている。

動作するモードとしては，先行する車へ接近していくときのモードと，その後車間距離を精度よく維持するモード，一定の車速を維持するモードなどがあ

り，接近するモードでは応答性が，後二者では安定性が重要な性能となる．また，一部人間の運転を代行する機能をもつことから，人間の期待に沿った車両運動を実現することが望まれる．このような要求から，文献15）では，2自由度制御系を用い，さらに制御系のゲインを状況に応じてスケジューリングする方法が提案されている．以下，文献15）に沿って具体的な制御法を説明する．

〔**1**〕 **制御系の構成**　車速の応答は，式(2.15)において $G_d = e^{-L_v s}$ と近似し

$$M\dot{V}_x(t) = u_c(t - L_v) \tag{2.40}$$

を考える．ここで u_c はブレーキ系やエンジン系への指令値，L_v はエンジンのトルクやブレーキトルク指令値に対するタイヤ力発生の遅れを表す．式(2.40)に対し，2自由度の1型の車速サーボ系を構成すると，車速指令値 v_c に対する車速の応答は

$$V_x = G_V(x)v_c, \quad G_V = \frac{1}{T_v s + 1} \tag{2.41}$$

と近似できる．ここで，T_v は設計者が与える時定数である．つぎに，車間距離 d_r は追従すべき車の車速を v_f とおいて

$$\dot{d}_r = v_f - V_x \tag{2.42}$$

と表せる．式(2.42)に式(2.41)を代入し

$$\dot{d}_r = v_f - G_V v_c \tag{2.43}$$

を得る．車間距離目標値は

$$d_c = t_r v_f \tag{2.44}$$

とする．ここで t_r は設計者が選ぶ定数である．式(2.44)のように d_c を設定することで，追従すべき車の車速が高いほど車間距離が長くなる特性が実現される．

式(2.43)をもとに，d_c に対する d_r の応答を，規範モデル

$$G_{TD}(s) = \frac{\omega_{nT}^2}{s^2 + 2\zeta_T \omega_{nT} s + \omega_{nT}^2} \tag{2.45}$$

にマッチングする2自由度制御系を構成する．ここで，ω_{nT} と ζ_T は車両挙動

を特徴づけるパラメータである．設定の方法を以下に述べる．

〔2〕 ω_{nT} と ζ_T の設定　ACC による車両挙動（追従すべき車への接近の仕方）は，人間に違和感を与えないものであることが望ましい．そこでまず，人間が手動により先行する車へ接近していくときの車両挙動を位相面で解析する．相対速度と目標車間距離からの誤差とをそれぞれ横軸と縦軸にとると，ほとんどの場合，図 2.19 中"マニュアル運転"で示されるように，接近の軌道は左回りの滑らかな曲線を描いて原点付近に収束する．そこで，ACC 車が人間の場合と同様な軌跡を描いて先行する車に追従するように，ω_{nT} と ζ_T を相対速度と車間距離誤差でゲインスケジュールする．具体的なゲインスケジューリングの結果を図 2.20 に示す．図 2.19 中"ACC"に，このゲインスケ

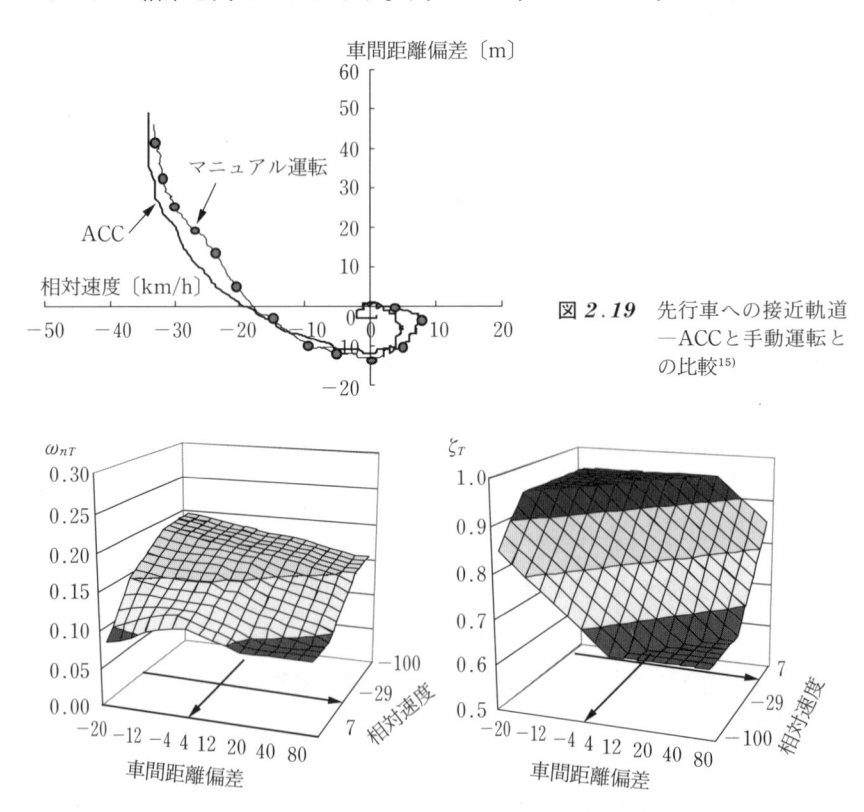

図 2.19　先行車への接近軌道—ACCと手動運転との比較[15]

図 2.20　ω_{nT} と ζ_T の設定[15]

ジューリングによる接近の様子を示す。ACC は，人間が運転するときと同様な先行車への接近を実現していることがわかる。

2.6 お わ り に

さまざまな自動車制御の方式を述べた。制御技術を使うと，制御技術なしでは不可能な自動車運動が実現できることを明らかにした。これからも自動車交通を快適に運用していくためには，燃費や排気，安全などに関係した研究課題は少なくない。社会の要請に応えるため，ハイブリッド機関や燃料電池など，まったく新しい動力系が開発されており，自動車の仕組みは様変わりしつつある。そのなかでも，計算機による制御系はますます重要な働きを期待されている。一つの流れは ACC に見るような統合的な制御である。また，本章で触れる機会はなかったが，ITS 研究の結果，自動車は情報化され，自動車の制御に交通状況に関する情報が利用されていく可能性がある。統合化と情報化の流れは，これからの自動車制御のトレンドとなろう。

3 飛行機・ヘリコプタ

3.1 はじめに

　飛行機・ヘリコプタは，空中を運動するので，3次元の運動を考える必要がある。静止座標系の3軸方向に対して，機体の移動と回転が意のままに制御されなくてはならない。ヘリコプタは，空中で静止したり垂直に離着陸できるので飛行機より広い飛行領域をもっているが，そのために支払う犠牲も大きい。同じペイロードを運ぶためには，ヘリコプタのほうがはるかに強力なエンジンを必要とするし振動レベルも大きい。制御に対しても飛行機よりはるかに速い応答特性が必要である。

　飛行機の制御では，エンジン推力を変化させたり機体の姿勢を変えることにより，主翼に働く空気力を変化させて制御力を発生させる。エンジンの推力応答にしても機体全体の大きな慣性モーメントを相手にする姿勢角の応答にしても，かなりゆっくりとした応答となる。一方，ヘリコプタの制御はこれでは間に合わないので，ロータに発生する推力ベクトルの大きさと向きを変化させる。この場合には，ロータブレードの慣性モーメントだけを相手にすればよいので，制御力の応答は格段に速くなる。本章では，このような飛行機とヘリコプタの制御方式について，制御力を発生するメカニズムを含めて説明する。

3.2 飛行機の制御メカニズム

　飛行機は，空中を飛行するために翼に働く空気力を利用する。翼の形や配置

により，飛行機にもいろいろな種類が存在し，それによって運動・制御特性が変わってくる．例えば，人類が初めて動力付きの機械で空を飛ぶことに成功したのは，ウィルバー，オービルのライト兄弟による1903年の飛行であり，このときの最高記録は飛行時間59秒，飛行距離260 mであったが，このとき使用されたフライヤー1号機は，前方に尾翼，後方に主翼をもつ先尾翼と呼ばれる形式であった．その後種々の形式の飛行機が提案されたが，現在では**図 3.1**に示すように，前方に主翼，後方に水平尾翼と垂直尾翼をもつ形式が最も広く用いられている．したがって，本章ではこの形式の航空機の運動・制御を説明する．

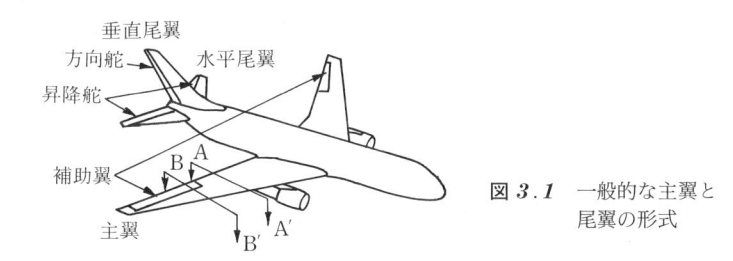

図 3.1 一般的な主翼と尾翼の形式

3.2.1 翼の働き

図 3.1のA-A′断面のような翼の断面形状（**翼型**）を観察すると，主翼も尾翼も**図 3.2**に示すようによく似た流線型をしている．丸みを帯びた前方の端を**前縁**，とがった後方の端を**後縁**と呼ぶ．前縁と後縁の距離を**翼弦長**といい，翼と空気の流れがつくる角度を**迎角**（むかえかく）という．翼には，風がないときにはちょうど前進速度と等しく反対向きの空気の流れが当たる．風が

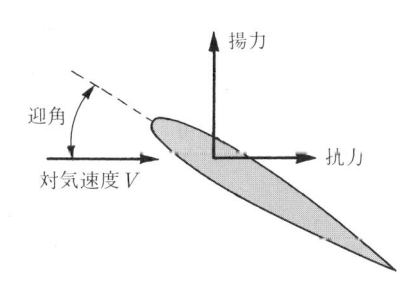

図 3.2 翼の断面形状

あるときには，飛行速度の逆ベクトルと風の速度ベクトルの和が，翼に当たる空気の速度となる。この空気の速度を**対気速度**と呼ぶ。一方，飛行物体が地面に対してもっている速度を**対地速度**という。

　翼の断面にどのような空気力が発生するか考えてみよう。細かく見ると，翼の表面の各部に，表面と直角方向に圧力が働き，表面と平行方向に摩擦力が働く。この各部の力を全表面にわたって足し合わせると，翼の前方から約1/4翼弦長の場所に集中して働く力とみなすことができる。迎角をもった翼では，翼の上面の速度が下面より速くなり，上面の圧力が下面より小さくなるためこの集中力は大きな上向きの成分をもち，また翼表面の圧力と摩擦力から後向きの成分も発生する。対気速度に直角方向の空気力の成分を**揚力**と呼び，平行な成分を**抗力**と呼ぶ。揚力は図 **3.3**(*a*)に示すように迎角にほぼ比例して増加し，最大値に達した後，急激に減少する。この揚力の急減する現象を**失速**と呼ぶ。このとき，流体は翼の迎角が大きくなり過ぎるため表面に沿って流れることができなくなり，表面からはがれてしまう（**剝離**はくり）。その結果，翼の上面の速度が下面より速いという条件が崩れ，失速が生ずることになる。一方，抗力は図(*b*)に示すように，迎角に対してほぼ放物線状になり，揚力よりずっと穏やかな変化を示す。したがって，揚力は迎角によりその大きさを簡単に制御できる力であるが，抗力は制御することが難しい力である。

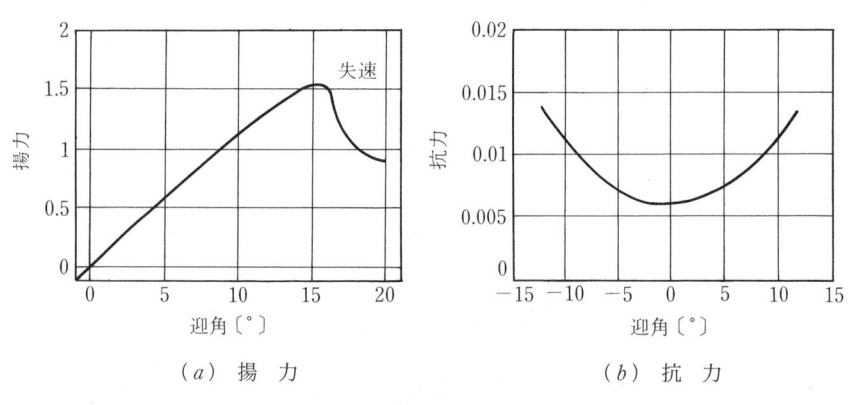

(*a*) 揚　力　　　　　　(*b*) 抗　力

図 **3.3**　揚力と抗力

詳しく述べると，図(a)，(b)の結果は，一様な翼型をもつ翼が流れに直角方向に無限に伸びていると仮定したときに，そのどこかの単位幅の翼断面で得られる空気力である。このような翼（**2次元翼**）では，どの翼断面でも流れは同じになるので，翼の平面形状には無関係に断面形状（**翼型**）だけの性質を調べることができる。そこで，この方法を用いて良好な翼型を見つける研究が長年行われてきた。良好な翼型では，図(a)，(b)に示すように，揚力は抗力の100倍の大きさに達する。つまり1 Nで前方へ引っ張ると100 Nの重さを持ち上げることができる。これが翼の最大の働きで，このおかげで飛行機や鳥が重力に逆らって大空を飛ぶことができるのである。結局，翼は揚力を発生するための道具であるといえる。

実際の飛行機の翼では，**図 3.1**に示すように翼端があるので，揚力と抗力の比（**揚抗比**）は2次元翼より小さくなる。これは，揚力の反作用として空気が下向きに加速されるため，迎角が減少して揚力が小さくなるとともに，2次元翼では前進速度に直角に発生する空気力が，下向きの空気流のために後方に傾いて抗力を増加させるためである。また，前進速度が音速に近づくと，翼に衝撃波が発生して抗力が増加するので，これによっても揚抗比が減少する。

3.2.2　機体固定座標

図 3.4に示すように，全機の重心は，主翼の**1/4翼弦長点**よりやや後方にある。この点を原点として機首方向へX軸，右側にY軸，下方にZ軸を右手直交系をなすように定める。このX-Y-Z座標軸は機体とともに移動，回転を行うので，**機体固定座標**と呼ぶ。航空機の運動は，機体固定座標の**静止空間座標**X_I-Y_I-Z_Iに対する運動として記述する。

3.2.3　舵と機体の運動

図 3.1に示すように，主翼と尾翼の後縁の一部には**舵**の働きをする可動部分がある。主翼には**補助翼**，水平尾翼には**昇降舵**，そして垂直尾翼には**方向舵**がある。断面形状はよく似ていて，**図 3.5**に示す**図 3.1**のB-B′断面のよう

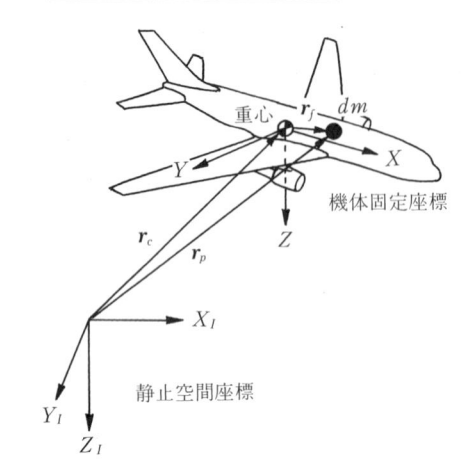

図 3.4 機体固定座標

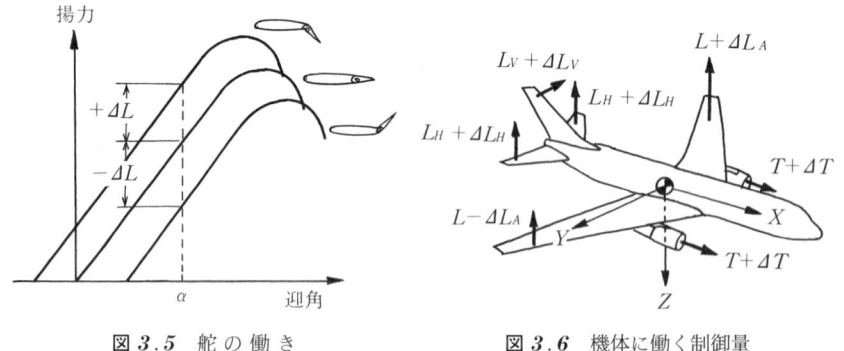

図 3.5 舵の働き

図 3.6 機体に働く制御量

に，後縁の一部がヒンジ回りに上下に折れ曲がる構造になっている．図に示すように，迎角 α が一定でも舵が下に曲がると揚力が増加し（$+\Delta L$），上に曲がると減少（$-\Delta L$）する．機体の姿勢が一定で主翼や尾翼の迎角が変化しなくても，パイロットは舵を動かして揚力を微小量増減することができるのである．

これらの舵は，X, Y, Z 各軸回りのモーメントを発生し，機体の姿勢を制御するために用いられる．パイロットが使用するおもな**制御入力**は，手で操作する**操縦桿**と**エンジンスロットル**，そして足で踏むペダルである．操縦桿のハンドルを回すと左右の補助翼が逆に動き，図 3.6 に示すように片方の主翼

で揚力が増し（$+\Delta L_A$），反対側の主翼で揚力が減少する（$-\Delta L_A$）．その結果，X軸回りのモーメントが発生し，機体は回転を始める．このX軸回りの回転運動を**ロール運動**，回転角を**ロール角**または**バンク角**という．

　パイロットが操縦桿を押す（引く）と，左右の昇降舵が同時に下がり（上がり），水平尾翼の揚力が増加（減少）する（$+\Delta L_H$）．その結果，Y軸回りに機体は機首下げ（上げ）運動を始める．このY軸回りの回転運動を**ピッチ運動**，回転角を**ピッチ角**という．

　パイロットが片方のペダルを踏み込むと方向舵が曲がり，水平方向に垂直尾翼の揚力が増減する．その結果，機首が左右に回転運動を始める．例えば方向舵がY軸方向に動くと，垂直尾翼の揚力は反対側に増加し（$+\Delta L_V$），Z軸の正の回転運動が生ずる．Z軸回りの回転運動を**ヨー運動**，回転角を**ヨー角**あるいは**方位角**という．

　以上のように各軸回りの姿勢角制御は，それぞれ独立した舵で行われる．そのために，それぞれの舵は目的の軸回りのモーメントを効率よく発生でき，またほかの軸回りのモーメントにできるだけ干渉しないように設計される．すなわち，それぞれの舵は，目的の軸からできるだけ遠く，またほかの軸にはできるだけ近くなるような機体の場所を選んで設置されている．

　つぎに各軸方向の力の制御を考えよう．舵による揚力の微小変化は，回転運動を引き起こすには十分でも，軸方向の力として利用するには小さ過ぎる．したがって，X軸方向の力の制御はパイロットが行うエンジンスロットル制御で行われる．エンジンスロットルを開く（閉じる）と**エンジンの推力**Tが増加（減少）し（$+\Delta T$），X軸方向の力が増える（減る）．また図3.7に示すように，昇降舵を用いて頭下げ（上げ）の姿勢をとると，重力（Mg）によりX軸方向の正（負）の力が生ずる．同様にY軸方向の力として，機体が補助翼制御によってロールしたときに，重力のY軸方向成分が発生する．しかし，これらの重力成分は機体が水平に保たれている通常の飛行では発生せず，このときは制御力として利用できない．したがって，Y軸方向の力の制御は通常の飛行では直接的には行われない．Z軸方向の力は，昇降舵により機首を上

40　　3．飛行機・ヘリコプタ

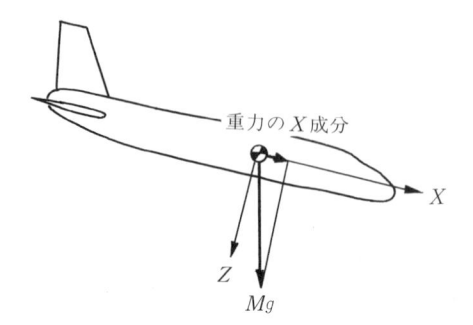

図 3.7 重力による制御

げ（下げ）て主翼の迎角を増やし（減らし），おもに $-Z$ 軸方向に働く主翼の揚力成分を増加（減少）させて発生させる。Z 軸方向の力は機体を上下させて高度を制御する重要な量であるが，このように普通の航空機では舵によって直接揚力を増減させることでは対応できず，昇降舵による機体の迎角変化を介して制御している。

3.2.4 機体の運動方程式

機体は空気力や慣性力によって弾性変形したり，また舵のような可動部分も存在するが，それらの影響は通常微小なので，機体は剛体と考えてよい。図 3.4 に示すように，機体の任意の点に微小質量 dm を考え，機体はこの微小質量の寄せ集めでできていると考える。dm の静止空間座標に対する位置ベクトル r_p は，機体の重心の位置ベクトル r_c と機体の重心から dm までのベクトル r_f を用いて，$r_p = r_c + r_f$ と表される。dm を全機に対して寄せ集めると，**機体の運動方程式**が機体固定座標軸を用いて次式で与えられる。

$$M\left(\frac{du}{dt} + qw - rv\right) = X_f, \quad M\left(\frac{dv}{dt} + ru - pw\right) = Y_f,$$

$$M\left(\frac{dw}{dt} + pv - qu\right) = Z_f \tag{3.1}$$

$$\frac{dH_x}{dt} + qH_z - rH_y = L_m, \quad \frac{dH_y}{dt} + rH_x - pH_z = M_m,$$

$$\frac{dH_z}{dt} + pH_y - qH_x = N_m \tag{3.2}$$

ただし (u, v, w) は機体重心の対地速度 $\dot{r}_c$ の，(p, q, r) は機体の**回転角速度**の，(X_f, Y_f, Z_f) は**重心に働く外力**の，(L_m, M_m, N_m) は**重心回りのモーメント**のそれぞれ X-Y-Z 座標軸に対する成分である。(H_x, H_y, H_z) は普通の飛行機では X-Z 面について対称なので，$\int xydm = \int yzdm = 0$ となり次式で与えられる。

$$\left.\begin{aligned} H_x &= I_x p + J_{xz} r = p\int(y^2 + z^2)dm - r\int xzdm \\ H_y &= I_y q = q\int(x^2 + z^2)dm \\ H_z &= J_{xz} p + I_z r = -p\int xzdm + r\int(x^2 + y^2)dm \end{aligned}\right\} \quad (3.3)$$

機体固定座標と空間静止座標の関係は**オイラー角** (ϕ, θ, ψ) を用いて記述する。すなわち，X_1-Y_1-Z_1 座標を Z_1 軸の回りに ψ 回転し，η_1-η_2-Z_1 座標とする。この座標を η_2 軸の回りに θ 回転し，η_3-η_2-η_4 座標とする。最後に η_3 座標の回りに ϕ 回転し，得られた座標軸の方向が X-Y-Z と一致するように (ϕ, θ, ψ) を定義する。以上の回転運動を行列で表して $\boldsymbol{L}_T$ とすれば，機体固定座標の速度成分 (u, v, w) は空間静止座標の速度成分 (u_1, v_1, w_1) に次式で変換できる[2),3)]。

$$\begin{bmatrix} u_1 \\ v_1 \\ w_1 \end{bmatrix} = \boldsymbol{L}_T \begin{bmatrix} u \\ v \\ w \end{bmatrix} \quad (3.4)$$

(u_1, v_1, w_1) が定まれば，これを時間に対して積分し，静止空間に対する飛行径路の時間履歴を求めることができる。従来，式(3.1)〜(3.4)のような非線形の方程式は，解析的に解を求めることができないため，さらに自由度を落としたり，線形近似をしたりした簡単な方程式を苦労して導き，精度の低い解を用いて議論してきたが，現在では計算機の発達により **6 自由度非線形方程式** から簡単に数値解を求めることができる。計算手順の一例をまとめると図 **3.8** のようになる。

ここで δ_a は補助翼，δ_e は昇降舵，δ_r は方向舵の**舵角**であり，δ_T はエンジ

42　　3. 飛行機・ヘリコプタ

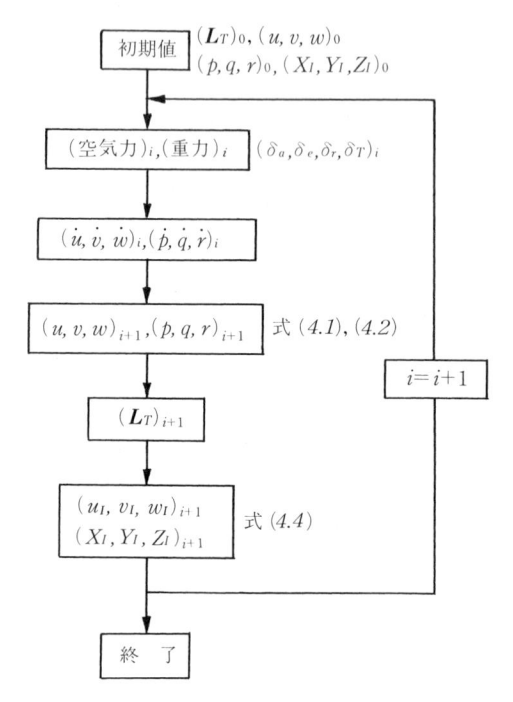

```
           ┌─────────┐  (L_T)_0, (u,v,w)_0
           │ 初期値  │  (p,q,r)_0, (X_I,Y_I,Z_I)_0
           └────┬────┘
                ↓
         ┌──────────────┐  (δ_a, δ_e, δ_r, δ_T)_i
         │(空気力)_i,(重力)_i│
         └──────┬───────┘
                ↓
         ┌──────────────┐
         │(u̇,v̇,ẇ)_i,(ṗ,q̇,ṙ)_i│
         └──────┬───────┘
                ↓
         ┌──────────────┐  式(4.1),(4.2)
         │(u,v,w)_{i+1},(p,q,r)_{i+1}│
         └──────┬───────┘            ┌────────┐
                ↓                    │ i=i+1 │
         ┌──────────────┐            └────────┘
         │  (L_T)_{i+1}  │
         └──────┬───────┘
                ↓
         ┌──────────────┐  式(4.4)
         │(u_I,v_I,w_I)_{i+1}│
         │(X_I,Y_I,Z_I)_{i+1}│
         └──────┬───────┘
                ↓
            ┌───────┐
            │ 終 了 │
            └───────┘
```

図 3.8　6自由度非線形方程式の計算手順

ンスロットルの大きさである。この計算手順では，空気力を求める過程においていろいろなレベルの流体力学的近似が使われるため，解のレベルに相当な差が生じること，およびかなりの流体力学的専門知識[2]〜[5]が必要なことに問題があるが，それ以外はそれほど難しい過程はなく，必要な計算機能力も小さくてすむ。

　機体の運動を考えるときに，X-Z 面内の運動を**縦の運動**という。したがって，このときの運動は X 軸と Z 軸方向への移動と Y 軸回りの回転（ピッチ運動）となり，変数としては式(3.1)，(3.2)において (u, w) と q だけになる。これ以外の運動，すなわち Y 軸方向への移動および X，Y 軸回りの回転（ロール運動とヨー運動）を**横・方向の運動**（縦の運動に対して，単に"**横の運動**"ともいう）という。この運動の変数は v と (p, r) となる。このようにして縦の運動と横・方向の運動を分離すると，**連成項**が失われて解の精度は

やや低下するが，航空機が X-Z 面に関して対称なため，普通の運動では連成項はあまり大きくなく，またこの近似により解の見通しを付けることが容易になるので，この取扱いが広く行われている．

現代の制御理論では，**線形方程式**を対象とした分野の完成度が高いので，それを用いるために，また解の見通しを容易にするために，式(3.1)，(3.2)の非線形方程式を近似して線形化することが多い．飛行機が定常運動をしている釣合い状態から，微小な運動を起こしたとして，2次以上の微小量を無視して線形化する．こうして得られる方程式を**微小じょう乱方程式**[7]~[9]という．一例として，U_0 の速度で X_1 軸方向に $\theta \fallingdotseq 0$ で水平定常飛行をしている飛行機の微小じょう乱方程式を考えてみよう．対地速度は，微小じょう乱に出合う前は $(U_0, 0, 0)$ であり，出会った後は $(U_0 + \bar{u}, \bar{v}, \bar{w})$ となる．同様に定常値から角速度は $(\bar{p}, \bar{q}, \bar{r})$ に，姿勢角は $(\bar{\phi}, \bar{\theta}, \bar{\psi})$ となる．$(\bar{})$ の量はいずれも微小なので2次の量は無視できる．

図 3.9 に示すように，一般に機体重心の対気速度 V_a と X-Y 平面となす角を迎角 α，X-Z 平面となす角を**横滑り角** β という．α, β を用いると，この微小じょう乱の場合は $\bar{v} = U_0 \beta$，$\bar{w} = U_0 \alpha$ と書ける．また空気力の変動は，$(\bar{u}, \beta, \alpha)$ と $(\bar{p}, \bar{q}, \bar{r})$，およびこれらの時間微分項の変数と考えられるので，外力をこれらの変数についてテイラー展開して2次以上の項を無視する．このようにして状態変数 $(\bar{u}, \beta, \alpha, \bar{\phi}, \bar{\theta}, \bar{p}, \bar{q}, \bar{r})$ による線形1次方程式が得られる．

空気力をテイラー展開して得られる微係数 $\partial L_m / \partial \beta$，$\partial M_m / \partial \alpha$，…などは，機体の安定性を支配する重要な量で**安定微係数**という．Y 軸回りの空気力の

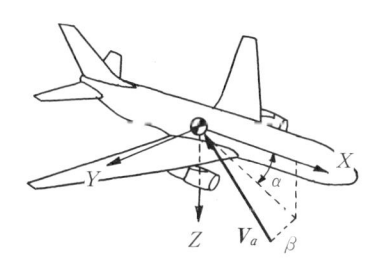

図 3.9 迎角と横滑り角

モーメント M_m を迎角で微分した $\partial M_m/\partial \alpha$ を例にとると，もし $\partial M_m/\partial \alpha$ が正のときは，なんらかの原因で α が増加すると M_m が増加することになり，その結果，機首上げ運動が起こって α がさらに増加してしまう。したがって $\partial M_m/\partial \alpha$ が負のときに，この項に関する Y 軸回りの安定性が実現する。安定微係数の表示法は人によりさまざまであり，また有次元のものと無次元のものがあるので注意が必要である。微係数の大きさは数値モデルにより推定する方法[10]と飛行試験による方法がある。飛行試験データから運動方程式を導くには，**最ゆう推定法**をはじめとする種々の同定法が提案されている[11]。

普通の飛行機は安定につくられているため，外乱による変位に対して復元力がある。その結果，機体の運動は，固有振動モードと固有振動数をもつ。この機体固有の運動特性や安定性は微小じょう乱方程式の**特性根**によって調べることができる。微小じょう乱方程式を縦と横・方向の方程式に分離して特性根を求めると，縦の方程式は四つの根をもち，複素数平面上で2組の共役複素根となっている。1組は原点に近く，減衰の少ない周期の長い振動（代表例では30秒〜1分程度）で**長周期モード**あるいは**フゴイドモード**という。もう1組は減衰の大きい周期の短い（代表例では2〜3秒程度）振動で**短周期モード**という。パイロットが舵を動かすと機体はこの短周期モードを主とする過渡応答に入り，定常値に達するので，短周期モードと機体の**操縦性**の関係がきわめて大きい。

横・方向の方程式には五つの根があり，普通は1組の共役複素根と3実根となっている。共役複素根に対応する振動モードは**ダッチロール**と呼ばれ，ヨーとロール運動がカップルして尾部を左右に振る振動となる。3実根のうち1根は原点にあり，もう1根は減衰のきわめて大きいロール運動である。残りの1根は減衰の少ない旋回運動で，**スパイラルモード**という[2],[3],[7]。

3.2.5 操縦系

従来の飛行機は操縦桿（かん）やペダルから舵まで機械的にワイヤで接続されていたが，近年の飛行機では小型機を除き，図 **3.10** に示すように，パイロットの

3.2 飛行機の制御メカニズム

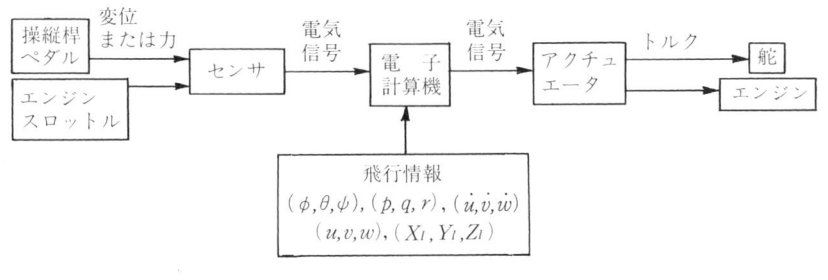

図 3.10 フライバイワイヤ

操舵入力やエンジンスロットル入力をセンサで検出し，電気信号に変換した後，電子計算機を介して舵やエンジンに設置されたアクチュエータあるいはモータを動かし，舵やエンジンを制御する．機体空間の大部分を電線で結ぶので，この方法を**フライバイワイヤ**という．電線でなく光ファイバを用いる方式を**フライバイライト**といい，電磁干渉や落雷の影響を少なくすることができる．この近年の操縦系では，電子計算機に各種センサから飛行情報を入力できるので，任意のフィードバック系を組むことができ，**飛行性**や**操縦性**の変更が機体形状とは無関係に行える．また，操縦桿やペダル，エンジンスロットルなどの操縦装置の感覚の変更，重量や容積の軽減が容易である．操縦桿を小型化してパイロット席の横に置く**サイドスティック**型式の機体もかなり使われている．ただ，電子式の操縦系は機械式に比べ信頼性の確保に問題があり，現在は系を多重化してその問題に対応しており，必然的に高価である．

　フィードバックループは，その制御対象の時定数により，**図 3.11** に示すように約3層に分けられる．最も時定数の早いものは，飛行機の安定性や操縦性を制御するループである．その一例として，最も初期の頃から導入された**安定増大装置（SAS）**がある．これは，角速度 (p, q, r) を固定ゲインでフィードバックし，3軸回りの回転運動の安定性を高めるものである．現在では，パイロットの制御に対して飛行機が望みの過渡応答をするように，ループを可変ゲインで設計することも行われている．使われる方法も，初期のころの**ボーデ線図**を用いた**位相余裕**や**ゲイン余裕**を考える方法や，線形化された運動方程

図 3.11 フィードバックループ

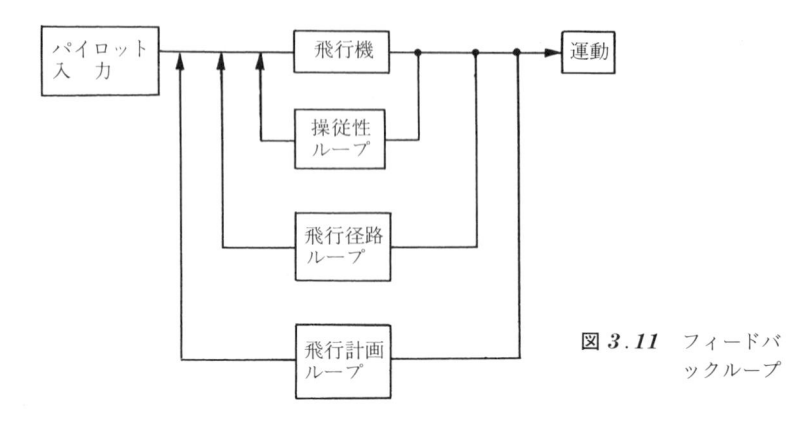

式を用いてフィードバック系の**特性根**の位置を複素平面上で指定する方法[11]から，最近は**モデルフォローイング**の手法が使われている[12]。さらにこのループを積極的に利用して，開発中の航空機の操縦性を事前にチェックしたり，航空機の望ましい操縦性を研究したりするために用いる**飛行シミュレータ機**が開発されている。これは地上設置のシミュレータに比べると，現実の視界や運動を利用できるので，模擬の精度が高い。ただ，フィードバック系を組む前の原型機の飛行限界を越えることはもちろんできないので，あらゆる飛行特性を模擬できるわけではない。

図 3.11 の 2 番目のループは，**自動着陸**に代表されるように，ある限られた飛行区間を基準の径路に沿って飛行するように制御するものである。さらに，最も外側のループは**飛行計画**を制御するループで，離陸から着陸までの全飛行区間を気象や燃料，飛行ルートなどを考慮しつつ自動的に制御するものである。

3.2.6 センサ

航空機の制御に使われる観測値は，機体の角速度 (p, q, r)，姿勢角 (ϕ, θ, ψ)，位置 (X_I, Y_I, Z_I)，対気速度，加速度 $(\dot{u}, \dot{v}, \dot{w})$ である。これらの物理量を計測するために種々のセンサが用いられているが，これらは時代とともに急速に変化している。**センサ**はそれぞれ得意な周波数帯域があるので，

通常はその特性を利用して**カルマンフィルタ**をつくり，いくつかのセンサを組み合わせてそれぞれの精度を高めるとともに，直接観測できない次元のデータを推定している。例えば**ジャイロ**や**加速度計**は短い周期の応答に優れ，一方**VOR，GPS，DME，磁気コンパス**などは長い周期の精度が高い。また，これらのデータを組み合わせて対地速度を推定することができる。機体の制御には使われないが，これ以外にも地上管制からの問合せに答えて自機を識別する**トランスポンダ**，前方の降雨や雷雲を検知する**気象レーダ**，上・下速度を検出する**昇降計**など多くのセンサが使われている[3]。

3.2.7　3.2節の参考文献

今後の参考のために，各テーマごとにこの分野の文献を記す。専門用語[1),3)]，航空機一般[2)~4),6),13)]，空気力学的データ[5),14)~16)]，飛行力学[7)~9),17)]，制御工学概観[11)]，フィードバック制御系[18)]。専門誌としては，本学会誌をはじめとして，航空機一般[19),20)]，誘導・制御[21)]があり，また NASA のデータベース[22)]が便利である。

3.3　ヘリコプタの運動・制御メカニズム

ヘリコプタは翼の代わりに**ロータ**を利用する。このおかげで**ホバリング（空中静止）**や**垂直離着陸**が可能である。ヘリコプタの種類は，二つのロータを前後に並べたもの（**タンデム型**），横に並べたもの（**サイドバイサイド型**），上下に2重にしてそれぞれ反転させるもの（**同軸反転型**）と多岐にわたるが，**図3.12**に示す一つの**メインロータ**と一つの**尾部ロータ**をもつ**シングルロータ形式**が普通であるので，本解説でもこの形式を対象とする。人類が初めて実用段階のヘリコプタを手にしたのは，わずか50年ほど前の1942年のことであった。このときの機体は**シコルスキー**が開発したR-4と名づけられたものであったが，すでに現在とほとんど変わらないシングルロータ形式をしていた。

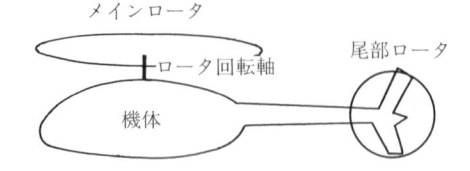

図 3.12　シングルロータ型ヘリコプタ

3.3.1　制御方法

メインロータに働く空気力は，**ロータ回転面**にほぼ垂直と考えてよい。この空気力を図 3.13 に示すように**ロータ推力**という。パイロットが右手にもった操縦桿を前後左右に倒すと，それに応じてロータ回転面も前後左右に傾く。また，パイロットは，ロータ推力の大きさを，左手にもった**コレクティブピッチレバー**を上下させて制御できる。つまり，ロータ回転軸先端に**推力ベクトル**が働いていて，このベクトルの大きさと方向を自由に制御できる。さらに，ロータ形式によっては，ロータ回転軸の先端にブレードからモーメントも伝わる。それぞれのブレードから伝わるモーメントの和が，機体を回転させようとするモーメントとして働く。これを**ハブモーメント**という。ハブモーメントの大きさと方向も，操縦桿とコレクティブピッチレバーによって制御できる。ただし，推力ベクトルとハブモーメントは独立には制御できず，後述するようにある関係をもってそれぞれの大きさや方向を変える。

一方，尾部ロータ回転面は傾けることができず，そこに働く推力の大きさだけをパイロットがペダルを踏んで制御する。図に示すように，機体重心に固定

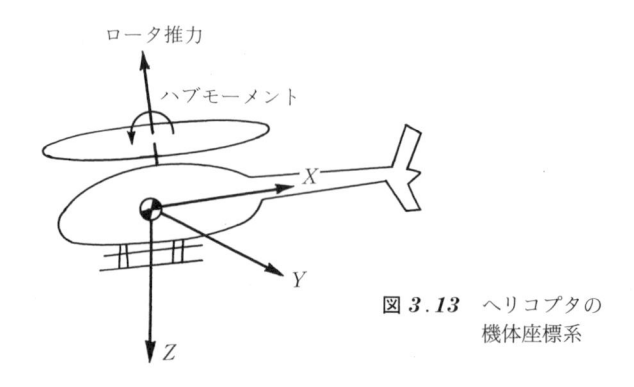

図 3.13　ヘリコプタの機体座標系

した右手直交座標（機体固定座標）X-Y-Z を考える．X 軸と Y 軸の回りのモーメントはメインロータの推力ベクトルの傾きとハブモーメントの大きさを変えて，また Z 軸回りのモーメントは尾部ロータの推力の大きさを変えてそれぞれ制御し，機体の姿勢角や方位角を定める．一方，各軸方向の力は，主としてメインロータの推力ベクトルの傾きと大きさを変えて制御する．その結果，各軸方向に望みの加速度運動を起こし，前後左右上下に移動することができる．

メインロータや尾部ロータの空気力を変化させると，それに必要なパワーも変化する．昔はパイロットがエンジンスロットルを調節してロータ回転数を制御していたが，現在のヘリコプタでは，ロータ回転数が一定になるようにエンジン出力が自動的に制御されている．エンジンの応答の遅れに伴うロータ回転数の変動は，飛行制御上問題となることもあるが，通常の飛行ではブレードの慣性モーメントが大きいため，ロータの回転数は一定であると考えてよい．

3.3.2 ロータダイナミクス

メインロータブレードは三つのヒンジを介してハブに連なっており，**図 3.14** に示すように，ブレードに固定した x-y-z 座標のどの軸回りにも回転できる．

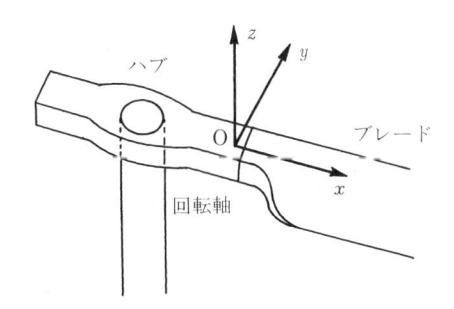

図 3.14 ハブとブレード

x 軸回りの運動はブレードのねじり運動で，シャフトによりその変位が拘束されており，パイロットは操縦桿やコレクティブピッチレバーによりシャフトを動かし，ブレードの幾何迎角を制御する．この運動を**フェザリング**（feathering) **運動**という。また，このヒンジを**フェザリングヒンジ**という。y 軸回りの運動は，ロータ回転角に直角方向の運動で**フラッピング**（flapping）**運動**と呼ばれ，そのヒンジを**フラッピングヒンジ**という。フラッピング運動は拘束のない自由運動であり，ブレードに働く慣性力と空気力によるヒンジ回りのモーメントの釣合いによって，その角度が決まる。

z 軸回りの運動は，ロータ回転面内の運動で**リード・ラグ**（lead-lag）**運動**と呼ばれ，そのヒンジを**リード・ラグヒンジ**という。リード・ラグ運動も拘束のない自由運動である。ブレードのような薄い平板状の物体では，その平面内の運動に対して空気力によるダンピングがほとんどないので，リード・ラグ運動は本質的に不安定になりやすく，ダンパまたは強い構造減衰が必要である。実際のヘリコプタの設計・製造で生ずる深刻な振動問題のほとんどは，このリード・ラグ運動に起因する。その代表的な振動問題が，以下に述べる**地上共振**（ground resonance）と呼ばれるものである。

通常の状態では，ブレードはロータ回転軸に対して相互に対称であり，すべてのブレードを足し合わせたロータの重心はロータ回転軸上に存在するが，各ブレードがばらばらなリード・ラグ運動を行うとこの対称性が崩れ，ロータ重心は回転中心から外れる。このロータ重心に強力な遠心力が回転面内方向に働いているとみなせるので，結果として回転軸の上端に強い曲げ力が軸に直角に発生する。ロータと機体と地上はばね系で結ばれた質量体とみなせるので，この強い回転面内力が周期的に機体に働き機体の振動を誘起し，それによってブレードのリード・ラグ運動が増加し，回転面内力がさらに増加するというループができ，急激に振動が発散する。この振動により，機体の破壊が起こることも珍しくない。類似の現象は，リード・ラグ運動の減衰が小さいと飛行中にも生ずることがあり，**空中共振**（air resonance）と呼ばれる。

一方，フラッピング運動には，空気力による十分な減衰があるので，致命的振動問題を引き起こすことはまれである。しかし，ロータ回転面の傾きはこの運動によって生ずるので，制御上からは最も重要な運動である。**図 3.15** に示すように，上向きに正となるように**フラッピング角** β を定義し，**図 3.16**

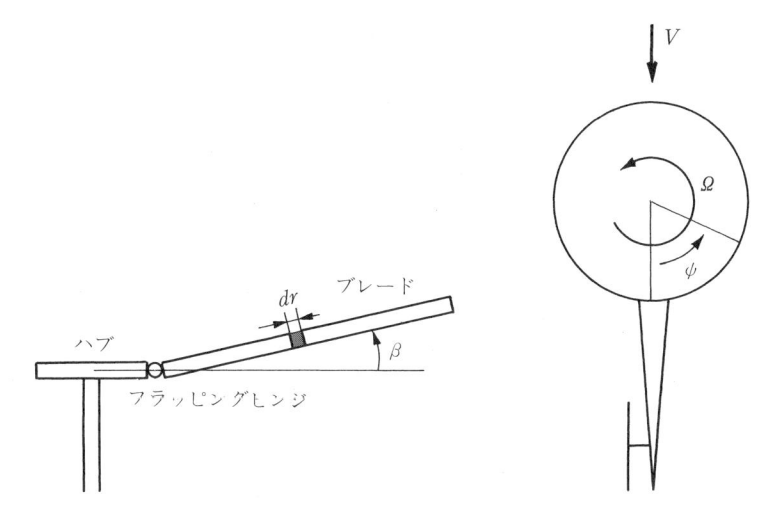

図 3.15 フラッピング角 **図 3.16** ブレード方位角

に示すようにブレードの回転方向の**方位角**を ψ とすると，フラッピング角のフーリエ級数の 2 次以上の項は定常飛行では小さく，次式が成立する。

$$\beta = \beta_0 + \beta_{1s} \sin \psi + \beta_{1c} \cos \psi \tag{3.5}$$

β_0 は**コニング角**と呼ばれ，ブレード方位角によらない一定値のため，ブレードの回転軌跡をじょうご型にする。β_{1s} と β_{1c} は**図 3.17** に示すように，このじょうご型をしたロータの前後左右への傾きを表す。ブレード半径 R に比べて**フラッピングヒンジオフセット**（フラッピングヒンジ位置）r_β は通常十分小さいので，ブレード先端の回転軌跡が形成するロータ回転面は β_{1c} だけ前方に，また β_{1s} だけ進行方向左側に傾く。ただし，現在アメリカをはじめとするほとんどの国のヘリコプタは，**図 3.16** に示すように上から見て反時計回りのブレード回転方向を採用しているが，フランスとロシアは逆向きの回転方向を採用しているので，後者の場合は β_{1s} は進行方向右側への傾きを示す。前述したロータの推力ベクトルは，このロータ回転面につねに垂直に働いているとみなせるので，機体固定座標に対して，β_{1s} と β_{1c} により推力ベクトルの向きが変わることになる。

図 3.18 に示すように，回転中心から $r_\beta + (r - r_\beta) \cos \beta \approx r$ の距離にあ

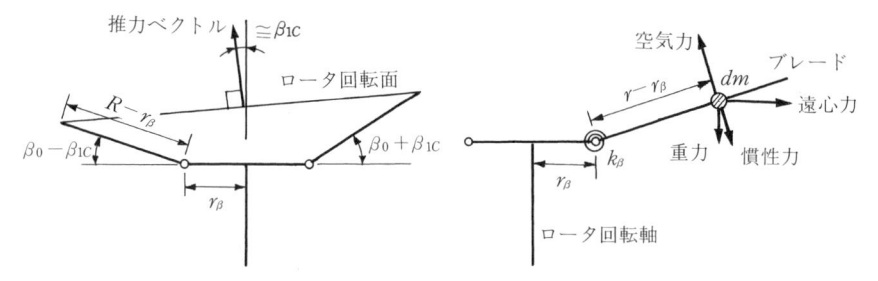

図 3.17 ロータ回転面と推力ベクトル　　**図 3.18** ブレード要素に働く力

る，幅 dr，質量 dm のブレードに要素には，水平方向に遠心力 $r\Omega^2 dm$，鉛直下方に重力 dmg，ブレードに直角に空気力 $l dr$ と慣性力 $\ddot{\beta}(r-r_\beta)dm$ がそれぞれ働く。このうち重力項はほかの項に比べると小さいので無視し，フラッピングヒンジ回りのモーメントに対するばね定数を k_β とすると，同ヒンジ回りのモーメントの釣合いから次式が導かれる。

$$\int_{r_\beta}^{R}(r-r_\beta)^2 dm \cdot \ddot{\beta} + \left\{\int_{r_\beta}^{R}(r-r_\beta)\Omega^2 dm + k_\beta\right\}\beta = \int_{r_\beta}^{R} l(r-r_\beta)dr \tag{3.6}$$

式(3.6)から容易にわかるように，遠心力とばね定数は等価的に働き，フラッピング角の復元力になっている。左辺には減衰項がないが，右辺の空気力の項に大きな $\dot{\beta}$ の項があり，これが系に強い減衰を与える。その結果，パイロット入力や外乱のステップ入力に対してブレードの過渡応答 1～2 回転の間に収れんし，空気力は定常値に達する[23]。機体の応答はこれに比べるとずっと遅いので，機体の運動解析においては，パイロット入力に対してブレードの過渡応答は無視して，ブレードは遅れなくつねに定常値に達すると考える近似（**Hohenemser の仮定**）が広く用いられてきた。近年，コンピュータ解析技術の進歩や機体の応答特性の高速化などにより，この仮定をとり除いて解析の高精度化が図られることもあるが，機体の運動解析の第 1 近似として，この仮定を依然として用いることが多い。

　ブレードの運動によって，ハブ側に発生するモーメント（ハブモーメント）を考えると，図 **3.19** に示すようにヒンジを介して働くせん断力 F_z に基づく

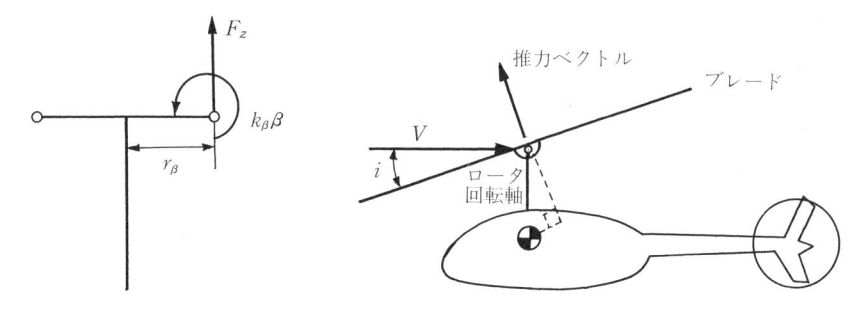

図 3.19　ハブに働くモーメント　　図 3.20　シーソーロータ型ヘリコプタ

もの（$F_z r_\beta$）と，ばね定数に基づくもの（$k_\beta \beta$）がある．したがって，ハブモーメントを増して機体の操縦性を増すためには，フラッピングヒンジオフセット r_β を大きくするか，ばね定数 k_β を強くすればよい．近年，ブレードやハブの複合材化が進み，これまでベアリングが使われていた各ヒンジの機構が引っ張り強度を保ちながら曲げに柔軟な複合材で置き換えられ，疲労寿命やメンテナンスコストが大幅に改善された．この機構では k_β を自由に選ぶことができるため，一時期，k_β を強くして操縦性を増す試みが盛んに行われたが，現在では，回転中のブレードの**フラッピング固有振動数** ω とブレードの回転角速度 Ω の比が，$(\omega/\Omega) = 1.05 \sim 1.15$ 程度に収まっている．これは，フラッピング運動の剛性を増すと外乱やブレードの間の不均一に基づく振動荷重が機体に伝わりやすくなり，乗り心地が悪化したり，機体の防振対策を難しくしたりするためである．また，複合材化が進んだ現在のブレードでは，前述した**図 3.15，図 3.17〜図 3.19** に示すような機械的なヒンジは実際には存在せず，意図的に曲げ強度を極端に弱めた複合材でヒンジを代用している．これを**弾性ヒンジ**という．したがって，上記の図はブレードの機構を概念的に示したものとなる．

　フラッピングヒンジオフセット，$r_\beta = 0$ でかつばね定数 $k_\beta = 0$ のとき，式 (3.6) の $\ddot{\beta}$ の係数は β の係数から Ω^2 をとったものに等しくなる．したがって，このときの ω は Ω に等しくなり，$\omega/\Omega = 1$ となる．また，ハブモーメントがなくなるため，制御に使える機体重心回りのモーメントは推力ベクトル

によるものだけになる。このようなロータ形式を図 **3.20** に示す**シーソーロータ型**と呼ぶ。これは，シーソーのように2枚のブレードがその付け根で固く結合されて1本の棒状になり，その中心下部にフラッピングヒンジをもっている。このロータ形式は構造が簡単で，ブレードと機体軸を一致させて格納することにより，ヘリコプタの格納場所をきわめて小さくできる。しかし，リード・ラグ運動を許さない点と，ブレード枚数が最小であることから，機体の振動荷重が大きくなる欠点がある。また，機体の角度制御が推力ベクトルによる機体重心回りの制御モーメントに全面的に頼ることになるため，モーメントのアームを大きくせざるを得ず，ロータ回転軸が通常のロータ形式に比べて長くなるという欠点をもつ。

つぎにブレードのフェザリング運動を考えてみよう。回転半径 r の位置にある幅 dr の翼素の断面を図 **3.21** に示す。ロータ回転軸に直角な**ハブ回転面**とブレードのなす角を**ピッチ角** θ，相対流速 U とハブ回転面のなす角を**流入角** ϕ という。ブレードは回転する翼であるので，3.1.1項で述べた翼の働きがこの翼素でも成り立つ。ブレードの有効迎角 α は $\alpha = \theta + \phi$ であり，翼素

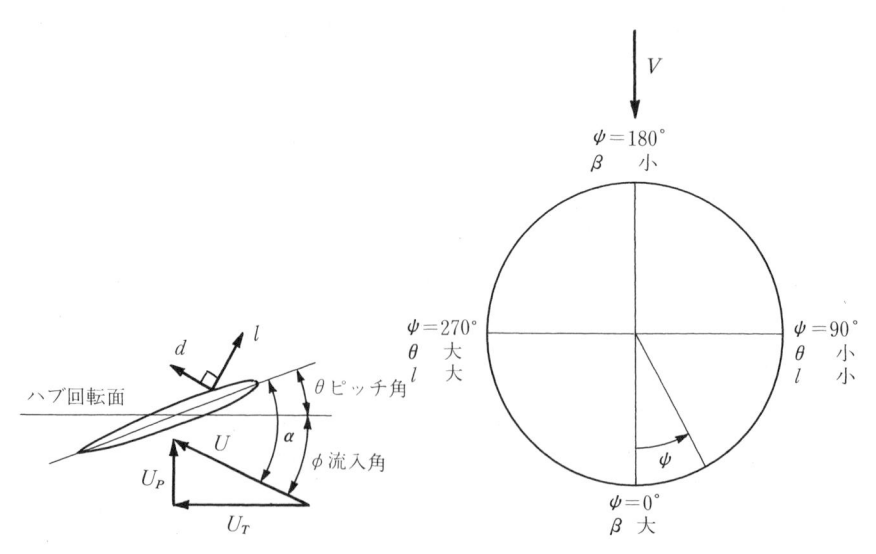

図 **3.21** 翼素の断面

図 **3.22** 操縦桿を前傾させたときの応答

に働く揚力 l は U に直角で U^2 と α の積に比例する。ピッチ角 θ を方位角のフーリエ級数に展開すると，ψ の1次項までが主であり，以下のように表せる。

$$\theta = \theta_0 + \theta_{1s}\sin\psi + \theta_{1c}\cos\psi \tag{3.7}$$

θ_0 は**コレクティブピッチ角**と呼ばれ，ブレード方位角によらず一定値であるため，この増減でブレードの平均迎角を増減させ，推力ベクトルの大きさを制御する。3.2.1項で説明したパイロットの左手によるレバー制御は，コレクティブピッチ角を増減しているのである。θ_{1s} と θ_{1c} は**サイクリックピッチ角**と呼ばれ，ロータ回転面の傾き β_{1s}，β_{1c} を制御し，その結果，推力ベクトルの傾きを決定する。ここで操縦桿を前に倒したときを例にとり，ブレードのダイナミクスを考えてみる。

操縦桿の動きにより，まず θ_{1s} が減少する。すると，**図 3.22** に示すように $\psi=90°$ で θ が減り，$\psi=270°$ で θ が増える。これによりブレードの迎角分布が変化し，揚力 l が $\psi=90°$ で減り，$\psi=270°$ で増える。したがって，式 (3.6) の右辺の空気力が ψ に対して変動し，結果的に，θ の変動から 90°方位角が進んだ地点で，フラッピング角 β の変動が生ずる。このとき，β の変動幅と θ の変動幅は等しい。$\psi=180°$ で β は小さくなり，$\psi=0°$ で β は大きくなるので，ロータ回転面が θ の変動と同じだけ前傾する。θ と β の位相差 90°は，厳密にいうと $\omega/\varOmega=1\,(r_\beta=k_\beta=0)$ のときに成立し，フラッピング運動の剛性が増すにつれて（$\omega/\varOmega\to$ 大）この位相差は小さくなり，また β の振幅も θ に対して小さくなる。ただし，現在のヘリコプタの剛性レベルでは近似的に位相差は 90°で，β と θ の変動振幅はほぼ等しいと考えてよい。

翼素に対する対気速度 U は，**図 3.21** に示すように U_T と U_P の成分に分けられる。U_T はハブ回転面に平行な，そして U_P はハブ回転面に直角な成分である。両者はハブ回転面が水平な定常飛行状態では

$$U_T = \varOmega r + V\cos i\sin\psi,$$
$$U_P = -v - V\sin i - (r-r_\beta)\dot\beta - V\cos i\sin\beta\cos\psi \tag{3.8}$$

と表される。i は，**図 3.20** に示すように，ロータ回転面と前進速度 V のな

す角であり，vはロータ面における**誘導速度**（**吹き下ろし**）である．誘導速度は，揚力を発生した反力として生ずる空気の流れと考えることができ，ロータでは回転面にほぼ垂直である．ロータの誘導速度は，ほかのブレードによるものや自分自身が過去に発生したものも含まれるため，その見積りが難しいうえ，特に低速飛行時にはこの成分がU_Pに与える影響が大きい．このため，ロータのダイナミクスや空力性能を調べるため，ロータ面における誘導速度分布の見積り法が多くの努力を費やして開発されてきた．最も簡単な計算法は，空間的にも時間的にもロータ面上でvを一定とするもので，**運動量理論**[2),3),24)]に基づいてその値が決められる．パイロットの操舵は，ロータ面上で揚力lの分布をサイン波状に局在させ，それによって回転面の傾きをβの変化によって引き起こすというものであるので，実際には，lに見合って誘導速度vも操舵を打ち消す方向に増減する．つまり，揚力の大きいところでは誘導速度は大きくなり，小さいところでは小さくなる．したがって，v一定の仮定はロータの操舵応答やヘリコプタの操縦性を過大評価する．この欠点を打ち消すために，誘導速度分布を空間的に変化させ，また時間的にも操舵量に1次遅れで追随する**動的運動量理論**（dynamic inflow）[24),25)]が開発され，操舵応答の解析に広く使われている．さらに各ブレード間の空力干渉や後流渦の変形までを取り入れることができる**局所運動量理論**[23)]や**渦理論**[26)]が提案され，式(3.6)のブレードの運動方程式や，ブレードの弾性方程式と連立させて解くことができるようになってきている．ナビエ・ストークスの方程式に基づくCFDの手法は，現在は，ブレードの運動を規定して空力性能を推定する問題に用いられ始めた段階であるが，将来は圧縮性を考慮した**操舵応答**の解析などに用いられるようになるであろう．

3.3.3 全機の運動

ロータの応答や，それによってハブに生ずる力やモーメントがきちんと記述できれば，全機の運動は固定翼と同様に解析できる．すなわち，全機に働く力とモーメントを寄せ集め，機体重心回りの運動方程式を導く．これは，3.1.

4項に述べたように非線形の6自由度の方程式になり,ヘリコプタでは前述した誘導速度の推定法とブレードの運動方程式と連立する。ヘリコプタ独特の問題としては,縦(X-Z面内の運動)と横・方向(それ以外の運動)の運動が,前進飛行時にはロータの応答を介して連成している点と,ホバリングから低速飛行において,ロータ後流の変形により回転面が特殊な応答を示すことが挙げられる。この6自由度の非線形方程式は,誘導速度の推定法を除けば,通常の常微分方程式であるので,パイロットの操舵量を入力して全機の応答を得ることは,固定翼と同様,通常の計算機でそれほど難しいことではない。ただし,その計算プログラムは簡単な誘導速度分布を仮定しても相当に複雑で,精度のよい局所運動量理論や渦理論を用いると5 000〜10 000ステップに達する。このレベルの特殊な計算コードは一般には見かけず,メーカや研究所,大学などで独自に開発されたものが世界中に10種類程度存在しているにすぎない。

非線形の方程式は,厳密であるけれども解の見通しや安定限界が求めにくく,また制御理論も適用しにくいので,固定翼機と同様にトリムまわりの微小じょう乱を考えた線形方程式も広く使われている[2),27),28)]。固定翼機でもじょう乱に対する微係数の推定はたいへんな作業であるが,ヘリコプタでは,飛行速度領域がさらに広くまたロータの応答が連成しているため,微係数の推定とその検定がきわめてたいへんな問題であり,むしろその後の解析作業のほうが一般にははるかに楽である。また,そのために微係数の推定法にはいろいろな方法が併存しており,標準的な方法は十分に確立していない。

ヘリコプタは固定翼に比べて一般に安定性が悪く,ホバリングから低速飛行において特にレベルが下がる。このため,ヘリコプタ誕生のころから機械的な安定増大装置(SAS)が使われていたが,近年,電子的な制御装置の開発が急速に進展している。SASから飛行全体を管理するFMSへ,制御系もフライバイワイヤやフライバイライトへと,固定翼機と同様の試みが行われている。ヘリコプタ独特のものとしては,推力ベクトル制御機構を生かして,操縦桿の位置と機体の速度が比例する**速度比例制御**や,機体の加速度が比例する**加速度比例制御**などが試みられている。またその広い飛行領域を生かして,飛行

シミュレータ機として，通常の固定翼機では不可能な飛行径路角の大きい領域の飛行試験などに用いられている。さらに式(3.7)に示したように，従来 ψ の1次までであったピッチ角入力を2次以上の高次に拡張して，機体の防振や低騒音化を図る **HHC** (higher harmonic control)[23]や，個々のブレードを独立に制御する **IBC** (individual blade control)[30]の研究が進んでいる。ブレード自体にフラップを付け，ブレード内に装備した圧電素子でこれを制御して飛行領域や制御領域を広げようという，スマートストラクチャの試みも実験され始めている。

一方，機体の応答特性や安定限界がパイロットにとってどの程度が望ましいのかという飛行性基準も，多くの研究をまとめて徐々につくられてきており[31]，将来の設計に大きな影響を与えるだろう。

3.3.4　3.3節の参考文献

今後の参考のためにこの分野の文献を記す。専門用語につては1)，3)，ヘリコプタ一般については2)，3)，28)，ロータの空力・運動については24)，32)，33)，34)，ヘリコプタ制御については26)，27)，35)，専門誌としては計測自動制御学会誌に加えて，ヘリコプタ一般については19)，20)，36)，37)，誘導・制御については21)，学会 Pcroceedings の38)〜40)などがある。無料のデータベースとしては NASA の22)が挙げられる。

4 ロケット

4.1 はじめに

本章では，M-V 型ロケットを例に，ロケットのダイナミクスと誘導制御について簡単に紹介する。M-V 型ロケット（図 **4.1**）は，すべてのステージが同時に新規に開発された全段固体燃料のロケットである。1997 年 2 月に初飛行に成功した。

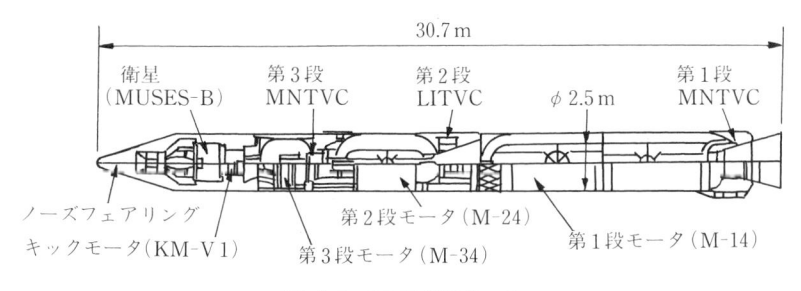

図 **4.1** M-V 型ロケット

ロケットは，真空中でも推進が行えるように，燃料のほかに酸化剤を搭載し，その化学反応時に開放される化学結合エネルギーを熱エネルギーとして取り出し，最終的にそれを高速の噴流として力学エネルギーに変換する機構である。性能向上のためには，高温，高圧の極限に近い容器が必要であり，特に液体水素，液体酸素を用いるロケットにあっては，高温気体と極限温の液体が近接して存在するため，設計・製造にあたっては，高度の材料，構造技術が必要である。力学面での特徴は，構造振動が陽に制御系に現れるために，いわゆる

分布定数系としての性質が強く現れ，高次モードのロバスト安定化という課題を提供している。

4.2 ロケットの姿勢・軌道運動

4.2.1 ロケット推進

ロケットの推進は，併進運動量の保存，反作用に基づいている。いま，質量が m のロケットが，毎秒 $\dot{m}$ の質量を速度 c で排出しているとすると，運動量の保存則を時間で微分することにより

$$m\frac{dv}{dt} = [-\dot{m}c] = F \tag{4.1}$$

を得る（図 **4.2**）。右辺は，瞬時瞬時に機体に加えられる力に相当し，**推力** (thrust) と呼ばれ，$\dot{m}$ は**質量流量率** (mass flow rate) で，c は**有効排出速度**と呼ばれる。これが時間を陽に出ないよう以下のように操作する。

$$m\frac{dv}{dt} = -c\frac{dm}{dt} \quad \therefore \quad \frac{dv}{dm} = -\frac{c}{m} \tag{4.2}$$

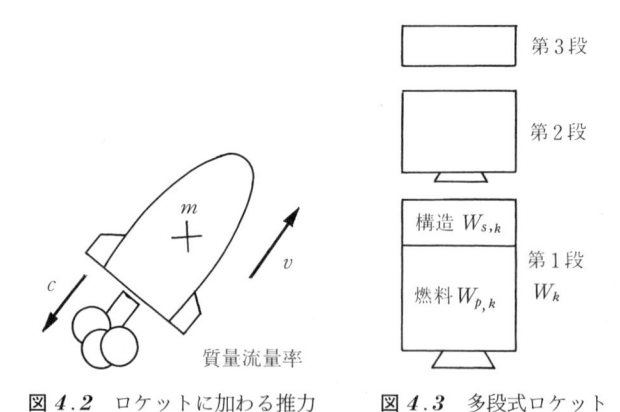

図 **4.2** ロケットに加わる推力　　図 **4.3** 多段式ロケット

燃焼終了までの総加速量 Δv は，これを積分して

$$\Delta v = \int dv = \left[-c\ln m\right]_{m_0}^{m_f} = c\ln\frac{m_0}{m_f} \tag{4.3}$$

と求められ，燃焼前後の質量比で定められる．例えば，有効排出速度が 3 000 m/s のロケットがあったとすると，$m_0/m_f = e \fallingdotseq 2.7$ ならば，$\Delta v = 3\,000$ m/s の加速を行うことができることになる．燃焼終了後の質量は，本来運ばれなくてはならないペイロードのほかに，燃料タンクなどの構造質量を含んでいる．地球周回軌道に投入するには，その軌道速度である約 7.8 km/s（高度 200 km 円軌道の場合）まで加速を行わなくてはならないのは当然であるが，実際の打上げでは，いくつかの速度を損失する要因があり，それらを考慮すると，増速量としては 9 000 m/s 程度が必要となる．このことから，このロケットで単純に軌道周回速度まで加速するには約 $(1 - \exp(-3))$，つまり機体の約 95 % が燃料で占められるロケットが必要であることがわかる．残り 5 % から構造質量を除いた分が運べるペイロードということになる．しかし，通常のロケットでは，構造質量は全質量の 10～20 % 程度であるために，このままではそれだけの加速を行うのは不可能である．この不合理性は，ほぼ燃料が空になった状態でも，なお全燃料を貯蔵，輸送するためのタンクなどの構造を同時に加速しなければならない点にある．このために，不要になった燃料のタンクなど支持構造部分をつぎつぎと捨てていく方式が採用されている．これが，**多段式ロケット**（multi-stage-rocket）である（**図 4.3**）．いま，c_k を k-段 (stage) の有効排出速度とすると，各段での加速量は

$$\Delta V_k = c_k \ln \frac{W_k}{W_k - W_{p,k}} \tag{4.4}$$

である．W_k は k 段目の全質量，$W_{p,k}$ は k 段目の推進薬質量である．全打上げ質量は，W_1 で与えられる．いま，この全打上げ時質量はあらかじめ定められているとして，最も効率的な多段打上げ方法を考えてみる．打上げ時質量を増やせば，当然輸送できるペイロードは増加するが，決められた質量の中で，最大のペイロードを運ぶ方法はなにかがここで考える問題である．これは，最終的に運ばれるペイロード質量の打上げ時質量に対する比を固定して，増速量を最大化する問題と等価である．最終段までの増速量は

$$\Delta V = \sum_k c_k \ln \frac{W_k}{W_k - W_{p,k}} \tag{4.5}$$

であって，これを各段での増速量を調整，操作し，この総加速量を最大化することを考える．ここで，上述の条件である $W_n/W_1 =$ 一定という拘束条件をおく．初期質量比を固定しないと問題として成立しないからである． k 段目での構造質量を $W_{s,k}$ とすると，構造質量比は $\beta_k = W_{s,k}/(W_k - W_{k+1})$ と定義される．段間の質量比を $p_i = W_{i+1}/W_i$ とおくと，この量適化問題の答えは，ある定数 λ を含んで

$$p_j = \frac{\lambda}{c_j - \lambda \beta_i} = p_j(c_j, \beta_j) \tag{4.6}$$

と書かれる（導出過程は省略）．もし， c_j ， β_j が各段に共通なら $W_{k+1}/W_k =$ 一定とすることが最適な解である．その増合，増速量は各段目とも同じになる．

実用上は，段間を切断する特殊な継手が複雑化したり，製造上の問題から極端に小型のロケットを製作することは困難であるため，段数としては多くても4段，少ない場合には2段式が採用される範囲である．連続する段の質量比は，おおよそ3程度にとられる場合が多い．例えば，全質量（離陸時）を仮に3000トンとすると，2段目から先の質量は1000トン，3段目から先の質量は330トン（3～5％）というような数字となる．この場合，第3段が燃焼終了時の質量はおよそ110トンで，これから第3段の構造質量（おおよそ第3段点火時の質量の10～20％）10～20トンを差し引いた90～100トンがペイロード質量となる．

このように，各段の増速性能を支配するのは有効排出速度 c である．これを $g \times I_{sp}$ とおいて， g （重力加速）で規格化して， I_{sp} （比推力）で示すことが一般的である． $\int F dt = (\Delta m) g I_{sp}$ であるので，**総力積** (total impulse) を工学単位で表した場合，それを推進剤質量で割った値に相当する．言い換えれば，単位推進剤質量当りに発生できる力積量である． I_{sp} は，固体ロケットでは約300秒で，（液体水素/酸素）による液体ロケットでは400数十秒である．

比推力とは，熱力学的にも算出できる量であり，この場合速度の次元をもつが，これを重力加速度 g で割って表現して用いているのである．

$$\Delta V = gI_{sp} \ln \frac{m_0}{m_f}, \quad m_f = m_0 \exp\left(-\frac{\Delta V}{gI_{sp}}\right) \tag{4.7}$$

の関係がある．

4.2.2 ロケットの軌道運動

飛翔体の軌道計算に用いられる座標系は，一通りではない．慣性系原点を地球中心にとり，地表面上の北方向（N），東方向（E），地心方向（D）の3軸で構成される座標系（NED系）は，航法上の基準として適しており，最もよく用いられる座標の一つである（図 4.4）．この座標系は，飛翔体の運動に伴って移動し，地心回りの回転座標系である．いま，N方位からE軸に向かって，速度の方位角を測るものとし，それを ψ，またNE平面から $-$D に向かって速度の径路角を測るものとし，それを γ とおく．このとき，速度の大きさ V と，ψ，γ を支配する運動方程式は，つぎのように導かれる．

図 4.4 NED 座標

図 4.5 併進運動を記述する動座標系

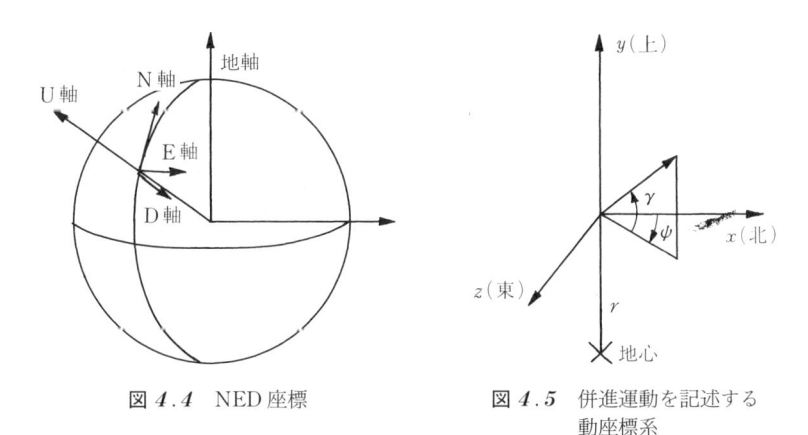

図 4.5 において，飛翔体とともに移動する動座標系を考え，その座標上で位置，速度ベクトルを記述すると

$$\boldsymbol{r}^T = [0 \ r \ 0], \quad \dot{\boldsymbol{r}}^T = [0 \ V\sin\gamma \ 0] \tag{4.8}$$

である．この座標系は慣性系に対して，各軸回りに

$$\omega_z = -\frac{V\cos\gamma\cos\psi}{r}, \quad \omega_x = \frac{V\cos\gamma\sin\psi}{r}, \quad \omega_y : \text{free} \quad (4.9)$$

の角速度，すなわち

$$\boldsymbol{\omega}^T = \left[\frac{V\cos\gamma\sin\psi}{r} \quad \omega_y \quad -\frac{V\cos\gamma\cos\psi}{r}\right] \quad (4.10)$$

の角速度で回転することになる．ここに y 軸（天頂軸）回りの角速度，$\omega_y = \omega^*$ は，飛翔体の運動で定義される地心回りの角速度ベクトルが，地軸と E 軸で張られる平面内にとどまるという条件で決まる．これは NED 系上での積分を維持する条件でもある（図 4.6）．この条件から

$$\omega_y \cos\varPhi = \omega_x \sin\varPhi \quad \therefore \quad \omega_y = \omega^* = \frac{1}{r}V\cos\gamma\sin\psi\tan\varPhi$$
$$(4.11)$$

と ω^* が定められる．これは NED 系が回転する角速度である．

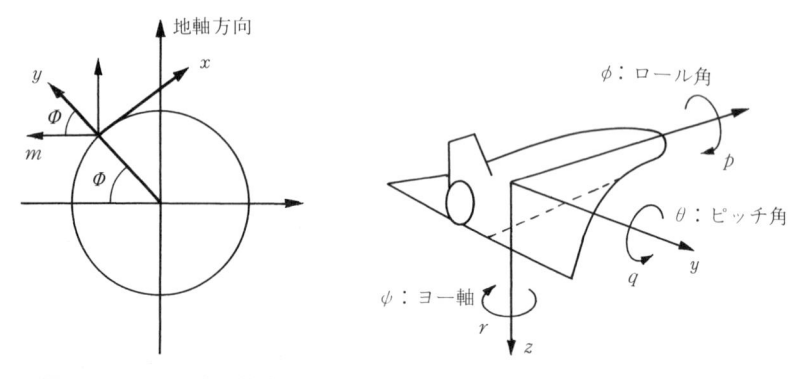

図 4.6　NED を保つ拘束　　　図 4.7　機体座標

極座標（地心球面座標）系上での，緯経度と方位角の履歴はつぎの**オイラー角の関係式**で求めていくことができる．ここで $\varPhi$, $\varTheta$ は，それぞれ緯度，経度を，δ は速度の方位角を示す．速度方向とともに回転する座標系 x', y', z' 系を用いると

$$\dot{\delta} = -\omega_{y'} = \dot{\psi} - \omega^*,$$

$$\dot{\varPhi} = -\omega_{x'}\sin\delta - \omega_{z'}\cos\delta,$$
$$\dot{\varTheta} = \omega_{y'}\sin\varPhi + (\omega_{x'}\cos\delta - \omega_{z'}\sin\delta)\cos\varPhi \qquad (4.12)$$

この回転座標系上で以上の関係を整理すると,運動方程式として

$$V\dot{\gamma} = \frac{V^2}{r}\cos\gamma - \{a_D\cos\gamma + (a_N\cos\psi + a_E\sin\psi)\sin\gamma\},$$
$$\dot{V} = -a_D\sin\gamma + (a_N\cos\psi + a_E\sin\psi)\cos\gamma,$$
$$\dot{\psi} = \frac{1}{V\cos\gamma}(-a_N\sin\psi + a_E\cos\psi) + \omega^* \qquad (4.13)$$

が得られる.ここに,a_N,a_E,a_D は,それぞれ NED 方向への運動加速度である.

地心距離 r,地心緯経度 $\varPhi$,$\varTheta$ の時間変化は,$\delta = 0$ を維持するものとし上の式を整理して

$$\dot{r} = V\sin\gamma, \quad \dot{\varPhi} = \frac{V\cos\gamma\cos\psi}{r}, \quad \dot{\varTheta} = \frac{V\cos\gamma\sin\psi}{r\cos\varPhi} \quad (4.14)$$

で求めることができる.初期の解析においては,この地心方向に垂直な平面を局所水平面であると考え,機体のロール角 ϕ を定義することにより,式 (4.13) は非常に簡単化され

$$V\dot{\gamma} = \frac{V^2}{r}\cos\gamma + L\cos\phi - Y\sin\phi - g\cos\gamma,$$
$$\dot{V} = -g\sin\gamma - D,$$
$$\dot{\psi} = \frac{1}{V\cos\gamma}(L\sin\phi + Y\cos\phi) + \omega^* \qquad (4.15)$$

と書くことも行われる(図 4.7).L,Y,D は,それぞれ揚力,サイドフォース,抗力である.しかし,実際の局所水平面は,地球形状のへん平性ゆえに地心方向 D 軸に垂直ではなく,重力ベクトルですらこの座標系の D 軸とは一致しないため,この力の表現が,実際的であるとはいい難い.軌道運動を計算する場合には,大まかに述べれば,推力,重力,空気力の三つに起因する加速度を考慮しなくてはならない.これらの個々の評価は簡単ではなく,詳細を述べることはここでは割愛する.

4.2.3 柔軟性を考慮したロケットの姿勢運動

ロケット機体を連続体とみて，その並進，回転，曲げ振動の方程式を導いてみる。図 **4.8** において，$\partial u/\partial x$ は微小要素の回転角であり，ρ を線密度とすると，モーメントの釣合いから

$$(\rho \Delta x I)\frac{\partial^2}{\partial t^2}\left(\frac{\partial u}{\partial x}\right) = \left(M + \frac{\partial M}{\partial x}\Delta x\right) - M + \left(S + \frac{\partial S}{\partial x}\Delta x\right)\Delta x \tag{4.16}$$

が成り立つ。ここに，$M \triangleq EI(\partial^2 u/\partial x^2) + M_c(x)$ であり[†]，$M_c(x)$ は分布モーメント，S はせん断力，M は曲げモーメントを示す。

$$\therefore \quad \rho I \frac{\partial^2}{\partial t^2}\left(\frac{\partial u}{\partial x}\right) = \frac{\partial M}{\partial x} = \frac{\partial}{\partial x}\left(EI\frac{\partial^2 u}{\partial x^2}\right) + \frac{\partial M_c}{\partial x} + S \tag{4.17}$$

図中，$F(x)$ は単位長さ当りの分布力を示すとする。$F(x)$ は，例えば

$$F(x) = qSC_{N\alpha}(x)\alpha(x) - \rho g \cos \gamma_0 + T_c(x) \tag{4.18}$$

と書け，$T_c(x)$ は，分布制御力を示す。$\alpha(x)$（分布迎角）は

$$\alpha(x) = \frac{\partial u}{\partial x}(x) - \frac{1}{V}\left(\frac{\partial u}{\partial t}(x) + V_W\right) \tag{4.19}$$

であり，V_W は横風である。また，図 **4.9** に示すように軸力 $T_t(x)$ は

$$T_t(x) = \frac{T_{t0}(t)}{M} \times \int_x^{x_0} \rho(x')dx' \tag{4.20}$$

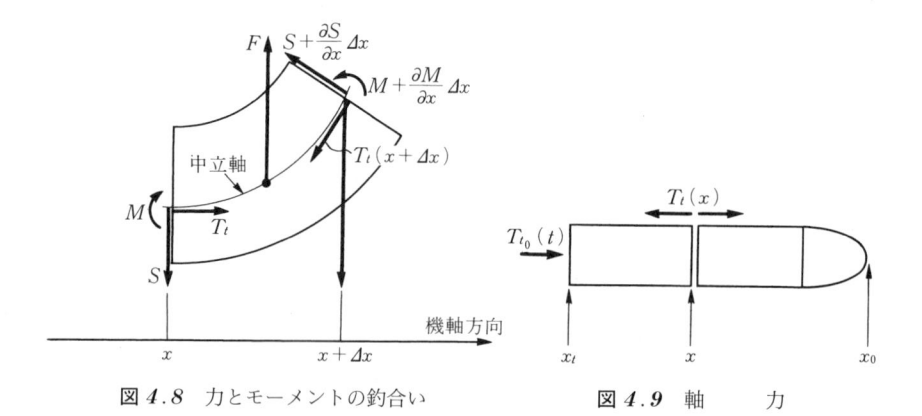

図 **4.8** 力とモーメントの釣合い

図 **4.9** 軸　　力

[†] $=$の上の△は，このように定義することを意味する。

で表現される。式(4.20)の M は全質量である。これらから，最終的に

$$\therefore \rho \frac{\partial^2 u}{\partial t^2} = \frac{1}{\Delta x}\left(S(x+\Delta x) - S(x)\right)$$

$$+ \frac{1}{\Delta x}\left\{\left(T_t \frac{\partial u}{\partial x}\right)_{x+\Delta x} - \left(T_t \frac{\partial u}{\partial x}\right)_x\right\}$$

$$= -\frac{\partial^2}{\partial x^2}\left(EI \frac{\partial^2 u}{\partial x^2}\right) - \frac{\partial^2 M_c}{\partial x^2} - \frac{\partial}{\partial x}\left(T_t \frac{\partial u}{\partial x}\right) + F \quad (4.21)$$

の運動方程式を得る（図 **4.10**）。

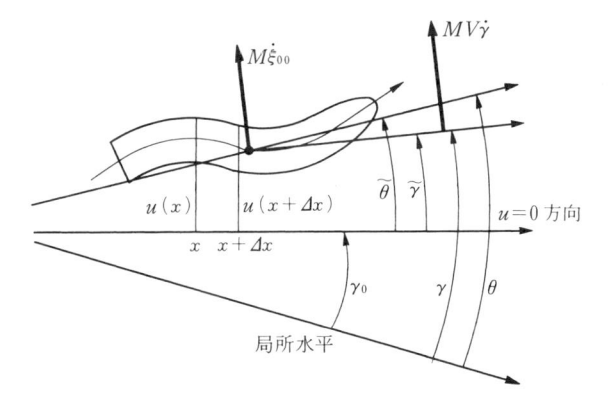

図 **4.10** 柔軟飛翔体の中立軸と姿勢，軌道運動

軸力を無視し，例えば次式で固有関数を定義することができる。

$$\rho \frac{\partial^2 u}{\partial t^2} = -\frac{\partial^2}{\partial x^2}\left(EI(x) \frac{\partial^2 u}{\partial x^2}\right) \quad (4.22)$$

は，$u = Y(x) \times \xi(t)$ で，変数は分離され

$$\frac{d^2}{dx^2}\left(EI(x) \frac{d^2 Y_j}{dx^2}\right) = \rho(x)\omega_j^2 Y_j(x), \quad \ddot{\xi}_j = -\omega_j \xi_j \quad (4.23)$$

で，固有値 ω_j，固有関数 $Y_j(x)$ を定義することができる。境界条件は，$Y''(x_t) = Y''(x_0) = 0$，$Y'''(x_t) = Y'''(x_0) = 0$ である。明らかに，$Y(x) = $ 一定，$Y(x) = x$ は $\omega = 0$ 対応の固有関数となっており，境界条件も満たしている。すなわち，固有値"0"は2重に縮退している。これら二つの固有関数は，じつは，機体の併進と回転に関する剛体のロケット運動モデルに相当す

る。固有関数の規格化をどう行うかは任意であるが，ここでは，弾性振動モードについては全質量 M による規格化を行うものとする。すなわち

$$\oint \rho Y_k^2 = M \tag{4.24}$$

とする。この場合，曲げ振動形状に対応する固有関数の次元は無次元である。剛体運動に相当する二つの固有関数については，慣例に従い，その2乗ノルムが，それぞれ全質量と全慣性モーメントになるよう，ノルムを定義することにする。

固有関数の定義，計算方法としては，必ずしも，ここで述べた方法が一般的ではない。ここで記述した方法は，いわば説明に適した簡易的な方法であり，より複雑な構造に関しては，工業的には，変断面ばりを有限要素法を用いるなどして計算することになる。以下の解説は，固有関数の定義方法によらずに進めることができる。

定義された固有関数によりその係数である一般化座標との線形和をとり，もとの運動方程式に代入して，さらに注目するモード（剛体モードを含む）を掛算して全領域で積分を行うと，空間に関する諸量がノルムと内積で表現された時間領域の運動方程式を得ることができる。詳細の導出については，文献7）を参照されたい。

図 4.11 に示すロケットでは，機体の並進，回転，曲げ振動は以下で表現される。

$$MV\dot{\gamma} = \oint qSC_{N\alpha}\alpha dx - Mg\cos\gamma_0 + T_c(t) + T_M(\theta - \gamma + \sum_{j=1} Y'_{jt}\xi_j)$$

$$I_0\ddot{\theta} = \oint qSC_{N\alpha}\alpha x dx + x_t T_c(t) - M_c(t) + T_M(x_t\sum_{j=1} Y'_{jt}\xi_j - \sum_{j=1} Y_{jt}\xi_j)$$

$$M(\ddot{\xi}_l + \omega_l^2\xi_l) = \oint qSC_{N\alpha}\alpha Y_l dx + Y_{lt}T_c(t) - Y'_{lt}M_c(t)$$

$$+ T_M Y_{lt}\sum_{j+1} Y'_{jt}\xi_j \tag{4.25}$$

ここに，M は機体の全質量，V は軌道速度で，γ は経路角，I_0 は機体の全機慣性モーメント，θ は機体中立軸の姿勢角，ξ_l は l-次の曲げ振動一般化座

図 4.11 ロケットの機体運動

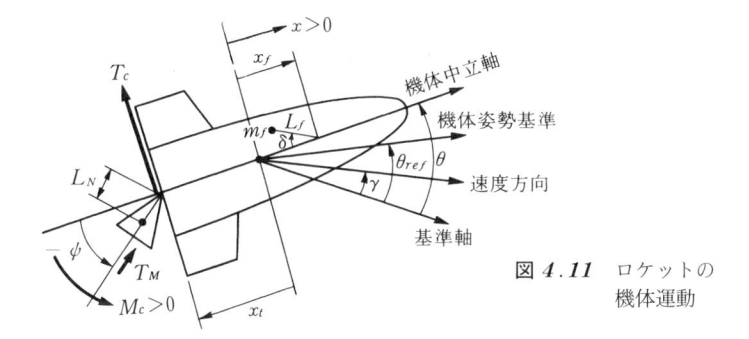

標である．q は動圧，S は機体の代表面積で，$C_{N\alpha}(x)$ は機体各部の法線力傾斜，$\alpha(x)$ は機体各部での迎角を示し，g は重力加速度，T_M は主推力，T_c は制御推力，ψ はノズルの推力振れ角，M_c はノズル駆動トルク，Y' はモード傾斜を示している．x_t はノズル支点までの位置を機体前方を正として測った値である．モード関数は全質量で無次元化されており，Y は無次元，ξ は長さの次元をもっている．モード関数は，例えば Timoshenko ビームモデルの下で，有限要素法などを適用して算出されてもよい．ノズル部の運動方程式は

$$\ddot{\psi} = \frac{1}{I_n + m_N L_n^2} M_c + \frac{1}{\kappa}\left[-\frac{1}{\lambda}V\dot{\gamma} + \left(1 - \frac{x_t}{\lambda}\right)\ddot{\theta} + \left\{\sum_j \left(Y'_{jt} - \frac{1}{\lambda}Y_{jt}\right)\ddot{\xi}_j\right\}\right],$$
$$\frac{1}{\lambda} \triangleq \frac{m_N L_N}{I_N + m_N L_N^2} \tag{4.26}$$

で表現される．κ はアクチュエータ減速比を示す．第 2 項以降はノズル部に作用する慣性力を示す．I_N, m_N, N_N は，ノズル部の重心まわり慣性モーメント，質量，支点-重心間距離である．ノズルを駆動しているトルクは，角加速度指令値を $\ddot{\psi}_G$ として地上試験で同定されるメカニズムを用いて表現すると，$M_c = -(I_N + m_N L_N^2)\ddot{\psi}_G$ のように記述されるべきである．G_{TVC} を機体を固定した場合（地上）の TVC 伝達関数と定義すると，$\psi_G(s) = G_{TVC}(s)\psi_{CMD}(s)$ と表記される．迎角 α と制御推力 T_c は次式で与えられる．

$$\alpha(x) = \theta - \gamma + \sum_{j=1}^n Y'_j(x)\xi_j - \frac{1}{V}\left(x\dot{\theta}\sum_{j=1}^n Y'_j(x)\xi_j + V_w\right),$$
$$T_c(t) = m_N L_N \ddot{\psi} + T_M\left(-\psi + \sum_j Y'_{jt}\xi_j\right) \tag{4.27}$$

ここに，V_w は横風速さを示す。

まず剛体のロケットを考える。液体燃料のスロッシングは回転質量（振り子）で置き換えられ，そのモデル化は，上述のノズルの運動方程式上で慣性力を残すことで表現されるため，基本的に同一のモデルで考えることができる。剛体ロケットでは，ノズル部とスロッシングを含む運動方程式は，つぎのように単純化できる。

$$MV\dot{\gamma} = -T_M\psi - \frac{1}{\lambda}\tilde{I}_N\ddot{\psi} + T_M(\theta - \gamma) - m_f L_f \ddot{\delta},$$

$$I\ddot{\theta} = -T_M x_t \psi + \left(1 - \frac{x_t}{\lambda}\right)\tilde{I}_N\ddot{\psi} + m_f(L_f - x_f)L_f\ddot{\delta},$$

$$\ddot{\psi} + \omega_\psi^2(\psi - \psi_{CMD}) = \left(1 - \frac{x_t}{\lambda}\right)\ddot{\theta} - \frac{V\dot{\gamma}}{\lambda},$$

$$\ddot{\delta} + \omega_\delta^2 \delta = \left(1 - \frac{x_f}{L_f}\right)\ddot{\theta} - \frac{V\dot{\gamma}}{L_f} \tag{4.28}$$

ここに，$\tilde{I}_N$ は $I_N + m_N L_N^2$ であり，δ はスロッシング質量の振れ角を，m_f はその質量，L_f は等価振り子長を示し，x_f は振り子支点位置を示す（**図 4.11**）。ω_δ は，スロッシングモードの特性周波数を示す。ここで，運動の定性的な性質を単純化してみるために，並進運動に関する部分を時定数が姿勢運動のそれに比べて十分長いと仮定して分離する。さらに，高い減速比を仮定し，ノズルに作用する機体の並進と姿勢運動に起因する慣性力効果をノズル駆動トルクより十分小さいと近似すると，ノズル駆動指令から姿勢角への伝達特性は，近似的につぎのように表現される。

$$\theta(s) = \left(\frac{\tilde{I}_N}{\Gamma}\frac{\lambda - x_t}{\lambda}\right)\frac{1}{s^2}\frac{s^2 + \omega_\delta^2}{s^2 + \omega_\delta'^2}(s^2 + \omega_{TWD}^2)\psi_{CMD}(s),$$

$$\Gamma = I - m_f(L_f - x_f)^2, \quad \omega_\delta'^2 = \left\{1 + \frac{m_f(L_f - x_f)^2}{\Gamma}\right\}\omega_\delta^2,$$

$$\omega_{TWD}^2 = \frac{\lambda}{\lambda - x_t}\frac{(-T_M x_t)}{\tilde{I}_N} \tag{4.29}$$

容易にわかるように，スロッシング運動は，系の開ループ特性に近接した極，零点（ダイポール）を供給する。また，ノズルの駆動角加速度に起因して

機体が反力トルクを受けるため,零点が伝達特性に現れる.これを **TWD (tail wag the dog) 特性**という.ノズル支点とノズル重心間距離が,ノズル支点と機体重心までの距離に比して十分に短く,ノズル自体の慣性モーメントが小さい場合には,この TWD 零点周波数を $\omega_{TWD}^2 \cong T_M/(m_N L_N)$ で近似することがある.この周波数近傍では,アクチュエータから姿勢への利得は極端に低下するうえ,位相も大きく変化するので,制御系設計上十分に配慮する必要がある.また,上段ステージにおいては,ノズル部慣性の機体全体慣性に占める割合は飛躍的に高くなり,上記のような簡単化されたモデルはまったく不十分である.

運動方程式の構造振動に関する推力を介したモード相互間の結合は対角化によって非干渉化できる.最も簡略化された姿勢,曲げ方程式は,第1次振動モードのみを考慮すると

$$\ddot{\theta} = aT_c, \quad \ddot{\xi} + \omega^2 \xi = bT_c, \quad a = \frac{x_t}{I}, \quad b = \frac{Y_t}{M} \qquad (4.30)$$

と書かれる.一方,センサ位置でのモード関数の機軸に対する傾斜を c とすると,搭載ジャイロにて観測される情報は,$y = \theta + c\xi$,$c = Y'_{CNE}$ とその時間微分値の姿勢角,姿勢角速度である.構造振動も開ループ系に零点を供給しダイポールを形成する.$c(s)$ をアクチュエータなどの時間遅れに伴う位相変動をも含んだモード傾斜として拡張し,$T_c = -K(1 + ks)y$ の制御則を上記の簡易モデルに施すと,閉ループの安定性はつぎの特性方程式の極で判別できる.

$$s^4 + Kk(a + bc)s^3 + \{\omega^2 + K(a + bc)\}s^2 + Kka\omega^2 s + Ka\omega^2 = 0 \qquad (4.31)$$

この安定条件は $Ka > 0$,$abc > 0$,$k > 0$ となる.1番目は剛体制御のための条件で,2番目は構造振動の安定化条件である.なお,零点が現れる条件は $a(a + bc) > 0$ である.仮に **図 4.11** のごとく制御推力方向を定義すると,$a < 0$ であって,アクチュエータの非線形性によらず K が負にとれていることが必要なのは当然である.よって,この結果得られる $bc < 0$ の条件は構造

振動モードを抑制する効果に対応する．

4.3　ロケットの姿勢制御

4.3.1　姿勢制御の基本的な考え方

　構造の第1次モードを考えると，モード座標の正負のとり方によらずに，レート信号そのものが遅れなく制御に用いられるならば，すなわち $\cos\{\arg(c(s))\} > 0$ ならば，レートセンサはモードの腹よりも後方（ノズル側）にあると安定である（図 *4.12*）．しかし当該構造モード周波数（ω）では，アクチュエータ位相遅れが大きく位相反転を生ずる場合が普通である．この場合には，上の議論における c は符号を反転して考えなくてはならないため，結果は逆になりレートセンサの位置は腹の前方（先端側）にあればよいことになる．この議論は後述する位相安定化に対応する．この $c(s)$ の位相反転は，制御系内の時間遅れを τ とおくと $\cos\tau\omega < 0$ の条件を満たす場合に生ずる．実際の制御系設計にあたっては，構造振動の**もれこみ**（spill-over）を嫌い，センサをモードの腹付近に搭載させて，構造振動の検出性を落とす場合が多い．この場合，少なくとも第1次構造モードの spill-over はなくなって制御系は剛体系に近くなり，ゲイン安定化に有利となる．

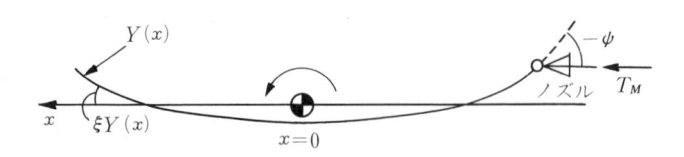

図 *4.12*　構造モードの安定化

　M-V 型ロケットの第1段制御系では，構造モードの第1次振動モード周波数は 6 Hz 付近にあり，アクチュエータの特性周波数よりもかなり高い．したがって，ここでの単純な議論を適用するならば，角速度信号を第3段目搭載の IMU から取得するほうが望ましく思われる．しかし，実際の設計においては第3段目位置での高次モード形状の不確定性の観点や，剛体域での制御特性改

善を図って導入される位相進み要素の導入などにより，必ずしもここでの議論はそのままには適用できず，剛体モードと第1次振動モード間でゲインを落とす**ゲイン安定化**を導入して，第1段の角速度信号を用いて制御が行われている。

　上の簡単な例でわかるように，構造振動やスロッシングの運動において問題になるのは，剛体制御とこれらの安定化に求められる制御動作が「矛盾」する場合である。安定化法には大きく2通りのアプローチがある。ロケットの最大の使命は，ペイロードを所期の軌道に投入することであり，したがって最も関心があるのは剛体運動である。剛体運動の周波数は開ループではゼロで，制御方策が施されても，たかだか数 rad/s 域にとどまるため，上記の運動とは周波数領域を異にする。この周波数域が十分に離れていれば，制御系設計は非常に簡単で，位相変化が少ないフィルタで容易に構造振動への干渉を排除できる。しかし，実際には両者の明確な分離は不可能である場合が多い。一つの方法は，位相のふれまわりを認めたうえで，この周波数領域間でゲインを大きく降下させるフィルタを導入することである。これをゲイン安定化という。もう一つの方法は，この領域間で位相を逆相に変化させ，第1次振動を安定化させる方法で，これを位相安定化と呼ぶ。通常これらの周波数域はあまり離れていないため，ゲイン安定化で要求される利得降下を達成するには，かなり高次のフィルタが必要になり，肝心の剛体モードでの制御性能や安定余裕を減少させてしまう場合も生ずる。位相安定化についても，大きな位相操作そのものが難しいうえに高域ゲインを比較的高く維持してしまい，ロバスト性を損なう危険性がしばしば現れる。したがって，どちらか一方だけの方策で安定化が達成できる場合は少なく，多くの場合2種類を複合させるのが普通である。

　制御系設計においては，ともすれば閉ループ極の安定性と安定余裕のみの確保という点に設計者の関心が向けられがちであるが，制御とはすなわちループゲインをいかに高くとれるかにほかならない。これは，H_∞ 制御において登場する混合問題でいうところの，制御性能（外乱抑制）の確保に相当する作業で，安定余裕の確保やロバスト性はいわばループゲインを確保するための制約

でしかない。

図 4.13 には，典型的な例として，推力ミスアライメント（δ_{mis}）外乱と姿勢制御目標値（θ_{ref}）の変化率が姿勢定常偏差（θ_{res}）に及ぼす例を示した。この場合の定常姿勢偏差は，$|\theta_{res}|_{\max} = K_r \dot{\theta}_{ref} + |\delta_{mis}|/K_a$ で与えられる。大気中の飛翔時には空力外乱も作用する。Δs を機体の先端からはかった重心と重力中心との間の距離とすると，最も簡易な運動方程式は $I\ddot{\theta} = qSC_{N\alpha}\Delta s\alpha - K_a(\theta - \theta_{ref})$ で，ここで $\alpha = \theta - \gamma = (\theta - \theta_{ref}) + (\theta_{ref} - \gamma)$ が迎角であることを用いて，$K = K_a/(qSC_{N\alpha}\Delta s)$ で定義される無次元制御ループゲインを導入すれば，姿勢偏差は，$\Delta\theta = (\theta_{ref} - \gamma)/(K - 1)$ と書かれる。容易にわかるように，$K > 1$ は姿勢安定のための最低必要条件である。一般に，制御系の安定余裕としては最低 6 dB を確保するため，$K > 2$ となることが要求される。このことは同時に，姿勢定常誤差が姿勢目標と瞬時速度方向との差よりも小さくなることを述べており，機体の姿勢制御において，能動的な制御が受動的な空力安定よりも制御性能が上回る条件でもある。飛翔体の制御中に現れる姿勢の定常偏差は，ここで書かれた姿勢目標角の時間変化，推力ミスアライメント，空力外乱の三つが主要である。姿勢制御そのものは，軌道制御を行いペイロードを所定の軌道に投入させるための手段にすぎないものであって，最終的には，飛翔径路角の誤差を所定の大きさにとどめるために設定されなければならない。

姿勢定常残差の大きさに関する要請は，各時刻ごとの最終径路角に対する感

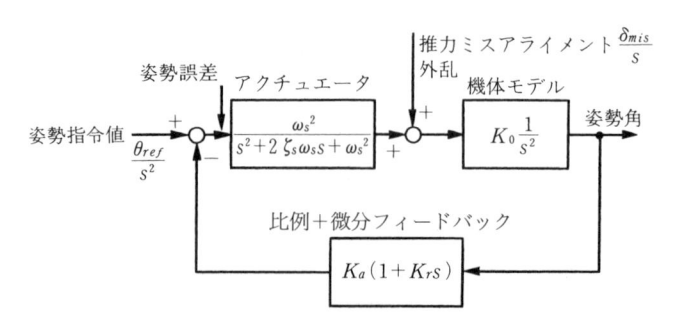

図 4.13　外乱の影響を考慮した姿勢制御ブロック図

度に応じて変化する．いま，区間 i での推力ミスアライメントと空力外乱の効果を，簡単にループゲイン $K_{a,i}$ に反比例するものとおき，径路角誤差を考える代わりに燃焼終了後の頂点高度誤差 Δh に置き換えて $\Delta h = \sum_i (C_i/K_{a,i})$ と表現してみる．問題は，ある大きさの軌道誤差を許容する最も cheap なループゲイン履歴を求めることに相当する．簡単に評価関数を K_{ai} の総和にとり，上式を制約条件に最適化すると，$K_{a,i} \propto \sqrt{C_i}$ の結果を得ることができる．すなわちループゲインは終端への感度の高い領域，すなわち初期に高くとられなければならない．**図 4.14** は，この観点にたって評価した M-V ロケットの第1段制御系に要求されるループゲイン履歴の簡単な例である．この図は与えられた径路角誤差 γ にとどまる姿勢角誤差の履歴であり，図はそれを姿勢角誤差に対するノズル角駆動指令へのループゲイン（ノズル操舵角/姿勢誤差角）に換算したものである．

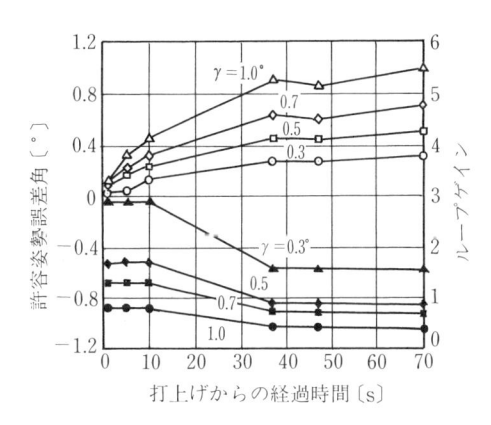

図 4.14 許容姿勢誤差とループゲイン

4.3.2 制御論理の設計

M-V 型ロケットの制御論理の構造は，H_∞ 制御理論に基づいて混合問題を解くことにより設計されている．H_∞ 問題の解を開ループが不安定な系に対して求める場合には数値的に求解が困難となる場合も多いが，M-V 制御の場合でも同様であって，あらかじめ先験的な制御補償 H を導入して制御対象を予備的に安定化することが行われている．この方法では，H_∞ 制御の本来の混合

問題を解いていることにはならないが，設計が終わった時点でどのような感度，相補感度への評価を等価的に行ったことになるかが後に把握される．H_∞制御理論で設計，低次元化がなされた補償器の構造を古典的な補償器設計の解釈にたって見直すことは，現実的な制御系設計にとって非常に有益である．一般に H_∞ 制御理論での設計は，この問題のように次元が大きい系では，その重み関数の選択によって様相が容易に変わりやすく，かつ解が順調に求められるともかぎらないために，微調整を行うことがきわめて困難な場合がしばしば生ずる．

設計作業は，冒頭にも述べたように制御ループゲインの選択から開始されるのであるが，補償器の設計は，最終的にはわずかな位相操作やゲインの上げ下げを図って安定余裕を確保する作業へと移行するため，重み関数の形でチューニングを施していくのは現実的は作業とはいい難い．この意味でも，いったん古典制御理論のもとで H_∞ 制御理論で設計された補償器の内容を理解し直し，微調整すべきパラメータを限定して設計する作業が現実的である．

H_∞ 制御理論で設計され 4 次に低次元化された，M-V 型ロケット第 1 段のピッチ，ヨー制御器の周波数特性の一例を図 **4.15** に示す．この伝達関数は

$$G(s) = \bar{K}\frac{(s+49.0)(s+13.9)}{s^2+22.1s+22.44^2}\frac{s+1.9}{s+1.4}\frac{s+29.8}{s+18.8} \qquad (4.32)$$

と求められている．この補償器の構造は，2 次のフィルタを基本として，低域と高域に二つの位相補償を乗法的に通したものとなっており，全体としては剛体モード制御帯域での位相進みの確保を図り，高域に向かっては緩やかなゲイン低下を確保してロバスト性を確保する一方，構造 1 次振動域で位相操作を図ってゲイン，位相両面での安定化を行っている．2 次のフィルタ部分はこの中核をなすもので，剛体モードと構造第 1 次振動モードとの間での位相進み/遅れ要素である．低域の時定数の長い 1 次遅れ要素は，この位相操作の結果生じるゲインの突出を抑えて安定余裕を確保するために用いられており，高域の 1 次遅れ要素は高次の不確定性の高いモードへのロバスト性確保のために導入されていることになる．

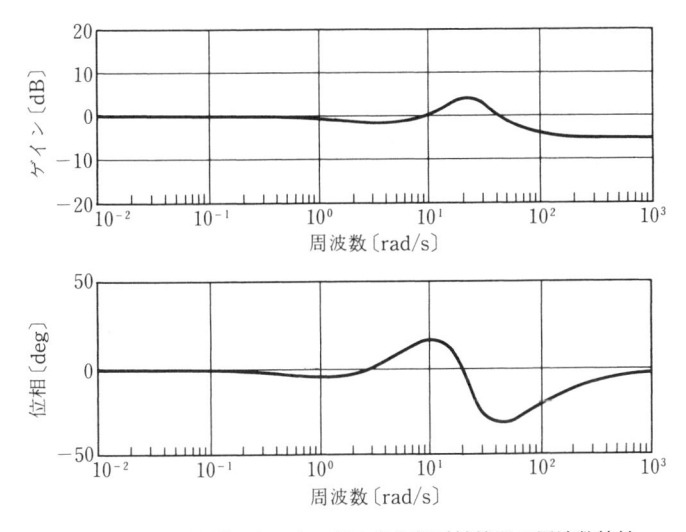

図 **4.15** M-V 型ロケットの第 1 段制御系補償器の周波数特性

4.3.3 周波数領域で見る,柔軟ロケットの力学,制御系としての性質

姿勢制御は,ほぼ併進運動と切り離して考えることができるが,非常に低い周波数域では,その周波数特性は併進運動に影響を与える。簡単な剛体ロケットの運動は,空気力を含めて

$$MV\dot{\gamma} = T_M(\theta - \gamma), \quad I\ddot{\theta} = qSlC_{ma}(\theta - \gamma) + x_t T_M \psi \quad (4.33)$$

と書かれる。簡単に

$$\dot{\gamma} = \lambda'(\theta - \gamma), \quad \ddot{\theta} = \omega_a^2(\theta - \gamma) + k_0 \psi \quad (4.34)$$

と記述すると,以下の近似特性で表現できる。

$$s\Theta(s) = -\left(\frac{\lambda' k_0}{\omega_a^2}\right)\psi(s) \quad (\omega \ll 1) \quad (4.35)$$

ここで, $k_0 = aT_M = x_t T_M/I$ である。

すなわち,直流域に近い周波数帯では,姿勢レートへの伝達ゲインは,定常値 $|\lambda' k_0/\omega_a^2|$ に近づく。真空中の飛行では,この定常ゲインは無限大であることに注意する。簡易剛体モデルの特性周波数は

$$s = \frac{1}{2}(-\lambda \pm \sqrt{\lambda'^2 + 4\omega_a^2}) \cong \pm\omega_a \qquad (4.36)$$

と近似できるため，ω_a は特性極位置から推算することができる．

再び真空中の運動に戻り，併進分を除いた，最も簡単な空間変位 $y(x, t)$ は

$$y(x) = x\theta + \xi(t)Y(x) \qquad (4.37)$$

と表現される．ここで，運動方程式 (4.30) によると

$$L\left[\frac{d}{dt}\left(\frac{\partial y}{\partial x}\right)_{x_1}\right]\frac{1}{\Psi(s)} = s\left\{\frac{1}{s^2}k_0 + \frac{1}{s^2+\omega^2}k_1\right\} = \frac{(k_0+k_1)s^2 + k_0\omega^2}{s(s^2+\omega^2)} \qquad (4.38)$$

が，アクチュエータからレート検出値までの伝達関数となる．ここに

$$k_1 = bcT_M = \frac{T_M Y(x_t)Y'(x_{sensor})}{M} \qquad (4.39)$$

である．また，ω は構造振動周波数である．上式の分子を見ると，$a(a+bc) > 0$，つまり $(k_0+k_1)k_0 > 0$ の場合，零点が出現することがわかる．この零点付近では，ゲインが極端に低下することはもちろん，位相も大きく変化するため，制御設計上は，上述の TWD 共に十分に注意する必要がある．制御系の安定性で求めたように，単純な制御則では

$$Ka > 0 \text{ または } Kx_t > 0 \text{ および } abc > 0 \text{ または } x_t Y(x_t)Y'(x_{sensor}) > 0 \qquad (4.40)$$

が成立すれば安定となる．後者の条件は重心を原点に前方を $x > 0$ の向きに定義すると，x_t は負で，したがって安定条件は

$$Y(x_t)Y'(x_{sensor}) < 0 \qquad (4.41)$$

となる．

図 4.16 は，M-V 型ロケット第 1 段の発射後 40 秒時点での，第 1 次曲げモードの主要な部材の変形を示す固有関数である．左側が機体前方であり，横軸は機体先端から測った距離であることに注意されたい．破線はノーズフェアリング内の構造の変位である．この場合，第 1 段下端部では，式 (4.41) の条件が成立していることがわかる．これは一般的な性質で，ロケットではその制

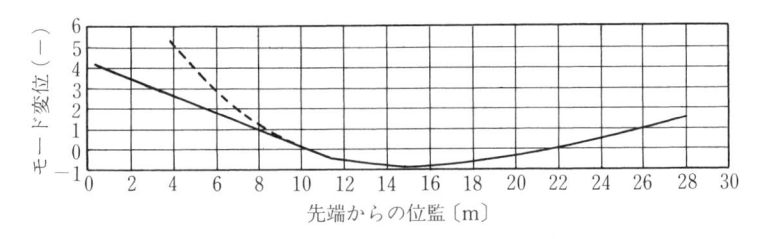

図 4.16 第 1 次振動モード

御推力着力点は下端にあり，その点ではモードにほぼよらずに式(4.41)が成立する．しかしながら，実際の制御アクチュエータの応答は遅れが大きく，第1次振動周波数においても，ほぼ位相が反転してしまうのが通例である．したがって，この解釈は高速アクチュエータを仮定した場合の例にすぎない．

表 4.1 には，このモデルにおけるいくつかの特徴的な数値をまとめた．第1段の制御では，姿勢センサは，第1下端部に置かれたジャイロと，第3段目の上部に置かれた**慣性センサ**（inertial measurement unit：**IMU**）の二つが利用可能である．第1段ジャイロを用いた場合，$k_1 < 0$ であり，式(4.41)の条件は成立している．また，式(4.38)から，第1段下端レートジャイロ出力への伝達特性には零点が現れ，式(4.38)からその周波数は 30 rad/s と推算できる．上述の TWD 周波数(4.29)は，56 rad/s と簡易推算される．実際のジャイロレート出力への伝達特性を，**図 4.17** に示した．

第1次振動モードの極に対応するゲインのピークが約 45 rad/s に，また二つの零点 30 rad/s，56 rad/s が確認できる．56 rad/s の零が急峻でないのは，高次の振動モードに起因する零点の影響である．**図 4.18** には，同様に第3段 IMU レート出力への伝達特性を示した．**表 4.1** から予測されるように，この場合，構造1次モードに起因する零点はなく，TWD 零点だけが明確に見えている．両図において，非常に低い周波数域でゲインが低下していくのは，式(4.35)で示す直流ゲインへ漸近していくためである．

図 4.19 に示したのは，M-V-4 号機で採用された制御補償器で，上の線は姿勢誤差に関する特性を，下の線は角速度に関する特性を示したものである．

表 4.1 簡易制御パラメータ推算表（第1段制御）

	B1 (+40 s)		
B1 Rate Gyro 搭載位置 [m]	2.800 0 E+01	k_0 [1/s^2]	−9.921 5 E−02
IMU 搭載位置 [m]	7.021 0 E+00	k_{B1} [1/s^2]	−1.187 1 E−01
推力着力点 [m]	2.808 8 E+01	k_{IMU} [1/s^2]	3.418 8 E−01
重心位置 [m]	1.591 8 E+01		
制御アーム長 [m]	1.217 0 E+01		
慣性モーメント [kgf·m·s^2]*	3.561 6 E+05		
質 量 [kg]	8.367 3 E+04	λ [1/s]	4.927 1 E−02
機体固有振動数 ω_1 [rad/s]	4.481 0 E+01	ω_a [1/s]	2.000 0 E+00
		$(\lambda' k_0)/\omega_a^2$ [1/s]	−1.222 1 E−03
		$(k_0)/\omega_a^2$	−2.480 4 E−02
		$k_0(k_0+k_{B1})$	2.162 1 E−02
		$k_0(k_0+k_{IMU})$	−2.407 6 E−02
推力着力点モード変位 Y_{1t}	1.432 7 E+00		
		$\omega_{zero,B1}$ [rad/s]	3.023 5 E+01
		$\omega_{zero,IMU}$ [rad/s]	
B1 R/G 搭載位置モード傾斜 [1/m] Y'_{1B1}	−2.436 4 E−01		
IMU 搭載位置モード傾斜 [1/m] Y'_{1IMU}	7.016 9 E−01		
		ω_{TWD} [rad/s]	5.613 1 E+01
主推力 [kgf]*	3.326 8 E+05		
TVC ゲイン [°/V]	5.000 0 E−01		
対気速度 [m/s]	7.908 2 E+02		
可動ノズルパラメータ			
ノズル慣性モーメント [kgf·m·s^2]*	2.856 1 E+02		
ノズル質量 [kg]	2.268 4 E+03		
ノズル重心-ピボット間距離 [m]	3.450 0 E−01		

* 1 kgf = 9.806 65 N

図 4.20 は，この結果得られた制御ループ全体の一巡伝達特性である．100 rad/s を越える領域では，意図的にループ利得を −40 dB 以下に落としてあ

4.3 ロケットの姿勢制御

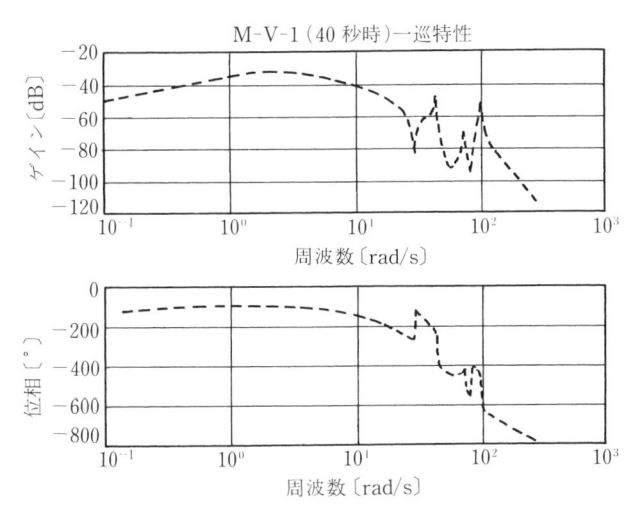

図 4.17 第1段レートジャイロ出力への伝達特性

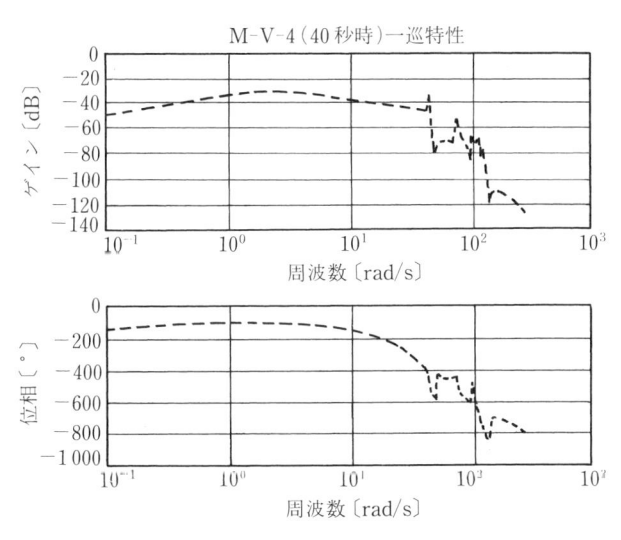

図 4.18 第3段 IMU レート出力への伝達特性

り，未考慮の制御ループを形成し得るダイナミクス，例えばセンサを搭載している局所的な構造の振動などに起因する不確定性に対処している．簡単な2次系を考えると，ピーク利得は

82　　4. ロケット

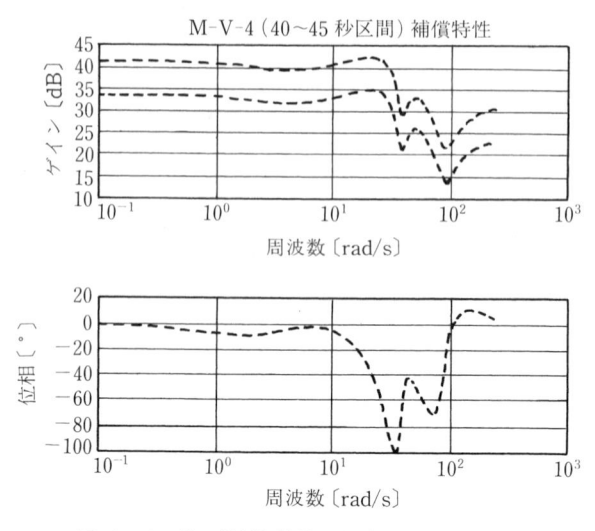

図 4.19 第1段制御補償器伝達特性 (M-V-4)

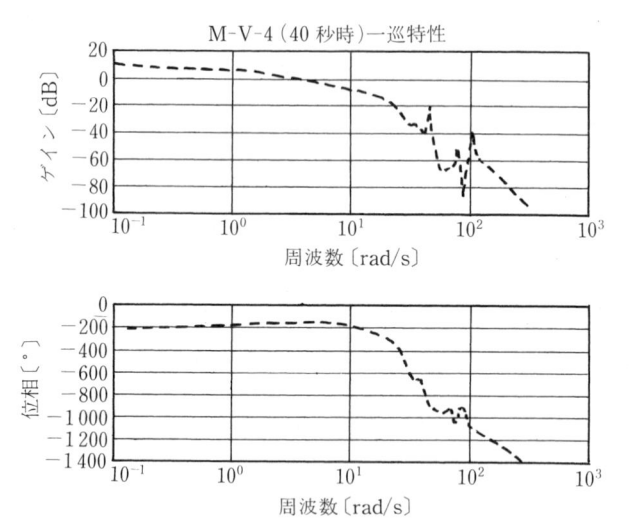

図 4.20 第1段一巡伝達特性 (M-V-4)

$$\left|\frac{\omega^2}{s^2+2\zeta\omega s+\omega^2}\right| \to \frac{1}{2\zeta} \quad \left(\zeta=0.005 \to \left|\frac{\omega^2}{s^2+2\zeta\omega+\omega^2}\right|=+40\,\mathrm{dB}\right) \tag{4.42}$$

であり，100 rad/s を越える領域では，減衰係数が 0.005 以上の任意のループを形成し得る構造振動などの力学系が介在しても，制御系が安定性を保つよう設計されている。

M-V-4 号機における第 3 段の機体曲げモードを図 **4.21** に示した。多くの

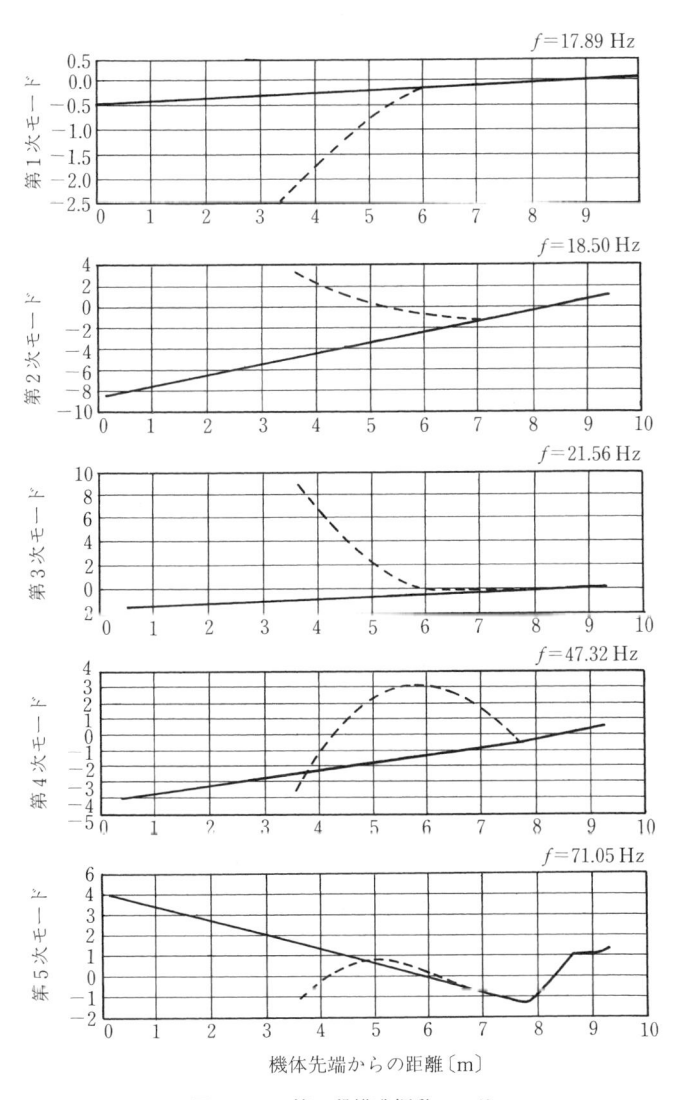

図 4.21　第 3 段構造振動モード

場合，第 1 次振動モードが支配的であるが，この場合，計算された第 1 次モードは機体全体は曲げ変形しないモードであり，したがって制御系との関連性は低く，第 2 次モードが重要であることがわかる．第 1 段と同様に，おもな関連パラメータを**表 4.2** にまとめた．構造 2 次モードに対応する零点周波数は，89 rad/s，TWD 周波数は 24 rad/s に現れることが第 1 段と同様に推算され

表 4.2 簡易制御パラメータ推算表（第 3 段制御）

B 3 (+218 s)				
B1 Rate Gyro 搭載位置 [m]		k_0 [$1/s^2$]	$-3.1038\,E-02$
IMU 搭載位置 [m]	$7.0210\,E+00$	k_1 [$1/s^2$]	$-1.6198\,E-05$
推力着力点 [m]	$9.3230\,E+00$	k_2 [$1/s^2$]	$-2.1740\,E-02$
重心位置 [m]	$7.8870\,E+00$	k_3 [$1/s^2$]	$-6.4248\,E-04$
制御アーム長 [m]	$1.4360\,E+00$	k_4 [$1/s^2$]	$1.7483\,E-02$
慣性モーメント [$kgf\cdot m\cdot s^2$]	$2.4728\,E+03$	k_5 [$1/s^2$]	$3.8082\,E-02$
質量 [kg]	$1.3865\,E+04$	λ' [$1/s$]	$6.6845\,E-03$
機体固有振動数 ω_1 [rad/s]	$1.1241\,E+02$	ω [$1/s$]	$0.0000\,E+00$
機体固有振動数 ω_2 [rad/s]	$1.1623\,E+02$	$(\lambda' k_0)/\omega^2$ [$1/s$]	
機体固有振動数 ω_3 [rad/s]	$1.3547\,E+02$	$(k_0)/\omega^2$	
機体固有振動数 ω_4 [rad/s]	$2.9733\,E+02$	$k_0(k_0+k_1)$	$9.6384\,E-04$
機体固有振動数 ω_5 [rad/s]	$4.4646\,E+02$	$k_0(k_0+k_2)$	$1.6381\,E-03$
推力着力点モード変位 Y_{1t}	$6.3961\,E+03$	$k_0(k_0+k_3)$	$9.8328\,E-04$
推力着力点モード変位 Y_{2t}	$1.2107\,E+00$	$k_0(k_0+k_4)$	$4.2071\,E-04$
推力着力点モード変位 Y_{3t}	$1.9633\,E-01$	$k_0(k_0+k_5)$	$-2.1865\,E-04$
推力着力点モード変位 Y_{4t}	$6.9546\,E-01$	$\omega_{zero,1}$ [rad/s]	$1.1238\,E+02$
推力着力点モード変位 Y_{5t}	$1.1168\,E+00$	$\omega_{zero,2}$ [rad/s]	$8.9133\,E+01$
IMU 搭載位置モード傾斜 [$1/m$] Y'_{1IMU}	$-6.7040\,E-02$	$\omega_{zero,3}$ [rad/s]	$1.3409\,E+02$
IMU 搭載位置モード傾斜 [$1/m$] Y'_{2IMU}	$-4.7533\,E-01$	$\omega_{zero,4}$ [rad/s]	$4.4992\,E+02$
IMU 搭載位置モード傾斜 [$1/m$] Y'_{3IMU}	$-8.6626\,E-02$	$\omega_{zero,5}$ [rad/s]	
IMU 搭載位置モード傾斜 [$1/m$] Y'_{4IMU}	$6.6545\,E-01$	ω_{TWD} [rad/s]	$2.3941\,E+01$
IMU 搭載位置モード傾斜 [$1/m$] Y'_{5IMU}	$9.0265\,E-01$		
主推力 [kgf]	$3.0619\,E+04$		
TVC ゲイン [°/V]	$1.0000\,E-01$		
対気速度 [m/s]	$3.2376\,E+03$		
可動ノズルパラメータ			
ノズル慣性モーメント [$kgf\cdot m\cdot s^2$]	$3.3962\,E+01$		
ノズル質量 [kg]	$3.0145\,E+02$		
ノズル重心-ピボット間距離 [m]	$6.6230\,E-01$		

4.3 ロケットの姿勢制御　85

る.第1次,第2次振動周波数は,112,116 rad/sであるが,第1次振動モードは,k_1の値が非常に小さい,つまり制御系への影響が小さいため,伝達特性に現れるのは第2次モードだけと予想される.

図 4.22には,IMU部レート出力に対応する伝達特性を示した.**表 4.2**から予想されるように,二つの代表的な零点が現れている.**図 4.23**,図

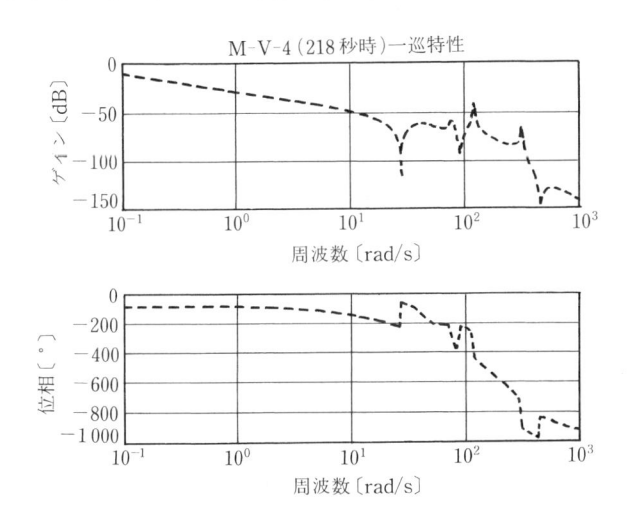

図 4.22　第3段IMUレート出力への伝達特性 (M-V-4)

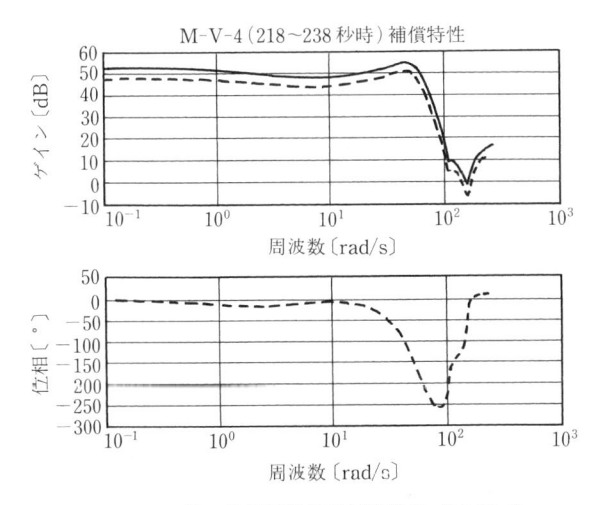

図 4.23　第3段制御補償器伝達特性 (M-V-4)

4.24 には，それぞれ，M-V-4号機第3段で採用された補償器と，一巡伝達特性を示した．この場合も，第2次振動数を越える周波数領域でのループ利得は−40 dB以下に抑えてあり，ロバスト性を確保することに成功している．

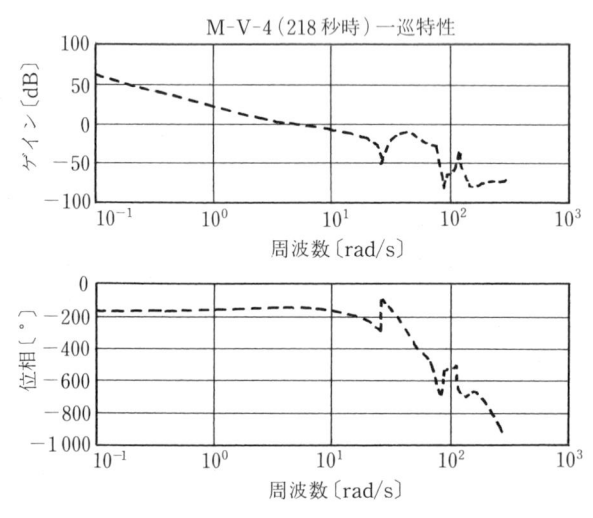

図 4.24 第3段一巡伝達特性（M-V-4）

4.4 慣 性 航 法

ジャイロや加速度計など慣性センサを用いて，その出力を機上で積分して，自機の姿勢や軌道を計算する方法を，慣性航法という．

4.4.1 姿勢積分計算

周知のように，ロケットに搭載されたジャイロは，機体座標系が慣性座標系に対して回転する角速度ベクトルを，機体に固定した座標系における表現 ω で出力する．今日では，M-Vロケットもそうであるが，**四元数**（quaternion）を用いて慣性姿勢を計算するのが一般的である．四元数は原点を共通とする任意の二つの座標系どうしが，ある回転ベクトル ϕ で変換されるという

原理に基づいて次式で定義される．

$$q_0 = \cos\frac{\phi}{2}, \quad q_1 = \frac{\phi_x}{\phi}\sin\frac{\phi}{2},$$
$$q_2 = \frac{\phi_y}{\phi}\sin\frac{\phi}{2}, \quad q_3 = \frac{\phi_z}{\phi}\sin\frac{\phi}{2} \tag{4.43}$$

ここに，$\boldsymbol{\phi} = [\phi_x \ \phi_y \ \phi_z]^T$，$\phi = |\boldsymbol{\phi}|$ である．

容易にわかるように，$q_0{}^2 + q_1{}^2 + q_2{}^2 + q_3{}^2 = 1$ の拘束条件が存在するために，ちょうど逆の回転の表現が同一になるという不確定性をもつ．

四元数を用いると，機体座標系から慣性座標系への座標変換行列（方向余弦行列）は

$$\boldsymbol{C} = \begin{bmatrix} q_0{}^2 + q_1{}^2 - q_2{}^2 - q_3{}^2 & 2(q_1q_2 - q_3q_0) & 2(q_1q_3 + q_2q_0) \\ 2(q_1q_2 + q_3q_0) & q_0{}^2 - q_1{}^2 + q_2{}^2 - q_3{}^2 & 2(q_2q_3 - q_1q_0) \\ 2(q_1q_3 - q_2q_0) & 2(q_2q_3 + q_1q_0) & q_0{}^2 - q_1{}^2 - q_2{}^2 + q_3{}^2 \end{bmatrix} \tag{4.44}$$

と割算を含まない四則演算のみで表現されるメリットがある．四元数のもう一つの重要な性質は，相対的な座標変換が簡便に行えることである．いま，座標系 $1 \to 2$ への座標変換が $q_{1\text{-}2}$ で定義されたとし，座標系 $2 \to 3$ が $q_{2\text{-}3}$ で同様に定義されていたとすると，座標変換 $1 \to 3$ を定義する四元数 $q_{1\text{-}3}$ は

$$\boldsymbol{q}_{1\text{-}3} = \begin{bmatrix} q_{1\text{-}2,0} & -q_{1\text{-}2,1} & -q_{1\text{-}2,2} & -q_{1\text{-}2,3} \\ q_{1\text{-}2,1} & q_{1\text{-}2,0} & -q_{1\text{-}2,3} & q_{1\text{-}2,2} \\ q_{1\text{-}2,2} & q_{1\text{-}2,3} & q_{1\text{-}2,0} & -q_{1\text{-}2,1} \\ q_{1\text{-}2,3} & -q_{1\text{-}2,2} & q_{1\text{-}2,1} & q_{1\text{-}2,0} \end{bmatrix} \boldsymbol{q}_{2\text{-}3} \equiv \boldsymbol{q}_{1\text{-}2}{}^* \boldsymbol{q}_{2\text{-}3} \tag{4.45}$$

と，やはり割算を含まない四則演算のみの簡便な形式で表記できる．この座標変換式に基づき，所定の姿勢制御目標をあらかじめ姿勢目標四元数として機上に格納することにより姿勢角誤差四元数は簡単に求められる．四元数 $\boldsymbol{q} = [q_0 \ q_1 \ q_2 \ q_3]^T$ の微分表現は

88   4. ロケット

$$\dot{\boldsymbol{q}} = \begin{bmatrix} \dot{q}_0 \\ \dot{q}_1 \\ \dot{q}_2 \\ \dot{q}_3 \end{bmatrix} = \frac{1}{2} \begin{bmatrix} -q_1 & -q_2 & -q_3 \\ q_0 & -q_3 & q_2 \\ q_3 & q_0 & -q_1 \\ -q_2 & q_1 & q_0 \end{bmatrix} \boldsymbol{\omega} \quad (4.46)$$

と書かれ，瞬時の角速度ベクトルによって線形に四元数を更新していくことができる。四元数を差分形式で更新していく場合は，大きさに関する正規化作業が必須である。

4.4.2 軌道積分計算

機体で計測される加速度を $\boldsymbol{a}_b$ と示せば，慣性系での速度増分 $\Delta\boldsymbol{v}_I$ は

$$\Delta\boldsymbol{v}_I = \int_{t_0}^{t_0+\Delta t} C(t)\boldsymbol{a}_b dt + \boldsymbol{g}(\boldsymbol{r}_I(t)) \quad (4.47)$$

で与えられる。ここに $\boldsymbol{g}$ は重力加速度で，機上の加速度計ではこれを検出できないために，慣性航法演算では計算機モデルによってこれを求めていく。航法演算サイクルごとに，これを慣性系速度に加えていけばよい。上記の積分を行うには姿勢変化も加味しなくてはならない。このサイクルは姿勢運動変化に比べて長いため，毎回座標変換を行う原理に忠実な方法もあるが，以下のように姿勢増分を出力するジャイロに適した効率的な方法がある。各時刻での機上系で表現した速度増加分を $\boldsymbol{v}_b$ とすると，$C^T \dot{\boldsymbol{v}}_I = \dot{\boldsymbol{v}}_b + \boldsymbol{\omega} \times \boldsymbol{v}_b$ であるから

$$\boldsymbol{v}_{b,i} \cong \boldsymbol{v}_{b,i-1} + \Delta t \left\{ \frac{1}{2}(C_i^T C_{i-1} + 1)\dot{\boldsymbol{v}}_{b,i-1} - \boldsymbol{\omega}_{i-1} \times \boldsymbol{v}_{b,i-1} \right\}$$

$$\cong (1 - \langle \Delta\theta_{i-1} \rangle)\boldsymbol{v}_{b,i-1} + \left(1 - \frac{1}{2}\langle \Delta\theta_{i-1} \rangle\right)(\dot{\boldsymbol{v}}_{b,i-1}\Delta t) \quad (4.48)$$

と近似することができる。$\langle \cdot \rangle$ は外積操作を示す**ひずみ対称行列**である。これにより $\boldsymbol{v}_b$ の更新を座標変換が必要ない形式で行うことができる。

慣性航法系で採用される座標系としては，その諸量が慣性系において規定されるため，グリニッジ子午線を基準にした慣性座標系，**N系**（navigation frame）が用いられる場合がある。しかし飛翔体の誘導向けには，発射時の射点に原点を置き，軌道面に基準を置いて設定される慣性座標系がよく用いら

れ，これを **G 系**（guidance frame）と呼ぶ．後述する飛翔体の姿勢制御においては，その姿勢目標を記述する基準座標系が必要となり，G 系はそのためにも都合がよいからである．航法上の基準としては，慣性系原点を地球中心にとり，地表面上の北方向（N），東方向（E），地心方向（D）の 3 軸で構成される座標系（NED 系，**C 系**（control frame））が適している．この座標系は飛翔体の運動に伴って移動し，地心まわりの回転座標（動座標）系となる．慣性航法装置には，これらの座標系間の変換機能が求められるのはいうまでもない．

4.5 誘　　　　導

輸送能力を最適化する飛翔軌道の決定過程や，飛翔分散に対応して指定の境界条件を満たす時事刻々の方策を決定するために，変分法に基づく最適化が行われる．前者の作業が軌道計画で，その産物は姿勢制御目標履歴であり，後者の出力は姿勢目標履歴の作成および更新である．特に，後者の実時間における方策決定過程を「誘導」と呼んでいる．誘導方法としては，あらかじめ軌道計画によって求めておいた軌道，姿勢目標履歴のまわりに軌道運動を展開し，その変分方程式系に基づいて方策を決定していく**間接**（implicit）**誘導**と，各時刻ごとに軌道計画作業に相当する最適化計算を近似的に解いて新たな姿勢目標履歴を作成していく**直接**（explicit）**誘導**とがある．簡単に直接誘導について解説する．

　x 方向をダウンレンジ（down-range）方向，z 方向を高度方向とする鉛直 2 次元面内の運動を考え，推力加速度 a の水平面からの角度（ロケットのピッチ角）を θ とおく．このとき運動方程式は，$\ddot{x} = a\cos\theta$, $\ddot{z} = a\sin\theta - g$ で与えられ，最短時間方策（言い換えれば燃料消費最小方策）解は，燃焼終了時のダウンレンジを拘束する場合には，$\tan\theta = (c_v t + d_v)/(c_u t + d_u)$ の形の最適操舵解となる．これは非常に多くのロケットに採用されている最も代表的な誘導則で，**双線形タンジェント則**（bi-linear tangent form）と呼ばれ

る。積分定数 c_u, c_v, d_u, d_v は，再びこの操舵解が運動方程式に代入され，所定の境界条件を満たすように実時間で求められる。この操舵則は，燃焼終了時のダウンレンジに関する拘束条件を外すと，$\tan\theta = c_v' t + d_v'$ と簡略化される。この形式を**線形タンジェント則**（linear tangent form）と呼び，これも多くのロケットにおいて採用されている操舵則である。

どちらにも共通するのは，極端に操舵角度が垂直に近くなければ，ほぼ時間に関して線形（直線）に近似できることである。時間に関して線形の姿勢履歴は近似最適操舵であり，それをバイアス的にシフトする操作で得られる新たな姿勢目標履歴も，また別の境界条件を満たす近似された最適操舵履歴であるということができる。したがって，最も簡単な実時間誘導方策，事前に得ておいた姿勢目標履歴をそのまま平行シフトさせることである。これは増速量を可変にできない M-V ロケットを含めた固体ロケットの誘導などで多用されている手法でもある。

一般に最適操舵則の求解（2点境界値問題）を実時間で厳密に求めることは不可能であり，実際には高速演算が可能な近似運動方程式を用いたり，あるいは操舵則を積分しやすい形で表現する工夫が行われる。変分方程式を用いると積分解を基本解について線形に表現でき，感度履歴をあらかじめ格納しておく implicit 誘導は，この点で有利であるといえる。軌道の方位角，ヨー操舵についての簡易方程式も上述と同様に表現でき，最適操舵方策は，やはり時間に関して線形近似することができる。

M-V 型ロケットでの誘導法は，間接誘導である。姿勢制御目標履歴はあらかじめ計算されて搭載計算機上に格納され，実時間で制御目標を再計算することはない。基準軌道および感度（変分方程式の基本解）は地上計算機上に格納される。これらの姿勢プログラムや基準軌道の作成にあたっては，あらかじめ上記に述べた最適化が行われる。M-V 機での誘導方策は，ちょうど推力方向プログラムを時間に関して線形に表現した場合の解に相当し，誘導操作を行った時点以降の姿勢目標をバイアス的にシフトすることにより，燃焼終了点での境界条件を満足させている。燃焼終了時点での誘導誤差の最小化を図る演算は

地上計算機で行われ，誘導解は搭載計算機に電波で伝送される．この方式を電波誘導と呼ぶ．

4.6 飛翔体に及ぼす風荷重の影響と打上げの可否判定

機上において，実時間で実際の風の高度分布を反映した積分を行い，直接誘導計算で境界条件を求めることは困難である．したがって，このような場合には，打上げ直前に最も精度の高い風の高度分布を計測し，地上で搭載誘導計算を模擬して誘導解を発生させ，結果として生ずる飛翔体に作用する荷重をシミュレーション評価することになる．その結果が許容値内にとどまるか否かを判断して打上げの可否判定が行われる．

これに対して，間接誘導法を採用する場合には，打上げ前に姿勢制御目標履歴をあらかじめ求めておき，これを搭載計算機内に格納しておく．この場合，打上げ直前に確度の高い風分布情報が得られていれば，それを姿勢目標履歴の作成に反映させることができる．M-Vロケットでの誘導方式は，すでに述べたように，この間接誘導であり，打上げ前日にあらかじめ風分布の変動に起因する荷重を軽減する措置，すなわち姿勢制御目標履歴の更新を行うことが可能である．高層の風の変動周期は比較的長いため，前日においても比較的精度の高い風情報を得ることができ，これに基づいて第1段の燃焼終了時の軌道状態量を規定の値に保存するという拘束条件のもとで，荷重最小，言い換えれば迎角最小軌道を作成することができるのである．

打上げ当日においては，もはや荷重計算は不要であり，姿勢制御目標作成時の風分布と当日計測された風分布との差が許容範囲かどうかだけを判定すればよいことになる．第1段燃焼終了時の軌道状態量を保存して荷重最小の姿勢目標を設定できるためには，あらかじめ誘導マージンを含んだ初期の軌道計画が必要であるが，必ずしもそれは可能とはかぎらない．M-Vロケットにおいて，この方式が採用できているのは，M-Vロケットの発射角がエレベーション，アジマス角が共に修正可能であることが大きく貢献している．図 **4.25**

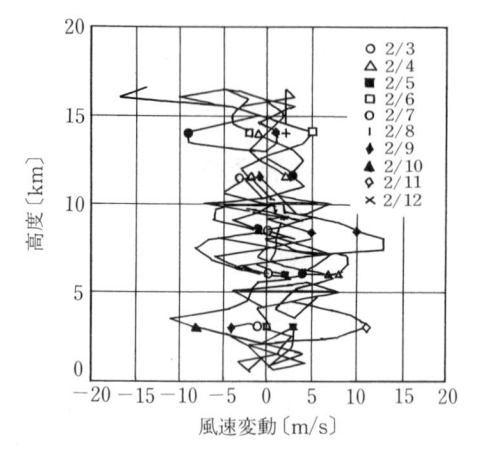

図 4.25 打上げ3時間前における風の予測精度

は，風速の高度分布を，打上げ3時間前の時点での予測値と，打上げ時の実際の風速高度分布の差で評価したもので，予測誤差はおおむね10 m/s 以内にとどまっていることがわかる．

第1段の荷重に及ぼす各種のパラメータの寄与を評価してみると，おもな荷重要因は，1) 抵抗係数の不確定性，2) 固体燃料の燃焼速度のばらつき，3) 風の高度に関する高周波的な変動（微細構造）と姿勢制御目標時の分解能，4) 風の高度に関する予測誤差，言い換えれば低周波的な変動（バイアス変動），および 5) 突風，の五つである．姿勢制御目標履歴は，機体の姿勢が応答する周波数よりも低い周波数の成分で作成されなければならないため，例えば構造振動1次モードに対応するような比較的高い周波数の成分に対しては荷重を生じてしまう．3) でいう風の微細構造起因の荷重とは，こうしてつくられた姿勢履歴で実際の風の下で飛翔させた場合の荷重を指している．1)～3) は事象的に独立であると考えられ，RSS (root sum square) 評価で 3σ 相当量を評価することができる．4) と 5) は最悪評価としては加算して評価されなくてはならない．突風の強さは打上げ場所や季節で変動するが，統計的に 10 m/s を仮定している．微細構造と突風の分離は事実上難しいが，発射時刻

4.6 飛翔体に及ぼす風荷重の影響と打上げの可否判定

にかぎりなく近い時刻における風との相関は高いはずで，突風とはこの二つの間で突発的に発生する差と解釈できる．1)，2) の不確定性は，いずれも機体物性に関連する量で，3σ の不確定性を代表するために導入されている．事前に行う解析は，まず打上げ季節における風の実測値を収集することから開始し，こうして得られた風荷重を確率的な要因と最悪に重ね合わせるべき要因とに分離して**表4.3** を得るのである．表は，最も代表的な構造荷重の評価着目点である，第1段～第2段継手の下端部と，ノーズフェアリング下端部における荷重評価を，第1段の飛翔秒時ごとに評価したものである．表中の許容曲げモーメントとは，等価軸力に関する要求条件を，飛翔秒時ごとに曲げモーメントへの許容値に書き換えたものである．表中の実測風平均値とは，姿勢制御目

表4.3 飛翔荷重の評価例

(単位：トン・m)

発射(X)後秒時	$X+15$	$X+20$	$X+25$	$X+30$	$X+35$	$X+40$	$X+45$	$X+50$	$X+55$
1/2段接手下端									
抵抗係数 (+0, −16%)	6.033	7.058	12.358	10.186	8.325	8.093	2.940	3.590	1.046
燃速 (±0.3 mm)	16.474	23.545	35.077	33.392	19.448	15.313	7.812	5.825	4.149
実測風 3σ	17.266	21.543	35.717	45.359	48.497	18.971	15.947	8.368	3.317
R.S.S*	24.615	32.684	51.564	57.239	52.910	25.688	18.000	10.810	5.414
実測風平均値	12.750	24.794	35.642	54.800	37.847	22.805	16.067	8.061	4.454
GUST	18.628	29.188	30.666	40.229	26.828	21.157	15.156	8.444	4.870
トータル**	55.993	86.667	117.872	152.268	117.585	69.650	49.222	27.315	14.738
許容曲げモーメント	264	270	277	281	276	271	264	259	213
NF結合リング下端									
抵抗係数 (+0, −16%)	4.136	4.889	8.277	7.146	6.214	5.351	2.210	2.896	0.762
燃速 (±0.3 mm)	13.932	18.934	26.443	26.017	14.361	11.309	6.037	4.338	2.880
実測風 3σ	13.356	16.851	26.101	33.617	34.905	13.333	9.961	6.611	2.272
R.S.S*	19.738	25.814	38.066	43.105	38.252	18.283	11.856	8.262	3.747
実測風平均値	10.215	18.638	25.857	39.514	26.743	16.129	11.332	5.871	3.283
GUST	13.074	20.399	20.791	22.999	16.546	12.128	6.092	5.206	3.704
トータル**	43.028	64.850	84.714	105.617	81.541	46.540	29.280	19.339	10.734
許容曲げモーメント	117.9	122.0	124.9	125.9	125.4	124.0	122.3	119.9	117.5

* R.S.S $= \sqrt{(抵抗係数)^2 + (燃速)^2 + (実測風\,3\sigma)^2}$
** (トータル) $=$ R.S.S $+$ (実測風平均値) $+$ (GUST)

標が前日に作成されることによる発射時の風の予測誤差起因の荷重である。許容値に対して大きなマージンを有していることが確認できる。

4.7 おわりに

　M-V型ロケットは，初飛行の時点では全段が新規開発のロケットで，その制御系設計はほとんど数学モデルに基づいて行われたが，幸いにして予定どおりミッションを完遂することができた。宇宙開発とは，いわば解析とシミュレーションが大部分を占める特殊な世界である。試行錯誤ができないこの事情のために，逆に，最適制御，最適推定など今日を代表するシステム理論を牽引してきたともいえる。ビークル開発のなかでは異色の存在であるが，その一部でもこの中から役立てられれば幸いである。

5 宇宙機・宇宙構造物

5.1 はじめに

　本章では，宇宙空間を移動するビークルという観点から，宇宙機・宇宙構造物について述べる。

　本章を以下三つの節に分け，人類の宇宙活動が地球から軌道上へ展開していく流れに沿って，それぞれ「宇宙往還機」「軌道上構造物」および「軌道上ロボティクス」について概観する。これまでにどのような宇宙機が開発されてきたのか，そして将来へ向けてどのような計画があり，なにが課題となっているのかについて見ていくことにしよう。

　なお，ここに紹介する宇宙機や宇宙構造物を包含して，「宇宙インフラストラクチャ」と呼ぶことがある。宇宙インフラストラクチャとは，宇宙活動の基本となる基盤的な設備・システムを指す。例えば，宇宙へのアクセス手段を提供する宇宙往還機，全地球規模で通信や位置同定を可能とするデータ中継衛星やGPS衛星，あるいは宇宙ステーションに代表される軌道上恒久設備，およびそのメンテナンスや補給を行うロボットなどの軌道上システムが，これに含まれる。

　本章で紹介する宇宙往還機，軌道上構造物，および宇宙ロボットは，まさに今日の，そして将来の宇宙活動を支える宇宙インフラストラクチャの主要な構成員である。

5.2 宇宙往還機

5.2.1 米国の宇宙往還機

西暦2001年において実用化されている宇宙往還機は，米国のスペースシャトルのみである[†]。

スペースシャトルは従来のロケットとは違い，地上と宇宙の間を往復して運航し，繰り返し使用できるよう設計された輸送システムである。有人の**オービタ（軌道船）**と外部燃料タンク，2基の**固体ブースタ**で構成されており，離陸の際には発射台より垂直に打上げられる。打上げ時の総重量はおよそ2 000トン，そのうちの約1 800トンが液体燃料と固体燃料である。**図5.1**に示すように，機体の中央には**カーゴベイ**と呼ばれる長さ18 m，直径4.6 mの空間があり，ここに打上げ時で最大30トン，地球帰還時で最大15トンのペイロードを搭載することができる。

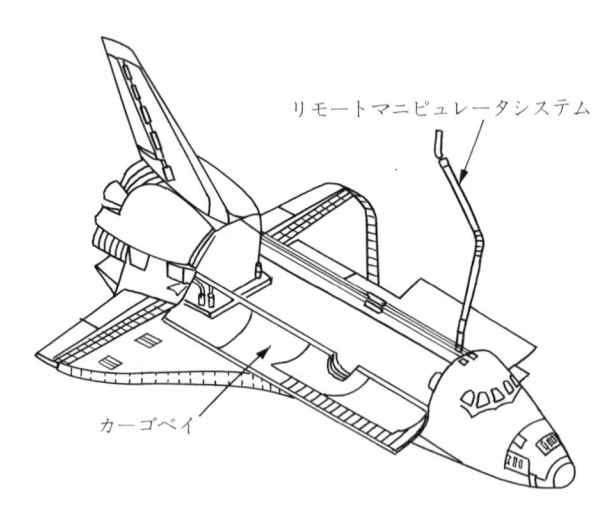

図5.1 スペースシャトルの概略図（カーゴベイ展開時）

[†] 宇宙ステーションへの人員・物資の補給用にはロシアのソユーズも用いられている。ソユーズは，1967年以降80回以上の有人飛行実績がある信頼性の高い多段式ロケットである。

スペースシャトルは，打上げ約2分後に固体ブースタが燃え尽き，切り離され，パラシュートで回収・再使用される。およそ8分後にメインエンジンの燃焼が終了し，外部燃料タンクを切り離す。このタンクだけは使い捨てで，大気圏に再突入する際に燃え尽きてしまう。オービタは耐熱タイルで覆われた三角形の翼をもち，帰還の際はグライダのように滑空飛行し，滑走路に水平着陸する。

スペースシャトルの初飛行は，1981年4月12日に，コロンビアと名づけられた機体によって行われた。しかし，25回目の打上げとなった1986年1月28日，チャレンジャー（STS-51 L，チャレンジャーとしては10回目）が爆発，乗員7名が死亡するという惨事に見舞われた。安全性を高めるための改良が行われ，1988年9月より打上げが再会されている。2000年末までに計101回の飛行が行われ，この時点でコロンビア，ディスカバリー，アトランティス，エンデバーの4機体制で年間最大8回の打上げが行われている[†]。

スペースシャトルの当初の設計では，機体を繰り返し再使用することにより打上げコストを低減し，また帰還からつぎの打上げまでのターンアラウンドタイムを約2週間と短期間にすることにより，宇宙へのアクセスを安く頻繁に行うことが目標とされた。しかし，経済性という観点からはこの目標は達成されず，特に無人衛星の打上げには，従来の多段式使い捨てロケットを使うほうが現実にははるかに経済的である。

しかしながら，軌道上の衛星を回収して地上へ持ち帰ることは，往還機にしかできない長所である。1996年1月のSTS-72ミッションにおいて，日本の人工衛星 **SFU**（space flyer unit）が捕獲・回収され，無事に地上へ帰還した。軌道上にて長期間運用された衛星を回収して分析することにより新たに得られた知見は多く，単に経済性の問題を越えて，スペースシャトルは宇宙における

[†] 本章の脱稿後，2003年2月1日，軌道上での科学実験（STS-107ミッション）を成功裏に終了したコロンビアが大気圏再突入の際に空中分解し，再び乗員7名全員が死亡するという痛ましい事故が発生した。宇宙開発，特に有人飛行の厳しさを思い知らされる事故であるが，早急に事故原因が解明され，より高い安全性をもって，宇宙開発が継続されることを切に願いたい。

スペースシャトルの当初に掲げられた，低コストで頻繁に宇宙へ往復するという目標を達成すべく，米国では，完全再使用型単段式（single stage to orbit：**SSTO**）の次世代往還機の研究・開発が進められている。1995年には「デルタクリッパー」と呼ばれる試作機が作られ，これは垂直離陸・垂直着陸というユニークな方式で話題を呼んだ。2000年現在では「X-33計画」が進行中である。「X-33」は，垂直打上げ，滑空による水平着陸という点では現行のスペースシャトルと同じであるが，リニアエアロスパイクノズルと呼ばれる方式を採用してエンジン性能を向上させ，また機体の軽量化も図られている。X-33による試験で性能が確認されれば，その約2倍の大きさの実用型の有人往還機「**ベンチャースター**」の製造に進む予定とされている[†]。

一般の人々が特別な能力や訓練を必要とせずに宇宙旅行を行うためには，航空機のような水平離陸・水平着陸型の**スペースプレーン**が必要であろう。水平離陸を行うためには，空気の存在する領域でエンジンの性能を画期的に向上させる必要があり，**スクラムジェット**などの空気吸込み型エンジンが研究・開発されている。スペースプレーンを使った宇宙旅行の実現は21世紀の大きな夢であるが，2001年の段階ではそれに至る道筋は，まだ明確に見えてきてはいない。

5.2.2 日本における宇宙往還機開発

つぎに，わが国における宇宙へのアクセス手段について見てみよう。

国際宇宙ステーション（international space station：**ISS**）への物資輸送手段として，宇宙開発事業団[††]は無人の宇宙ステーション補給機「**HTV**」（H-II transfer vehicle）の開発を進めている。HTVは，往還機ではなく，無人の

[†] X-33の開発は1996年より開始されたが，技術的問題が相次ぎ，1999年に予定されていた初飛行は数回にわたり延期された。結局，開発予算を大幅にオーバしてしまったため，2001年3月，一度も飛行しないまま計画はキャンセルされてしまった。

[††] 日本の宇宙開発は，これまで，宇宙開発事業団，航空宇宙技術研究所，宇宙科学研究所の3機関で実施されていたが，2003年10月にこれらが統合し，「宇宙航空研究開発機構（JAXA）」が発足した。

輸送ペイロードである。HTV の打上げには，21世紀の主力ロケットとして開発された H-IIA ロケットを使用する†。HTV は，打上げの後，自動で国際宇宙ステーションの近傍にランデブー・相対停止し，国際宇宙ステーション側に取り付けられたマニピュレータによって捕獲され，所定の場所に係留される。宇宙ステーションの近傍にランデブーする際には，滞在中の宇宙飛行士への安全を確保するため，高い信頼性と安全性が要求される。ランデブーに関する自動制御技術については，後述する「おりひめ・ひこぼし」(ETS-VII) において，すでに軌道上実証が行われている。

　一方，大気圏への再突入までを含んだ日本版無人小型スペースシャトルとして，「**HOPE**（H-II orbiting plane）」が検討されている（図 **5.2** 参照）。宇宙往還機の実現のためには再突入・自動着陸技術の確立が必要である。これを段階的に実証していくために，**軌道再突入実験機**（OREX），**極超音速飛行実験**（HYFLEX），**小型自動着陸実験**（ALFLEX），**宇宙往還技術実験機** HOPE-X（HOPE experimental）が計画され，順次，実験検証が進められている。

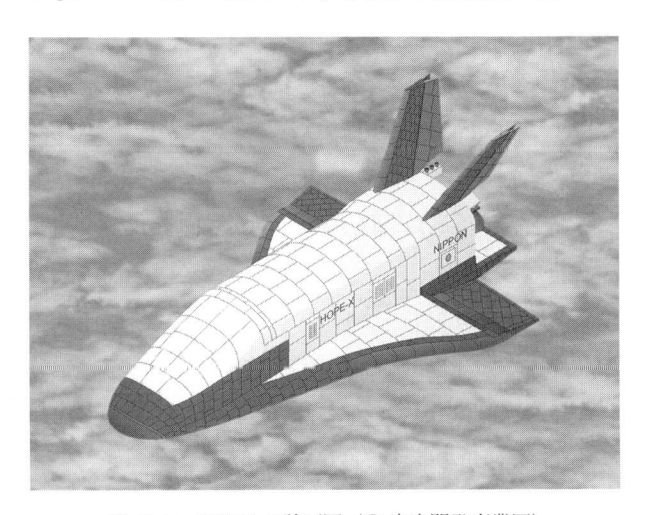

図 **5.2**　HOPE の計画図（© 宇宙開発事業団）

---

† H-IIA ロケット初号機は 2001 年 8 月 29 日に打上げ成功し，以後 5 号機に至るまで順調な打上げが続けられている。

軌道再突入実験機 OREX は，軌道からの大気圏再突入に耐える飛行体の設計・製作技術を蓄積するとともに，地上での試験では取得が困難な再突入時の各種データを取得することを目的として，1994年2月に実施された．同実験機は H-II ロケットにより打ち上げられ，地球を1周回した後大気圏に再突入し，各種データの取得に成功した．

極超音速飛行実験 HYFLEX (hypersonic flight experiment) は，極超音速域で飛行機のように揚力をもって飛行する機体の空力加熱に耐える耐熱・熱防御構造技術，航法・誘導・制御技術，飛行時の熱・空力環境データの収集を行うため，1996年2月に実施された．種子島より打ち上げられ，最高高度110 km に達した後，再突入・滑空飛行を行い最高速度マッハ15に達した．着水後の機体回収には失敗したものの，基本技術の習得には成功した．

小型自動着陸実験 ALFLEX (automatic landing flight experiment) は，HOPE の形状をした小型実験機をヘリコプタによって上空1500mまで吊り上げ，分離投下した後，滑空しながら滑走路へ自動的に着陸させる実験である．機体は空力操舵（エレボン，ラダ，スピードブレーキ）により飛行制御され，時速180 km の速度で着陸する．実験はオーストラリアの飛行場にて，1996年7月～8月の間に合計13回実施され，全実験が成功裏に完了している．

5.3 軌道上構造物

5.3.1 宇宙ステーション

地球周回軌道上に長期間宇宙飛行士が滞在することができる恒久設備である宇宙ステーションは，1970年代，アメリカと当時のソビエト連邦（以下，ソ連）との間の宇宙開発競争の時代に産声をあげた．

宇宙ステーションにおいて先行したのは当時のソ連であり，1970年代から80年代にかけて，サリュート1号（1971年打上げ）～7号（1982年打上げ）と名づけられた七つのステーションが軌道上に建設された．その初期には軍事目的のものも含まれていたが，サリュート6号および7号は，科学目的のステ

ーションであった．帰還用の宇宙船を確保したうえで新しいメンバとの交代や物資の補給が可能であり，ステーションを無人にすることなくその活動を常時維持することができるようになっていた．サリュート7号は1986年まで運用され，1991年に大気圏に突入した．そこでの技術や実績は，後述するミールや国際宇宙ステーションISSへ引き継がれていくことになる．

一方，アポロ計画において人類初の有人月飛行を成し遂げたアメリカでは，アポロ計画の打上げロケットや宇宙船の予備部品を用いて，ソ連のサリュート宇宙ステーションよりも大型のステーションを建造することを目指し，スカイラブが計画された．スカイラブの本体は，アポロを打ち上げたサターンVロケットの第3段部をベースとし，全長約25mという非常に大きな与圧モジュールに，大型太陽電池パドルを取り付けた構造となっていた．1973年5月14日にモジュールが打ち上げられ，同5月25日に第1のグループが乗り込んだ．しかし，モジュール打上げの際に，太陽電池パドルの片方と隕石遮蔽膜の一部が破損し，最初のグループはステーションに乗り込む前に船外活動によりこれらの修理を行った．

スカイラブでは，気象や地質の観測，太陽の定期的観測，無重力状態での人体についての研究や，宇宙技術の実際の応用などが行われた．計3組のクルーにより合計171日間実験が行われ，1974年にミッションは終了した．その後，スペースシャトルによる訪問が予定されていたが，スペースシャトルの初飛行を待たずに，1979年7月に大気圏に落下した．

ソ連/ロシアの宇宙ステーション「ミール」は，最初のコアモジュールが1986年2月に打ち上げられた．それ以前のサリュートやスカイラブが，軸方向のドッキングポートしかもっていなかったのに対し，ミールは併せて5方向より結合可能な球形区画をもっており，有人の往還宇宙船や補給無人船とのドッキングに加え，さまざまな恒久的モジュールの増設が可能であった．1996年4月までの間に，クワント，クワント2，クリスタル，スペクトル，プリローダと名づけられた計5個のモジュールが追加され，全長約30m，総重量約130トンという巨大な宇宙構造物となった（図5.3参照）．さまざまな科学実

図 5.3 スペースシャトルより影響した宇宙ステーション「ミール」の姿（© NASA）

験や天体観測などが行われ，特に宇宙飛行士の長期宇宙滞在実験では，他に類を見ない記録を達成した．最長の連続滞在記録は，ワレリー・ポリヤコフ博士の 438 日である．

　ミール建設当初の国家体制は米国と対立するソ連であったが，1991 年，国がロシア連邦（以下，ロシア）に改まり東西冷戦構造が終結したことを受けて，また来るべき国際宇宙ステーション計画の予行演習として，スペースシャトルとの共同ミッションが開始された．1995 年 6 月にスペースシャトル「アトランティス」とのドッキングに成功し，同年 11 月には同じくアトランティスにより，シャトル・ミールドッキング用のモジュールが運ばれ，長期的な共同ミッションが行われた．1998 年 6 月までの間に，シャトルとのドッキングは 8 回を数え，その後も宇宙飛行士の長期滞在が続けられたが，老朽化が進み，1999 年 8 月にミールは無人となった．その後，商業利用の方向も模索されたが，2001 年 3 月 23 日に大気圏へ再突入した．なお，ミールの再突入にあたっては，構造物が巨大であるため，かなりの数，大きさの破片が燃え尽きずに地上に落下するとの予想から，地上への被害が懸念され，国際的に注目された．しかし，ロシアの運用チームは，ミールの姿勢を制御しつつ的確**落下制**

御（de-orbit burn）を行い，きわめて正確に南太平洋の海上に落下させることに成功した。これは，現在建設が進んでいる国際宇宙ステーションが将来直面するであろう課題に対する，大きな試金石であったともいえる。また，運用終了後の宇宙機を安全に落下させる（controlled re-entry）技術の確立は，これからの宇宙開発は衛星を打ち上げるだけではいけない，という重要な方向性を示唆している。

国際宇宙ステーション ISS は，1998 年より高度約 400 km，軌道傾斜角 51.6°の地球周回軌道上に建設が進められている。この計画は，1984 年にアメリカのレーガン大統領により，スペースシャトル計画に続く宇宙開発プログラムとして発表された，宇宙ステーション「フリーダム」に端を発する。その後，米国の予算削減で宇宙ステーション「アルファ」に設計変更され，さらにロシアの参加で国際宇宙ステーション ISS へと形を変えた。世界 16 箇国が参加し，ロシアのソユーズ，プロトンロケット，およびアメリカのスペースシャトルを使い，計 40 回を越える打上げによって構築される世界規模の大プロジェクトとして進行中である（図 **5.4** 参照）。

これまでのステーションにない特徴として，ISS はトラス状の構造物を背骨として，その上に与圧モジュール群，太陽電池パネルや放熱用のラジエータなどが取り付けられる。さらに，その組立ての手法は，最初の段階でこそモジュール間のドッキングをベースとしたものであるが，建築が進むにつれ，ロボットアームと宇宙飛行士による船外活動を併用した組立て作業が主体となっている。

1998 年 11 月に ISS の最初のモジュールである**ザーリャ**（Zarya）が，ロシアよりプロトンロケットにより打ち上げられ，追って同年 12 月にスペースシャトルによって**ユニティ**（unity）**ノード**が取り付けられた。ザーリャは居住用のサービスモジュールの機能を提供する。2000 年 7 月には，推進，電力，制御機能をもつ**ズベズダ**（Zvezda）**モジュール**がドッキングし，2000 年 10 月にはスペースシャトルによって運ばれた **Z1 トラス**および **PAM-3** と呼ばれるコンポーネントが，ロボットアームを用いて取り付けられた。この際，ロボ

104   5．宇宙機・宇宙構造物

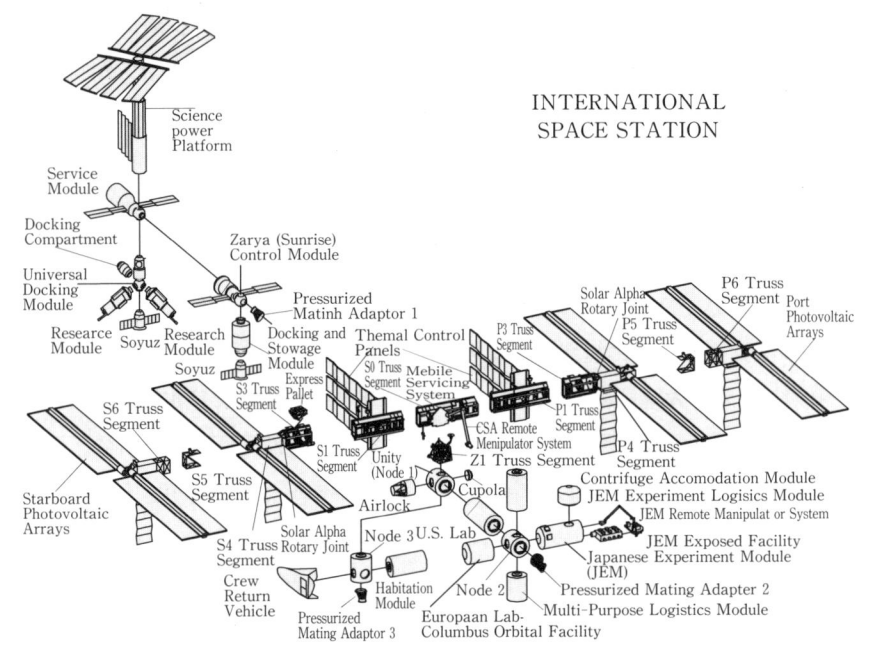

図 5.4 ISS の組立図（NASA Facts, The International Space Station: The First Steps to a New Home in Orbit IS-1999-06-ISS023 (Jun. 1999) をもとに作成）

ットアームの操縦は日本の若田光一宇宙飛行士によってなされた。同年10月下旬には，最初の滞在クルー3名がソユーズによって送り込まれ，追って11月下旬のスペースシャトルミッションでは，**P6 トラス**と名づけられた構造物が取り付けられ，全長73 m にも及ぶ巨大な太陽電池パドルが展開された。初期滞在クルーは，約4箇月の間，ISS のさまざまな初期設定作業を行った。なお，クルーの帰還にはスペースシャトルが使われるが，クルー打上げに使われたソユーズカプセルは，緊急帰還用としてステーションにドッキングされた状態になっている。

2001年4月には，モジュールの受け渡しや組立て作業に用いられる全長約17 m のロボットアーム（space station remote manipulator system：**SSRMS**）が取り付けられた。最終的には，同アームは **MBS**（mobile base system）と呼ばれる台座に乗ってメイントラス上を移動し，アームの先端に

はSPDM (special purpose dexterous manipulator) と呼ばれるロボットハンドが取り付けられ，クルーの船外活動に代わってデリケートな精細作業を行うことが期待されている†（図 5.5 参照）。

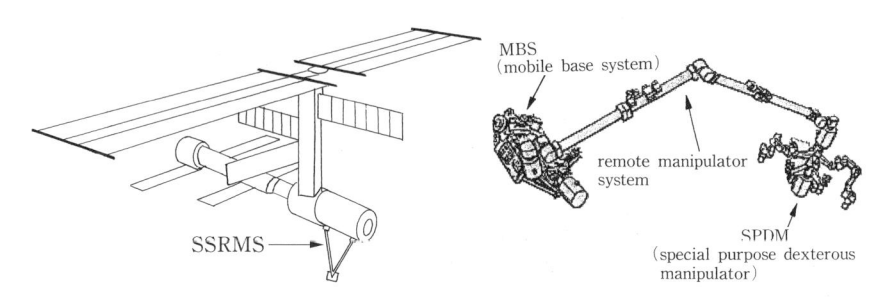

図 5.5 SSRMS の全体計画図（右）と 2001 年 4 月に搭載された時点での ISS のコンフィグレーション（左）(http://spaceflight.nasa.gov/station/assembly/flights/chron.html（編集当時）を参考とした)

「きぼう」と名づけられた日本のモジュール (japanese experiment module：**JEM**) は，船内実験室，船内保管室，船外実験プラットフォームからなり，さらに親子型のロボットアーム (**JEMRMS**) が取り付けられる（図 5.6 参照）。JEMRMS は全長約 10 m の 6 自由度親アーム先端に，全長約 2 m，6 自由度の子アームが取り付けられた，親子型の構成となっている。これらの打上げは，2000 年 8 月に発表されたマスタプランでは，2004 年から 2005 年に予定されている。

ISS は，完成のあかつきには，大きさが約 110 m×約 75 m，重量約 450 トン，総発電電力 75 kW（ロシアのモジュールを除く），与圧モジュールは実験モジュール 6 棟，居住モジュール 2 棟，常時 7 名のクルーが滞在可能，という大規模な軌道上構造物となる。ISS では，1) 微小重力を利用した新材料やすぐれた素材の開発（微小重力科学），2) 重力と生命のかかわりや，適応能力を調べる研究（ライフサイエンス），3) 人の生体機能とともに精神面の適応性を解明し，将来の宇宙生活の安全性，快適性を追求する研究（宇宙医学・有人宇宙技術），4) 軌道上よりの地球環境の長期観測や（地球科学・地球観

---

† MBS の移動台車は 2002 年 4 月に取り付けられ，その後動作確認にも成功している。

106   5. 宇宙機・宇宙構造物

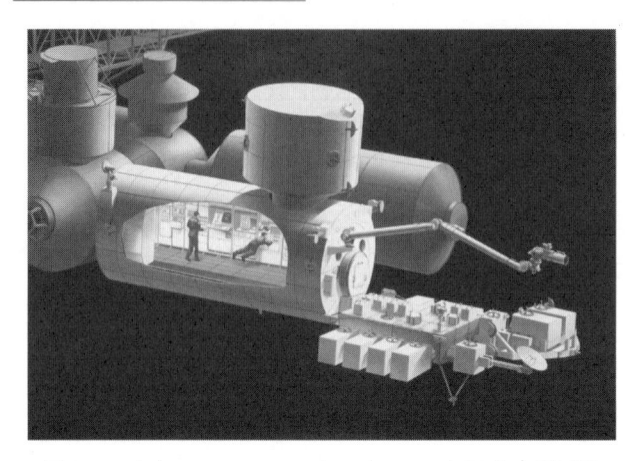

図 5.6 宇宙ステーション日本モジュール（JEM）の計画図
（© 宇宙開発事業団）

測），軌道上環境の計測，天体観測（宇宙科学），5）宇宙輸送技術，ロボット技術，通信技術，エネルギー，構造物などの研究を行う理工学研究（宇宙利用技術開発），などが行われることが計画されている。

5.3.2 宇宙望遠鏡

ハッブル宇宙望遠鏡（hubble space telescope：**HST**）は，大気のない軌道上で非常に高精度の天文観測を行うことを目的として開発された軌道上望遠鏡である。1990年4月に，スペースシャトルによって高度600 kmの軌道に投入された。その特徴の一つは，スペースシャトルによって定期的にメンテナンス可能な設計となっていることである。

HSTは，重量約11トン，全長13.1 m，直径4.25 mの円筒形の本体内に，直径2.4 mの主反射鏡が取り付けられている。軌道上では重力によるたわみの影響がないので，HSTの主鏡は軽量となるように設計されているが，地上では重力のたわみを受けた状態で，組立て，調整が行われた。その際に重力の影響の評価に誤りがあり，また，太陽電池パネルの不具合が重なって，軌道上に打ち上げられた直後のHSTは十分な性能を発揮するに至らなかった。しか

しながら，軌道上でのメンテナンスを行うことを前提に設計されていたことが幸いし，1993年12月，スペースシャトルによる機器の大幅な交換作業が行われ，これによりようやく本来の能力が果たせるようになった。また，1999年12月には，六つすべてのジャイロスコープ（control momentum gyro：**CMG**）を交換するなどの修理ミッションが行われた。これらのメンテナンス作業は，クルーの船外活動によって実施された。

HSTは，大気の影響を受けない宇宙空間で，0.05～0.1秒角（1秒角＝1/3600°）という非常に高い分解能の写真観測を行うことができる。これは，それまで地上望遠鏡で達成できていた値をはるかにしのぐ性能である[†]。また，観測対象に対するポインティング精度もきわめて高く，慣性空間固定制御状態においてポインティングの振れ角（ジッタ）は，0.007秒角以下という驚異的な値を達成している。

HSTは，修理によって本格的な性能が発揮されるようになって以来，太陽系天体から宇宙最遠の銀河に至るまで，天文学，宇宙科学のさまざまな領域で目覚しい観測成果を上げている。

HSTの設計寿命は，しかしながら15年とされている。よって2005年ごろ以降には，つぎなる軌道上望遠鏡の実用化が求められており，アメリカでは，**次世代宇宙望遠鏡**（next generation space telescope：**NGST**）として研究・基礎開発が進められている。NGSTは，直径8mの主鏡を用いて波長の長い赤外線を精度よく観測することにより，いまだ明らかにされていない天体や銀河の進化の過程を明らかにすることを目的としている。

直径8mもの鏡を，そのままの形で通常のロケットやスペースシャトルに積み込むことは不可能なので，コンパクトに収納して搬送し，軌道上で展開もしくは組み立てる必要がある。しかしながら，膜状の構造物を展開して，ある

[†] 最新の地上望遠鏡の例として，わが国の直径8mを有する「すばる望遠鏡」では，標高4000m以上というハワイ・マウナケア山頂上の環境条件と精密な鏡面制御と温度管理によって，1999年6月に0.2秒角という高い分解能を達成した。さらに「補償光学」と呼ばれる大気の揺らぎをキャンセルする手法を用いると，ハッブル並の分解能が達成できることが期待されている。

いは複数に分割された鏡を合成して光学観測に十分な鏡面精度を出すためには，非常にハードルの高い技術チャレンジが必要である。

なお，日本の宇宙科学研究所によって1997年2月に打ち上げられた人工衛星「はるか」(**MUSES-B**，図**5.7**参照)では，電波観測用ではあるが，最大直径およそ10mの巨大パラボラの展開に成功している。この展開アンテナの面精度は，0.81mmRMS[†]というきわめて高い値が実現されている。

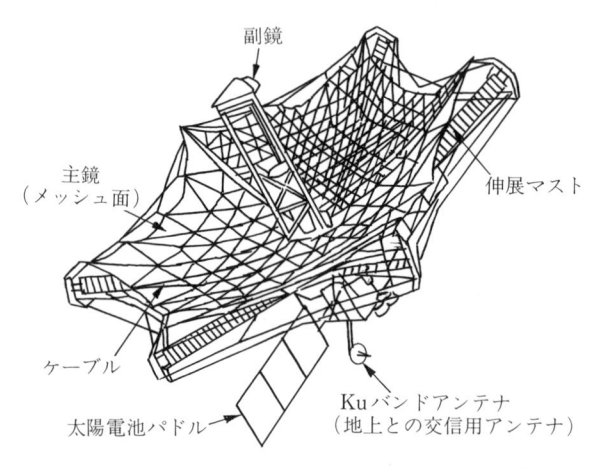

図5.7 科学衛星「はるか」(MUSES-B)の構成

5.3.3 伸展マスト

宇宙用構造物のキーテクノロジーの一つに，伸展マストが挙げられる。これまで見てきたように，軌道上に大きな構造物を構築するためには，小さく畳んで運び，軌道上で大きく展開することが必要である。また，構造全体が軽量で，なおかつ展開後には十分な強度，剛性，形状精度が実現されることも必要である。

この分野では，日本は，宇宙科学研究所の科学衛星を中心に，先端的な技術と軌道上での実証経験が積まれている[1)~3)]。

図**5.8**は，コイラブルマストあるいはヒンジレスマストと呼ばれるタイプ

[†] 基準面からの2乗平均誤差

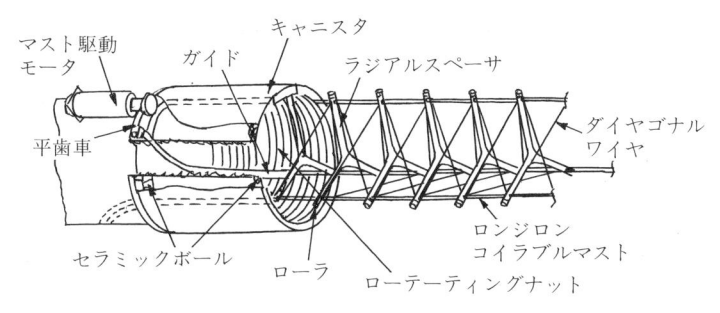

図 5.8 ヒンジレス伸展マストの構成

の伸展マストの概念図である。長手方向の構造部材である縦通材（ロンジロン）は，グラスファイバなどの弾性体でつくられており，収納時には根本の筒の中にらせん状に巻かれている。全長を拘束するワイヤを緩めることにより，巻かれていたロンジロンが弾力によってほどけ，マスト全体が伸展する。このタイプの伸展マストは，科学衛星「あけぼの」「GEOTAIL」に搭載され，また，宇宙実験観測フリーフライヤ「SFU」搭載のフレキシブル太陽電池パドルのアクチュエータ，および支持構造となった。

一方，図 5.9 はアルミ材のロンジロンを関節で折り畳んで収納する，高剛性マストと呼ばれるタイプの伸展マストの概念図である。展開時には，マスト伸展機構を用いてロンジロンの屈曲部を伸展させ，ダイヤゴナルロッド（アル

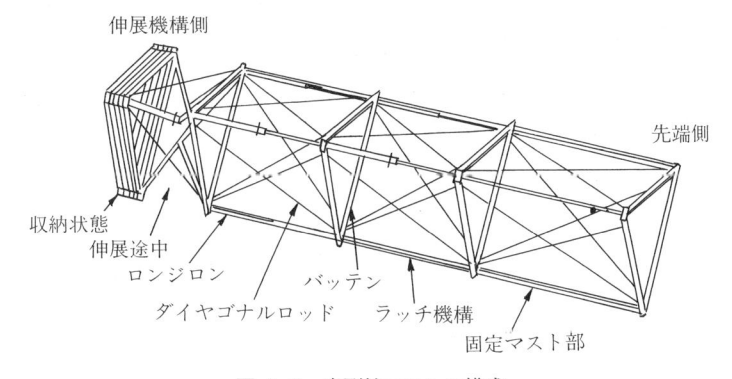

図 5.9 高剛性マストの構成

ミ材）を伸張させて順次ロンジロンのラッチ機構を固定しながら，マスト全体が伸展する。このタイプのものは，「SFU」の2次元展開実験アレーや，上述の「はるか」展開アンテナの支持構造に用いられた。さらに，宇宙開発事業団の実用衛星である「COMETS」や「ADEOS」のフレキシブル太陽電池パドルにも用いられている。

スペースシャトルSTS-99ミッションの**宇宙レーダ実験**（shuttle radar topography mission）では，立方体のユニットが連結した形状の，長さ60mにも及ぶ高剛性の伸展マストが使われた。このマストでは**図5.10**に示すように，各立方体の頂点に当たる部分はボールジョイント式の関節となっており，伸展状態において**斜材**（diagonal）に十分な張力を与えることにより剛性が得られるように，ラッチ機構が工夫されている。また，温度変化による伸縮や変形が生じないように，熱により膨張する素材と収縮する素材が組み合わされて使われている。同じタイプの伸展マストがISSの太陽電池パドルの支持構造にも使われている。

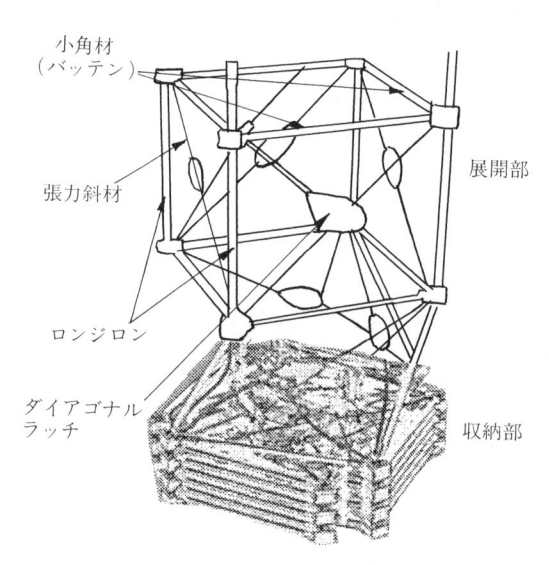

図**5.10** ISSに採用されている伸展マスト
（AEC-Able Engineering 社製）の構成

ここに示した構造物は，伸展・収納のためのアクチュエータ（駆動装置）を備えているものの，いったん展開してしまえば，変形しない剛な構造物となる。これに対して，例えばトラスを構成する部材（メンバ）を能動的に伸縮させることにより，構造体全体の形を大きく変形させたり，クレーンのように操作することも可能である。このように能動的に変形し，なおかつ制御機能をもった構造物は，**適応構造物**（adaptive structure），**知的構造物**（intelligent structure）などと呼ばれ，1980年代半ばより活発な研究が行われている[4]。

5.3.4 太陽発電衛星

軌道上では，天候の影響を受けず，また大気による減衰もなく太陽光を受けることができる。軌道上に太陽電池アレーを展開して発電し，その電力を地球へ伝送することができれば，無尽蔵でクリーンな究極のエネルギー源として利用することができる。このような太陽発電衛星のコンセプトは，1968年に，米国のピーター・グレーザー（Peter E. Glaser）によって提案された。その提案に基づき，1970年代後半に，地表高度36 000 kmの静止軌道上に5 GW（500万キロワット，沸騰水型原子力発電所の約5基分）の軌道上発電所を構築するシナリオが検討された。この規模の発電を行うためには，軌道上に10 km×5 kmサイズの太陽電池アレーが必要であり，発生した電力を直径1 kmの送信アンテナより，2.45 GHzのマイクロ波を使って伝送する。地上では，10 km×10 km程度の大きさの受電設備（レクテナ）でマイクロ波を受け，電力に変換する。1990年代には，日本で10 MW（1万キロワット）級のリファレンスモデルSPS 2000が検討された[5]。

太陽発電衛星の実現のためには，従来の宇宙機とはけた違いの，大規模な構造物を軌道上に展開しなければならない。SPS 2000として検討された1万キロワット級のものでも，300 m×400 mサイズの太陽電池アレーが必要である。これだけの構造物を構築するためには，小さく畳んで輸送し，軌道上で大きく開く展開構造物の技術と，軌道上での展開・組立てを支援する軌道上ロボティクス技術（後述）の発展が鍵となるであろう。

規模が大きく構築が困難であること，打上げ費用などの多額のコストがかかること，そしてマイクロ波が地上生態系に与える影響が懸念されること[†]などの理由から，太陽発電衛星は21世紀初頭においてもまだ実現していない。

しかし，地球温暖化問題が地球規模の重要課題になってくるにつれ，二酸化炭素や核廃棄物などを排出しないクリーンなエネルギー源として，太陽発電は注目を集めてきている。上に挙げた問題を解決し，商業ベースの太陽発電を実現することは，21世紀の課題の一つといってよいであろう。

5.4 軌道上ロボティクス

5.4.1 宇宙ロボット

本節では，軌道上ロボットの技術に焦点を合わせて現状技術を紹介する。軌道上ロボットとは，まさに地球を周回する軌道上で作業を行うロボットの総称である。宇宙ステーションのような大規模構造物の上に取り付けられ，ステーションの組立て・補給・メンテナンスなどの作業に当たるロボットアーム（SSRMS，既出）などは，その一例である。一方で，比較的自在に飛行が可能な無人の衛星にロボットアームを搭載したロボットシステムは，「フリーフライング宇宙ロボット」と呼ばれる。

軌道上ロボットの中で最も早く実用化され，かつフライト実績が多いものは，スペースシャトルに搭載されているロボットアーム（space shuttle remote manipulator system：**SRMS**）である。全長約15 m，6自由度のこのアームはカナダ製であり，スペースシャトルとしての2回目の飛行（コロンビア号，1981年11月打上げ）に搭載されて以来，100回以上のスペースシャトルミッションにおいて，軌道上作業を支援するツールとして輝かしい活躍をしている。

[†] 現実には，マイクロ波ビームの強さは，その中心部でも，携帯電話のアンテナ端から1 cmのところとほぼ同程度であり，危険性はきわめて低いと考えられる。安全に対する社会的理解を得ることが，まず重要な課題となろう。

5.4 軌道上ロボティクス　　113

　SRMSの成功を受けて，NASAを中心に宇宙ロボットの概念が検討された。その中から登場したコンセプトの一つが図 5.11 に示す「フリーフライング宇宙ロボット」である[6]。

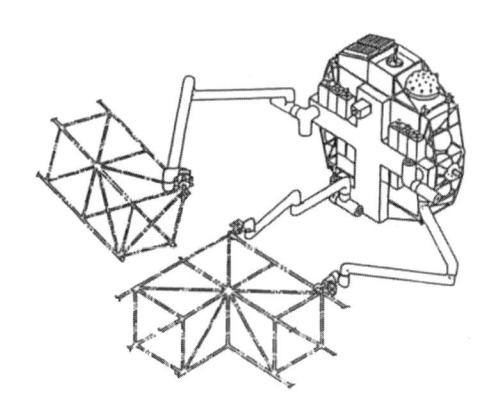

図 5.11　ARAMISと呼ばれる1983年のNASAレポート[6]に登場した軌道上作業ロボットの概念図

　これは，スペースシャトルよりはるかに小型の無人の衛星に，複数のロボットアームを搭載した形態をしており，アーム部のみがロボットなのではなく，本体を含めた衛星全体を宇宙ロボットと呼ぶべきものである。このような宇宙ロボットの仕事として，軌道上で，宇宙ステーションや太陽発電衛星などの建設を行ったり，運用が終了した衛星を回収・軌道変換したり，運用中の衛星に対してメンテナンスや燃料補給サービスを行うなど，さまざまな可能性が考えられる。NASAでは，このコンセプトをベースに **FTS** (flight telerobotic servicer) と呼ばれる計画が進められたが，予算削減の影響を受けて途中でキャンセルされてしまった。なお，後述するわが国の技術試験衛星VII型 (ETS-VII) は，世界で最初に「フリーフライング宇宙ロボット」を実現した実験衛星となった。

5.4.2　宇宙ロボットの技術課題

　ここで宇宙ロボット・軌道上ロボティクスの技術課題を整理しておこう。
　まず第一に，宇宙機の共通の技術課題として，宇宙は真空であり，熱的に過酷な環境であることが挙げられる。宇宙ロボットにおいて特に注意を払わなけ

ればならない点は，関節摺動部の潤滑である。液体系の潤滑材は基本的にみな蒸散してしまう。また，真空中では金属表面に酸化膜が形成されないので，金属どうしが擦れ合うと凝着を起こしてしまう。二硫化モリブデンの皮膜で覆うなどの固体潤滑がよく用いられる。

つぎに，軌道上では微小重力状態であり，ものを固定する不動のベースがないことが，宇宙ロボットのダイナミクスと制御に大きなインパクトを与える。例えば，SRMSは全長約15 mの，軽量化設計がされた非常にフレキシビリティの高いアームである。対象物をハンドリングする加速度運動がアームの振動を励起し，アームの位置決め作業に悪影響をもたらし，ひとたび振動が発生するとその減衰には長い時間が必要になる。

一方，フリーフライングロボットでは，アームの動作反動がベース衛星の姿勢外乱となる。一般に，衛星はリアクションホイールやガスジェットスラスタなどを用いて軌道上外乱に対して姿勢制御を行っているが，ロボットアームの動作反力による外乱はけた違いに大きく，アーム動作中の姿勢維持は大きな問題である。姿勢維持のためにガスジェットスラスタを噴射し続けることは，ロボット衛星の寿命の点でも好ましくない。

振動および反動ダイナミクスの観点から，また安全上の観点から，宇宙におけるロボットアームは非常にゆっくりと動作せざるを得ず，宇宙作業を効率悪いものにしてしまっている。フリーフライングロボットにおいては，反動による姿勢変動を許容する制御法も考えられるが[7]，衛星が太陽電池パドルや高ゲイン通信アンテナを搭載している場合には，姿勢変動が許容される範囲はきわめて狭い。このような状況のなかで，反動を最小あるいはゼロにするロボットアームの制御法が提唱されている[8]。反動を生じることなくアームを動かすことができれば，JEMRMSのような親子型アームでは，長尺の親アームを振動させることなく子アームを操作でき，またフリーフライングロボットでは，ベースの姿勢変動なしにマニピュレーションが可能となる。

宇宙ロボットの第3の技術課題は，遠隔操縦にかかわるものである。スペースシャトルや宇宙ステーションに搭載されるアームは，原則として近傍にいる

クルーによって操縦される。しかし，無人のフリーフライングロボットは地上から遠隔操縦されなければならず，この際，静止軌道上のデータ中継衛星を利用するなどして，通信経路が長くなって間に介在する計算機などが増えると，往復5秒程度の時間遅れが生じるようになる。遅れが存在する状況で，安全かつ効率よく遠隔操縦する技術が求められている。

5.4.3 スペースシャトルおよび ISS 搭載ロボットアーム

スペースシャトルに搭載されているロボットアームは，カナダの Spar 社（現在の名称は MD Robotics 社）によって製作されたことから，カナダアームと通称される。カナダアームはこれまでに5機つくられ，現在4機がシャトルの運用に使用されている（1機はチャレンジャーの事故によって消失）。

図 5.12 に同アームの構成図を，表 5.1 に主要諸元を示す。

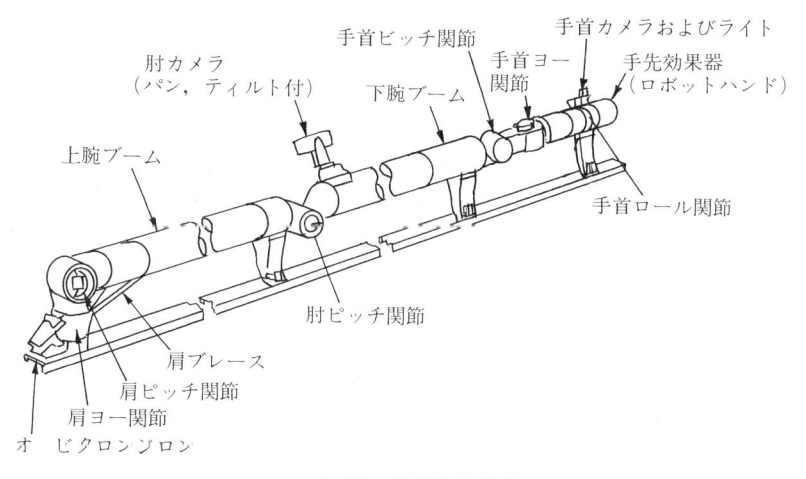

図 5.12 SRMS の構成

SRMS はスペースシャトルの後方フライトデッキより，シャトルのフライトクルー（搭乗員）によって操縦される。操縦モードには，関節を一つずつ動かすシングルジョイントモード，プログラム制御による自動モード，およびマニュアルモードの三つのモードがあり，最後のマニュアルモードが実際には多

表 5.1 SMRM の主要諸元

全　長	15.2 m（50 フィート）
ブームの直径	38 cm（15 インチ）
地上重量	410 kg（905 ポンド）
ハンド動作速度（無負荷時）	60 cm/s（2 フィート/s）
同（負荷があるとき）	6 cm/s（2.4 インチ/s）
ブームの素材	カーボン複合材
手首3自由度	ピッチ+/−120°，ヨー+/−120°，ロール+/−447°
肘部1自由度	ピッチ+2°〜−160°
肩部2自由度	ピッチ+145°〜−2°，ヨー+/−180°

用されている[9]。マニュアルモードでは，搭乗員が左右それぞれにジョイスティック（操縦桿）を握り，ロボットハンドの移動・回転速度を指示する。ジョイスティックは図 5.13 に示すように，右手に握るものを RHC（rotational hand controller）と呼び，ハンドの姿勢（ロール，ピッチ，ヨー）を指示する。左手には THC（translational hand controller）を握り，ハンドの上下，左右，前後方向を指示する。その際，ロボットアームの各関節に与えられる動作速度は，ハンドに指示された速度を実現すべく，逆運動学方程式を用いて計算される。

国際宇宙ステーション ISS には，カナダ製の SSRMS，日本製の

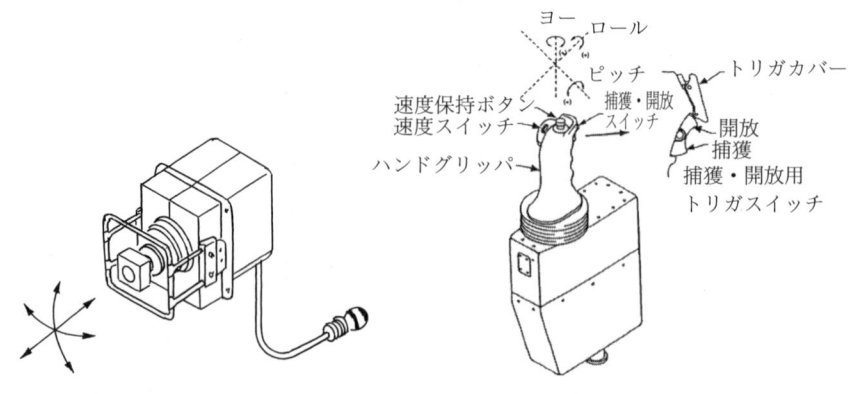

図 5.13　SRMS を操縦する左右のジョイスティック並進用 THC（左）と回転用 RHC（右）

JEMRMS，およびヨーロッパの ERA の三つのロボットアームが搭載されるが，その操縦法については，SRMS とほぼ同じ方式が踏襲される．しかしながら，SSRMS および ERA は，関節が 7 個ある 7 自由度アームである．関節数が 7 以上のアームは「**冗長アーム**」と呼ばれ，ハンドの速度を指定して逆運動学を解く方式では，関節速度を一意に定めることができない．関節を一つロックして 6 自由度アームとして操縦する方法や，冗長性を生かして，肘の部分が障害物に接近しないような付加的条件を取り込んだ制御法が検討されている．

また，日本モジュールに搭載される JEMRMS は，図 **5.14** に示すように，6 自由度の親アームの先端に 6 自由度の子アームがつながるという，ユニークな設計となっている．通常の制御モードでは，親アームで大まかな位置決めをし，つぎに操縦を子アームに切り替えて，細かな位置決めや組立てなどの作業をすることが想定されている．しかしながら，子アームの操作反力で親アーム

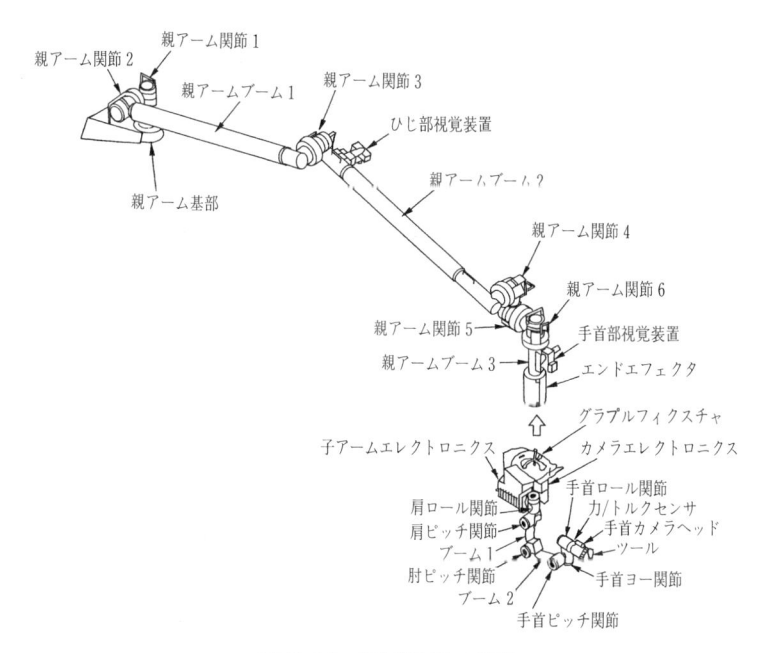

図 **5.14** JEMRMS の構成

118   5. 宇宙機・宇宙構造物

が振動することも十分予想される．その場合は親子で協調的な制御を行うことが効果的と考えられるが，具体的な制御方法については，たいへん興味深い技術課題である[10]。

5.4.4 技術試験衛星VII型

技術試験衛星VII型（engineering test satellite VII：**ETS-VII**）（図 **5.15**）は，無人のフリーフライング型宇宙ロボットにおいて，ロボットアームを使った軌道上作業と自律的なランデブードッキングの技術を検証・確立することを目的として，宇宙開発事業団によって開発された衛星である．同衛星は，1997年11月28日に鹿児島県種子島よりH-IIロケット6号機によって打ち上げられ，1999年12月末までの間に，以下に示す数多くの貴重な実験が実施された。

- ランデブードッキング技術実験

  ETS-VIIは軌道上でチェイサ（ひこぼし）とターゲット（おりひめ）と呼ばれる二つの衛星に分離し，無人宇宙機どうしの自動ランデブードッキング実験が実施された。また，宇宙ステーションへの接近を想定したランデブー実験も行われた。

- 宇宙ロボット技術実験

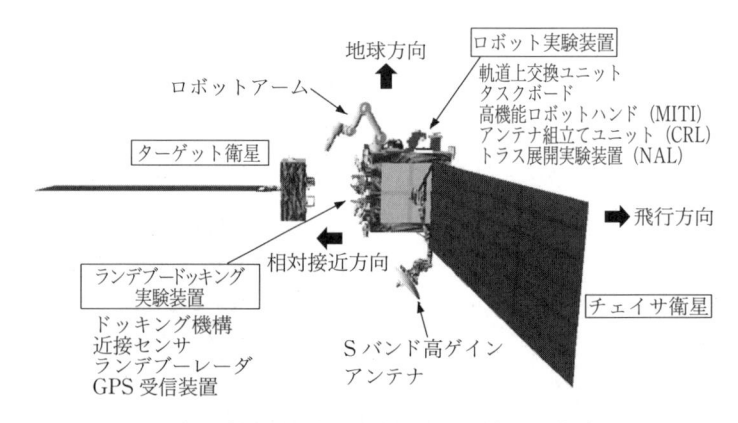

図 5.15 技術試験衛星VII型（ETS-VII）の概念図

ETS-VII には長さ2mの6自由度マニピュレータアームが搭載されており，それを用いて以下の実験が実施された．

— ロボットアームと衛星姿勢の協調制御実験
— ロボットアームの地上からの遠隔制御実験
— ロボットアームによる衛星搭載機器（ORU）の交換，推薬補給の模擬，ターゲット衛星の操作，手先カメラによる目視などのサービス基礎実験
— 宇宙開発事業団と外国機関との共同ロボット実験（ESA，DLR）
— 通商産業省の高機能ハンド技術実験
— 航空宇宙技術研究所のトラス構造物遠隔操作実験
— 通信総合研究所のアンテナ結合機構基礎実験
— 大学からの公募実験

無人の人工衛星において，ロボットアームを使ってこれらの作業を実施したことは世界初であり，また，無人の宇宙機の間において自律的なランデブー，低衝撃のドッキングを実施したことも世界初である．

ETS-VII は，図 **5.11** に示された軌道上作業用宇宙ロボットの概念を世界に先駆けて実証し，研究するために非常に有意義な技術試験衛星であり，そこで得られた成果は，近い将来に期待されているサービス衛星やレスキュー衛星（燃料切れにより寿命を迎える衛星や故障した衛星に対して，補給や捕獲・回収・修理などを行うロボット衛星）に向けての最先端の宇宙ロボット技術につながるものである．

以下では特徴的な技術について簡単に解説する．

5.4.5 ランデブードッキング

ランデブー飛行の力学は非常に興味深い．図 **5.16** は，ETS-VII にて実施されたランデブードッキングの飛行計画図の一つであるが，同図を使って，一連の飛行経路を確認してみよう．

図には，ターゲット衛星「おりひめ」を原点に置き，チェイサ衛星「ひこぼ

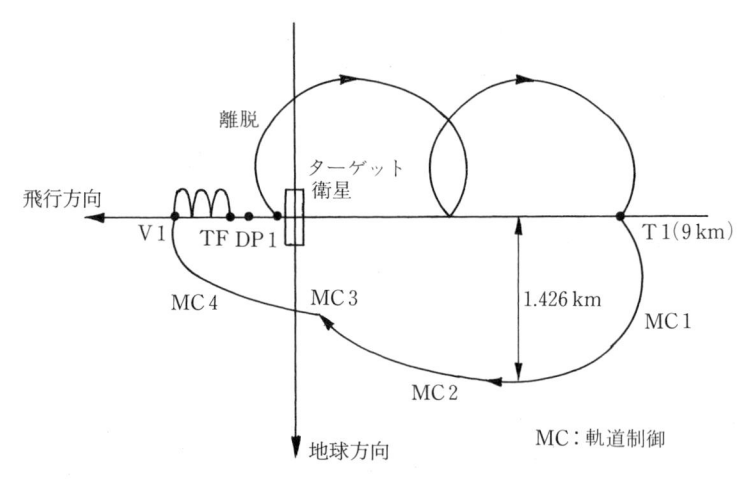

図 5.16 ランデブードッキング時の飛行経路概念図[8]

し」の相対的な位置関係が示されている．左側に伸びる軸が衛星の地球周回飛行の方向（v-bar，ヴイバー）であり，真下に伸びる軸が，地球方向（r-bar，アールバー）である．

　最初，「ひこぼし」は「おりひめ」に結合しているが，衛星の進行方向に向かって分離する．「ひこぼし」が「おりひめ」から離れるために飛行方向に加速すると，ケプラーの法則により軌道半径が大きくなり，図上では上方向に移動する．さらに軌道半径が大きくなると，軌道上を進行する速度が遅くなり，「おりひめ」から見て相対的に後ろ（図上では右側）にループを描いて離れていく．いま，「ひこぼし」は分離直後に左向きに加速し，その後スラスタによる加減速をしないとすると，飛行経路は同図のようなループとなる．地球を1周回るごとに一つのループが描かれる．左向きに加速した結果，右向きに遅れていってしまう点が興味深い．

「ひこぼし」はTIと名づけられた点に達した後，「おりひめ」への接近に転じる．TI点では，右向きに加速する．その結果，「ひこぼし」は下方に沈み，しかし軌道半径が小さくなるので，左向きに前進していく．MC1〜MC4と書かれた細かな軌道修正噴射を行い，「おりひめ」の前方VI点に誘導される．

その後は細かなスラスタ噴射制御を繰り返し，v-bar 軸上を徐々に「おりひめ」に向かって接近し，最終的にドッキングする．このような接近を v-bar 接近法という．

一方，スペースシャトルが軌道上の衛星や宇宙ステーションに接近する際は，地球方向から r-bar 軸上を移動する r-bar 接近法が用いられている．わが国でも，宇宙ステーション補給機 HTV の実用化に必要な技術であるので，ETS-VII においても r-bar 接近の実験が行われた．

5.4.6 テレオペレーション

ETS-VII の場合，地上管制局である筑波宇宙センターより発せられたコマンド信号は，国際回線を通じて米国 NASA のデータ中継衛星（**TDRS**）地上局へ送られ，そこから地表高度 36 000 km の静止軌道にある TDRS へと送信され，TDRS を介して高度 550 km を飛行している ETS-VII に到達する．ETS-VII からの応答やカメラによって撮影された映像は，この逆順を経て筑波宇宙センターのディスプレイに表示される．この際の往復伝送時間はおよそ 5〜6 秒であった[†]．

このように往復の信号伝送に遅れがあると，例えば地上の操縦者がジョイスティックを握ってロボットアームの運動指令を与えても，実際に軌道上でアームが動き出した状況をモニタ画像によって確認できるのが 5〜6 秒後になってしまう．これでは作業効率が非常に悪く，またアームが間違ってなにかにぶつかってもすぐに気づくことができないので，非常に危険でもある．このような時間遅れの大きいテレオペレーションに対する性能評価や，操作性向上の実験も ETS-VII では実施された．

大きな時間遅れに対処する一つの有効な方法は，コンピュータグラフィクス（CG）シミュレーションを用いた予測表示である．CG シミュレーションがほぼリアルタイムに応答するならば，操縦者は CG を見ながらアームを操縦すれ

[†] 伝達遅延時間の内訳は，空間を飛ぶ電波の速度による部分はごくわずかであり，じつは，各中継局でのコンピュータ間などの信号伝達の遅れがおもな要因である．

ばよい．また，実際のアームの動きをCGに合成し，実際の動きが予測した動きに一致しているかを確認しつつ，作業を進めることもできる．ETS-VIIではこの予測表示法を用いて，遠隔操縦されるロボットによる軌道上コンポーネントの着脱や，その他の複雑な作業も順調に実施することができた[12]．

　同様な予測表示の方法は，アームの空間移動だけではなく，ロボットハンドが対象物に接触しているときの力感覚を仮想的に発生させ，テレオペレーションによる力制御にも適用できる．しかしながら，予測表示がうまくいくためには，正確なモデルを構築し，正しくキャリブレーションする必要がある．

5.4.7　無反動制御

　軌道上フリーフライングロボットの特徴は，ロボットアームの反動によって，ロボットの本体・ベースボディの位置や姿勢も変わってしまうことである．

　ETS-VIIの場合，衛星全体の質量が約2500 kgであるのに対し，ロボットアームの質量が約100 kgであり，ロボットアームの反動によって衛星の姿勢が大きく傾くほどではないが，反動の影響は無視することができない状況であった．特に，テレオペレーションの項でも紹介したが，ETS-VIIは，作業中には静止軌道上にあるTDRSと通信を保っていなければならない．そのためには，衛星に搭載された高ゲインアンテナをポインティング精度約1°以内に制御しておく必要があり，アームの反動によって仮に姿勢が数度ずれても好ましくないという状況であった．

　実際には，衛星本体の姿勢は，リアクションホイールやガスジェットスラスタを用いたフィードバック制御がなされており，また，アームの動作速度を小さく抑えることにより，姿勢変動許容範囲内でロボットアームの操作が行われた．

　ロボットの反動による姿勢変動を予測し，フィードフォワード制御を追加することにより，姿勢回復を早める制御法も検討され実験された．また，姿勢制御をOFFにして，フリードリフト状態で姿勢変動の様子を観察する実験も行

われた．さらには，姿勢変動を生じさせないようなアームの動かし方（無反動マニピュレーション）も研究され，軌道上での実証実験も実施され，非常に有効な方法であることが確認された[12]．

　無反動マニピュレーションとは，反動角運動量がゼロとなるようなアームの動かし方であり，直感的には，アームの一部が正回転する間に，別の部分が逆回転することにより反動をキャンセルするような動きである．ETS-VIIに搭載されたロボットアームは6自由度であったため，無反動マニピュレーションの範囲は非常に限られたものであったが，7自由度以上の冗長アームを用いると，無反動マニピュレーションをもっと広く使うことができるようになるであろう[13]．

6

ビークルと画像処理

6.1 はじめに

　人間が車を運転する場合，五感で代表されるさまざまな感覚を用いて，道路状況などの実世界のさまざまな変化に柔軟に対応し，正しい状況判断を実時間で実現し行動を起こすことにより安全な運転を実現している。

　このような車の運転において，主たる感覚として使われるのが視覚であり，白線などの車線レーンに合わせた車の操縦，信号や標識に応じた車の速度変更，飛び出してきた歩行者に対する非常停止動作などさまざまな状況判断の多くが，視覚により初めて実現されるものである。

　特に車が走行する自然環境は，照明条件や雨といった過酷な自然条件に変化があったり，さまざまな予期せぬ現象が起きたりするが，人はそれに対して，視覚情報をもとに柔軟かつロバストに状況判断を実現する優れた処理能力をもつ。

　自動運動や運転支援機能をもつ知的ビークルを実現するうえで，このような人間の視覚がもつ優れた状況判断能力を，工学的に実現することが重要となる。

　本章では知的ビークルにおける画像処理技術への要求を述べたうえで，ビークルのための画像処理アルゴリズム・ハードウェアの研究開発の現状を述べることにする。

6.2 知的ビークルと画像処理

6.2.1 知的ビークルにおける画像処理の流れ

画像情報に基づき自動運転や運転支援を実現する場合，必要とされる画像処理の基本的な流れは，図 6.1 のように書くことができる．

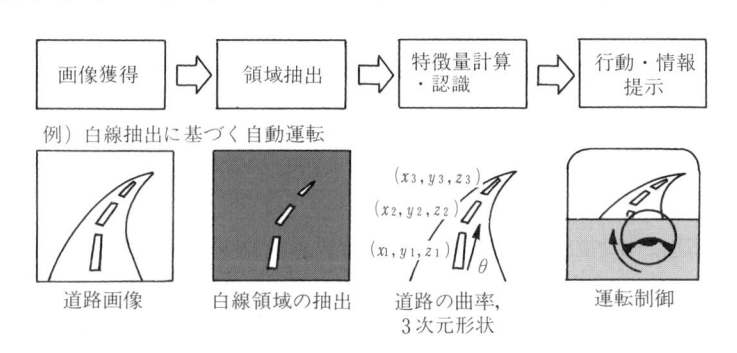

図 6.1 知的ビークルにおける画像処理の流れ

以下にその処理項目について述べる．

〔1〕 画像獲得　画像センサにより，外界からの光学的情報を処理可能な画像形態に変換する．静画像，時系列画像，複数カメラ画像，さらにはミリ波画像，赤外線画像といった特殊画像などを，処理目的に応じて獲得する．

〔2〕 領域抽出　画像からランドマークや動物体など，必要とされる情報が含まれる領域を抽出する．この処理では，後段の特徴量計算・認識に必要とされる前処理として，画像から画像領域を抽出するだけではなく，複数画像からの3次元領域抽出，さらには動画像における対象追跡などを行う．

〔3〕 特徴量計算・認識　抽出された領域から，ランドマークや動物体の位置・姿勢などの特徴量計算，さらにはその特徴量に基づいた対象認識を行う．この処理では，後段の行動・情報提示に必要とされる，ビークルを制御するためのスカラ量の計算，認識のためのシンボル処理などが実現される．

〔4〕 行動・情報提示　計算された特徴量や認識結果をもとにビークルの

位置・姿勢を制御したり，ナビゲーションシステムなどにおいて，現在の道路情報などの情報提示を行う．

例えば，画像から得られた白線情報をもとにした，レーン追跡によるビークルの自動運転を行う場合は，1）白線を含む画像を獲得し（画像獲得），2）画像から白線領域を抽出し（領域抽出），3）白線の3次元的位置，向きを計算し（特徴量計算・認識），4）白線の位置，向きに応じてビークルを運転制御する（行動・情報提示），という処理の流れとなる．

6.2.2 知的ビークルにおける画像処理への要求

知的ビークルにおいて獲得される画像は，一般にビークルが広大な自然環境の中を高速に運動するため，自然のさまざまな複雑さを含む高速かつ大量な情報となる．そのため，知的ビークルにおける画像処理は，FA分野などの室内環境における画像処理に比べ，性能の要求が厳しいことが多い．

〔1〕 **高いダイナミックレンジ** 昼夜や天候条件，トンネル内外といった道路状況による照明条件の変化に対して，ロバストな画像処理が求められる．このような照明条件の変化に柔軟に対応するためには，高ダイナミックレンジをもつ画像センサおよびそれを考慮した画像処理技術の実現が重要となる．人間の視覚は，このようなダイナミックレンジを10^5程度（暗順応を考慮すると10^9程度）をもつといわれる．

〔2〕 **広い計測範囲** ビークルを安全に運転させるためには，広範囲にわたるビークルの周囲状況を観測する必要がある．このため，ランドマーク・障害物などの検出のために前方観測するだけではなく，車線変更・歩道状況などの観測のために左右方向および後方の画像情報を同時に獲得し，かつ処理することが求められる．

〔3〕 **3次元情報処理** ビークルは3次元空間である自然環境を運動するため，ランドマークや障害物などの周囲状況，さらには自分自身の3次元位置・姿勢情報を画像から観測・処理することが重要となる．このような3次元

情報は，例えば，複数のカメラを用いたステレオ視やカメラの運動を利用したモーションステレオなどの方法により求められる。

〔4〕 **高速リアルタイム性**　ビークルは一般に高速に運動し，例えばビデオ信号（フレームレート 30 Hz）に対して，従来の画像処理システムでは時速 100 km で走る自動車は 1 フレームで約 1 m 進んでしまい，ビークルに求められる高速リアルタイム性を十分満たすことが難しい。そのため，画像センサのフレームレートの高速化，および処理の高速リアルタイム化が重要となる。

〔5〕 **低コスト性**　ビークルに多数の視覚システムを搭載する場合には，画像処理システムの低コスト化が要求される。低コストな画像処理システムの実現には，画像処理システムをワンチップ上に集積化するシステムオンチップの考えや，光学系との一体化設計などが重要となる。

6.2.3　カメラ配置と画像処理

ビークルでは，カメラの設置場所が変わると，その画像処理形態が大きく変わる。ビークルにおけるカメラ配置は，大きく分けて，地上に設置された地上カメラ，ビークル上に設置した車載カメラに分類される。

〔1〕 **地上カメラ**　地上カメラは道路上方への配置が可能なため，交通量などの複数台のビークルの統計的情報を抽出することに向いている。また，地上に固定されたカメラの画像では背景の変化が少ないため，対象と背景の分離などの画像処理が比較的簡単に実現可能となる。その一方で，地上カメラの測定範囲はカメラが設置された場所の周辺のみに限定され，例えば自動運転などに求められる，運動するビークル周辺情報の連続的な監視には不向きである。このような測定範囲の限界を解決する方法としては，複数のカメラを協調して測定範囲および情報を向上させる分散視覚協調[1]や，カメラをアクチュエータなどで能動的に動かすアクティブビジョン[2]などの考えなどがある。

〔2〕 **車載カメラ**　車載カメラは，それによりビークル周辺の情報がつねに観測可能となるもので，その研究開発は主として自動運転や運転支援に関するものである。また車載カメラでは，レーン検出や障害物検出などの高速リア

ルタイム実現，画像処理装置のローコスト化，照明などの環境条件の変化に対するロバスト性など，さまざまな条件を満たした画像処理が求められることが多い。特に，車載カメラ画像が周囲環境の運動情報だけではなく，ビークル自身の運動情報（エゴモーション）の影響を大きく受けるため，対象と背景の分離が難しく，その計算コストが大きくなる点は解決すべき大きな課題となっている。そのため，車載カメラを用いた画像処理は，地上カメラの場合に比べてより高度な画像処理技術の導入が重要となる。

6.3 ビークルにおける画像処理研究

6.3.1 交通情報の計測

地上カメラ画像による交通状態の計測法としては，固定されたカメラからの画像では背景が変化しないと仮定し，図 *6.2* のように入力画像とあらかじめ撮影した背景画像との差分をとることがよく用いられる。この方法では，天候などの照明条件による背景の明るさの変動が大きな誤差要因となるため，照明変動に頑強な背景画像の生成アルゴリズムや，差分画像を2値化するためのしきい値設定アルゴリズムが重要となる。また，比較的簡単な画像処理により実現可能となるため，道路における通過台数やその速度計測などをリアルタイム化した交通流計測システムの研究開発[3]が古くから行われている。

地上カメラから車情報を抽出するほかの方法としては，エッジや頂点などの特徴量に基づく方法[4]や，車の形状などのモデルベースを用いてパターンマッ

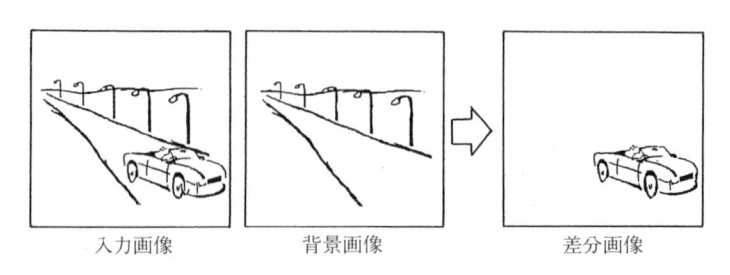

図 *6.2* 背景画像との差分による車領域抽出

チングする方法[5]などが提案されている。

一方で，単一の地上カメラだけでは測定範囲に限界があり，局所的な交通情報しか計測できないという問題がある。この問題に対しては，複数の地上カメラの画像を組み合わせてパノラマ画像を生成し，より広範囲の道路情報を生成する研究[6]や，空中から衛星画像情報により交通情報を計測する研究[7]などが行われている。

また車を個別識別するために，画像からのナンバプレート情報の獲得についても研究開発が進んでおり，幹線道路などでの旅行時間計測システムとして広く実用化されている[8],[9]。

このような車のナンバ抽出には，一般に，a）車両検知および画像撮影，b）プレート領域抽出，c）文字領域の抽出，d）文字認識，の手順を踏む必要があり，これらに関するさまざまな画像処理の研究が行われている。車両検知は，画像変化から判定する方法と，超音波センサなどの別のセンサにより検出する方法がある。プレート領域を抽出する方法については，ハフ変換を用いる方法[10]，ニューラルネットワークを用いる方法[11]などが提案されている。文字領域抽出は，2値化による方法，垂直・水平方向の投影成分に基づく方法などがあり，これらの情報に対して文字認識技術を適用してナンバプレート認識が実現される。

これらの多くは，ナンバプレートがカメラに対して正面に存在する場合を取り扱うものであったが，近年では，駐車場などでの車両監視システムの実現に向け，画像の中でナンバプレートが傾いている場合にも，ロバストに実現可能とするナンバプレート認識技術[12]が研究開発されている。

6.3.2 周囲情報の計測・認識

道路の周囲情報の中で，道路標識は運転者である人間にとって見やすいデザインをもち，赤，青，黄色などの区別しやすい色や，円，三角形などの決まった形状をもつ。このような道路標識の認識を車載カメラ画像から行うための画像処理としては，1）標識領域の領域分割処理，2）標識内容の認識処理，が

ある。

　標識領域を抽出する領域分割処理としては，さらに色情報に基づく方法と幾何学的形状に基づく方法がある。前者については照明条件の変化に頑強となる色空間の利用が重要となり[13]，後者についてはテンプレートマッチングを基本とした数多くの研究[14]が見られる。一方で，車載カメラの画像では，車の運動などにより見かけの標識形状が変化してしまう問題や，標識領域と類似した色情報をもつ背景の影響の問題，さらには標識領域を解析する空間解像度不足などの問題が存在する。このような問題を解決する標識の領域分割方法としては，幾何学的形状と色情報を併用して標識領域を抽出する方法[15]や，標識位置を知るための広範囲を観測するカメラと標識領域をズームするカメラを組み合わせることにより，標識領域の空間解像度を保つ方法などが提案されている[16]。

　道路標識情報の認識処理は，標識形状および色情報からの認識と，その標識内に記述された文字列の認識に大きく分けられる。前者の処理については，標識データベースをもとにテンプレートマッチングにより標識内容の認識を行う方法[14]，色情報に対するヒストグラムに相当するピクトグラム分布により標識認識を行う方法，特徴量情報に対してニューラルネットワークを適用する方法[17]などが提案されている。標識内の文字認識処理については，文書における文字認識処理と同じような手法で実現されることが多い。

　また最近では，道路標識のような静物体の認識だけでなく，歩道における歩行者の認識の研究が行われている。一般に歩行者の大きさ，形状，色，テキスチャなどは個人差があり，また非剛体であるため，その画像からの歩行者領域の領域分割・認識は難しい問題となる。

　これに対して，a）画像から歩行者の足に関する時系列情報を獲得し，その歩行パターンを歩行者の認識に用いる方法[18],[19]，b）歩行者の幾何学的な形状情報により歩行者の認識を行う方法，が提案されている。前者は歩行者の足が見え，かつ歩行者が動くという制約が必要とされるのに対し，後者は形状認識の複雑さはあるものの静止した歩行者にも対応できる方法であり，歩行者領域

は鉛直軸に水平な方向のエッジ情報を含むなどの事前情報により歩行者の認識を実現する方法[20]や、さまざまな形状情報を表現可能とするウェーブレット(wavelet)テンプレートを用いて歩行者の状態を学習・認識する方法[21]などが提案されている。

6.3.3 レーン抽出・障害物検出

画像処理による自動運転を実現するうえで、車載カメラの画像からのレーン情報抽出およびレーン上の障害物検出を実現することは重要となる。

レーンは白線や縁石などのさまざまなランドマーク情報で代表されるが、これらの情報を抽出するうえで、照明条件の変化の問題、レーン周囲における樹木などの影の問題、車自体がランドマーク情報を隠してしまうオクルージョン問題などを解決する必要がある。これらの問題をさまざまな条件を仮定することにより解決し、画像処理によりランドマーク情報を抽出するさまざまな方法が提案されている。

レーン情報を抽出するうえでの仮定としては、車の前方に障害物がないと仮定する方法[22]、レーン幅が固定あるいは滑らかに変化し、ランドマークが平行に存在すると仮定する方法[23]、道路の形状に幾何学的なモデルを導入してテンプレートマッチングなどによりレーン情報を抽出する方法[24]、さらには画像におけるカメラの透視変換効果を仮定し、画像に対して逆透視変換を施す方法[25]などが提案されている。

レーン上に出現する障害物は、対向車などの車、および横断者などの不定形状をもつ物体に大きく大別できる。車には、形状、対称性などモデル化できる情報が多くあるため、1枚の画像から認識するのが比較的容易である。それに対し、横断者などの不定形状をもつ動物体はモデル化が難しく、時系列画像や複数方向からのステレオ画像など、複数の画像間の関係に基づいてそれらを検出することが多い。

時系列画像から障害物を検出する代表的な手法としては、画像上での見かけの速度場となるオプティカルフローを計算する方法が挙げられる。この場合、

車載カメラ画像におけるオプティカルフローは障害物の運動情報だけではなく，車自体の運動情報を含む。これに対し，速度計などにより計測された速度情報により車の動きによるオプティカルフロー成分を除去することで，運動する障害物領域を検出する方法が提案されている[26]。

複数のステレオ画像を用いて障害物を検出する方法は，画像間の対応づけにより求まる3次元的位置関係をもとに障害物の存在を探るものである[27]。オプティカルフローを用いた方法では，運動情報をもとに障害物領域を検出するため静止する障害物検出が不可能であるのに対し，複数のステレオ画像を用いた方法では，静止障害物情報も抽出することが可能となる。

6.3.4 運転者の計測

運転者の視線や手の動きなどの情報に基づき運転時における運転者の負荷を軽減することは，運転支援システムを実現するうえで重要となる。

現在の市販の視線計測システムの多くは，視覚センサの空間解像度の制限などの問題から，頭部に装着するあるいは頭部運動に制限を与える必要があり，またコスト的に非常に高い。これに対し，運転者の疲労状態が目の動きに反映されることを利用し，目の開閉状態のみに機能を絞ることで，閉じている状態が一定時間を越えると反応する居眠り警告システムなどが提案されている[28]。

運転時の手の形状や動きを抽出する場合，画像から背景と手の領域を分離することが要素技術となる。この問題に対して，手の幾何学的形状を導入してマッチングを行う方法[29]や，赤外のストロボ光を使い，光源に近い手の情報のみを抽出する方法[30]などが提案され，カーステレオ，ナビゲーションシステムなどのためのインタフェースを目指した研究開発が進められている。

6.3.5 自動運転システム

これまでに挙げたさまざまな要素技術を組み合わせた画像による自動運転システムについては，世界各地でさまざまなプロジェクト研究が行われている。

NAVLABは，米国のCMUにおいて開発されてきた自律移動車システムで

ある[31]。これは1980年代中ごろから開発が始まったものであり，初期システムではコースを検出するためのTVカメラと障害物を回避するための3次元レンジファインダを用いたものであった。その後さまざまな改良が進められ，1995年にはレーン検出用のステレオカメラによる自動運転システムを搭載したNAVLAB 5を用いて，ピッツバーグからサンディエゴの3 000マイルの距離を走行し，その際95%以上の自動運転を実現している。

VITA IIは，欧州における1980年代後半から1990年代前半までに行われたPROMETHEUSプロジェクトで，ダイムラーベンツ社により開発された車両の前方，後方，側方に計18台のカメラが装着された自律移動車システムである[32]。また実際に，このシステムをもとに，車両の前後および左右の障害物の検出に4組のステレオカメラ，走行レーン検出に焦点距離が異なる2台のカメラを用い，これらの情報を60個のプロセッサを用いて実時間処理を行うことにより，時速100 km以上での自動運転や，車両の左右・後方の安全確認，自動車線変更を実現している。

6.4 画像処理ハードウェア

6.4.1 イメージャ

代表的なイメージャとしては，**CCD方式**と**CMOS方式**が挙げられる。

CCDイメージャは，画像転送に**電荷結合素子（CCD）**を用いたものであり，フォトダイオードを2次元に配置した受光部と，それらに蓄積された電荷をバケツリレーのように転送するCCDアナログシフトレジスタの転送部および出力部からなる。これに対し，**CMOSイメージャ**は，画素アドレスを指定する形で読出しを行う画素を選択し，フォトダイオードから読み出された電荷を増幅器を介して，信号線で出力する。

CMOSイメージャは，画質の点において市販のビデオカメラの多くが採用しているCCDイメージャに劣っていたが，近年その開発が活発化している。その理由としては，半導体集積化技術の飛躍的向上により，増幅器，ノイズ除

去回路などがオンチップ可能となったことが挙げられる．これにより，CMOSイメージャ特有の各画素間の素子ばらつきによるフラットパターンノイズの除去などが可能となり，画質面においてもCCDイメージャと同程度に近づきつつある．

現状の画像処理システムは，イメージャと処理装置を別々に設計したものが大半で，そのイメージャとしてCCDイメージャを用いることが多い．一方で，CMOSイメージャは処理回路とイメージャの一体化が比較的容易という特徴をもつため，その画質などの向上に伴い，今後CMOSイメージャを用いたオンチップ画像処理システムが増えることが予想される．このようなシステム開発は，ダイナミックレンジ，高空間解像度化，処理も含めた高速性，低コスト性が必要とされるビークルにおける面像処理では特に重要となる．

6.4.2 処理ハードウェア

ビークルにおける画像処理では高速リアルタイム性が要求されるため，処理を高速に実現するハードウェアが要求される．画像情報は均一性が高いため，処理を高速化するために並列処理ハードウェアを利用することが有効となる．このような画像処理のための並列処理ハードウェアの形態としては，*a*) **ブロック並列方式**，*b*) **列並列方式**，*c*) **完全画素並列方式**，などが挙げられる．

ブロック並列方式は，画像をブロック単位に分割し，その分割された領域に対して並列処理を実現する方法である．ブロック並列型の画像処理システムの例としては，トラッキングビジョン[33]がある．これは，ビデオカメラで捕らえた移動物体をリアルタイムに追跡できる専用LSI（動き追跡プロセッサACP）を用いて，ブロック単位での相関演算を高速に実行可能とし，ビデオレート（1/30秒周期）内に500回以上のテンプレート相関演算を実現可能としたものである．

列並列方式は，画像を列単位で処理し，その列領域に対応した並列処理を実現する方法である．列並列型の画像処理システムの例としては，**IMAPビジョン**[34]がある．IMAPビジョンは，1次元の列並列プロセッサアレーをビデ

オ RAM に組み込んだアーキテクチャをもつ。プロセッサアレー，画像メモリ，ビデオ I/O が一体化することで，1次元 SIMD 型並列処理が 10 GOPS，10 GB/s のオンチップメモリ転送幅，1.3 GB/s の外部 SDRAM データ転送といった画像データへの同時かつ高速な処理・アクセスを可能としており，実際に 256 PE 構成の IMAP-VISION ボードも開発されている。

画素ごとの並列性をもつ完全並列処理システムとしては，古くからコネクションマシン[35]などのさまざまな超並列処理システムの開発[36]が行われてきた。これらのシステムの多くは，画像サイズに依存して速度が変化するブロック並列方式や列並列方式に対し，処理の高速化が実現できる半面，高い並列性を実現するためにサイズが大きく，コストが高くつくため，必ずしもビークルのための処理ハードウェアとしては適さなかった。これらの問題に対し，近年，急速に発展する LSI 集積化技術により解決した，完全並列処理システムであるビジョンチップが注目されている。これについて，次節で詳細を説明する。

6.5 ビジョンチップ

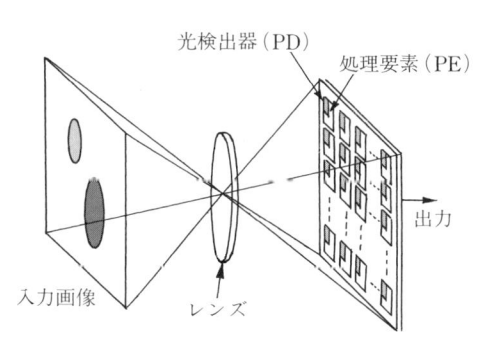

6.5.1 ビジョンチップの概念

ビジョンチップは，図 **6.3** のように，光検出器（PD）と並列処理要素（PE）を画素ごとに直結したものを集積化したオンチップ画像処理システムである。ビジョンチップでは，従来システムにおいて存在したセンサと処理装置間のビデオ信号（NTSC 30 Hz）の制約なしに，画素ごとの完全並列処理を

図 **6.3** ビジョンチップの概念

実現することで，ビークルの画像処理で要求される kHz オーダでの実時間処理を可能とする。

このようなビジョンチップとしては，1980年代後半からさまざまなビジョンチップ[37~39]が開発されているが，その多くは特定用途の画像処理を実現するものであり，さまざまな処理の同時実行が求められるビークルの画像処理に必ずしも適していなかった。しかし，近年の集積化技術の飛躍的向上により，ディジタル回路によるプログラマブル PE の高集積化が可能となり，実際にいくつかのプログラマブルなビジョンチップ開発事例[40),41)]が報告されている。

本章ではこのような開発例として，石川らが進める S³PE アーキテクチャに基づくビジョンチップ開発について述べる。

6.5.2　S³PE アーキテクチャ

S³PE (simple and smart sensory processing elements) **アーキテクチャ**は，ロボット，ビークル制御，ヒューマンインタフェースなどさまざまな用途に対応可能とする，高い汎用性をもつプログラマブルなビジョンチップアーキテクチャである[42)]。このアーキテクチャに基づくビジョンチップの全体構造，およびその PE のブロックダイアグラムを**図 6.4** に示す。

PE は 2 次元アレー上に配置され，おのおのの PE は PD，出力回路，四つ

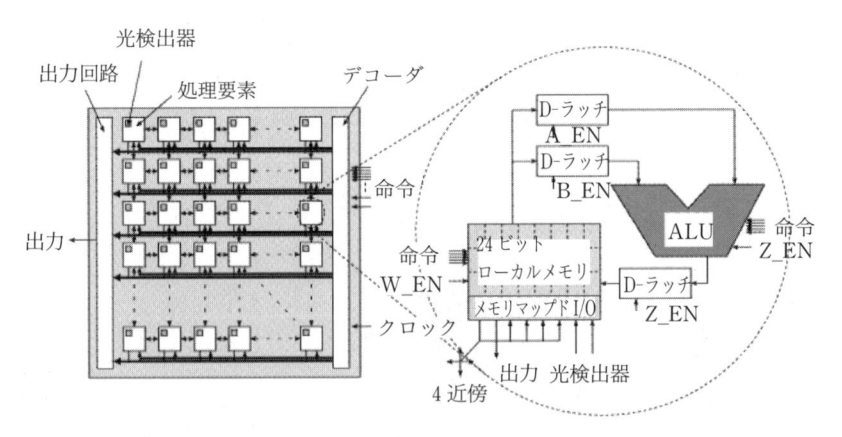

図 6.4　S³PE アーキテクチャの全体構造

6.5 ビジョンチップ

の近傍のPEと直接接続され，すべてのPEが同一命令で完全並列実行される。PEは，論理演算や加算などが可能なビットシリアルALU，24ビットローカルメモリ，三つのレジスタをもつ。センサ入力，近傍入力などの入出力にはメモリマップドIO方式を採用し，命令体系として入出力も含めてローカルメモリに対するランダムアクセスを基本としたものをもつ。また，PDからのセンサ入力は，パルス時間幅に変更したうえでPEでカウントすることにより，回路の追加なしにA-D変換を実現し，多値画像入力を可能としている。

表6.1にS³PEアーキテクチャ上でのいくつかの基本アルゴリズムの実行時間を示す。この表から，さまざまな基本処理がμsオーダでの実行時間で実現でき，msオーダでの処理が必要とされることの多いロボット，ビークル制御分野などに対して，十分対応可能なことがわかる。

表6.1 アルゴリズムの実行時間

アルゴリズム	実行時間〔μs〕
4近傍エッジ検出（バイナリ）	0.64
4近傍平滑化（バイナリ）	1.1
4近傍エッジ検出（6ビット）	3.8
4近傍平滑化（6ビット）	2.3
4近傍細線化（バイナリ）*	0.96
コンボリューション（4ビット）	36
ポアソン方程式（4ビット）*	3.8

* この処理を何回か繰り返す。

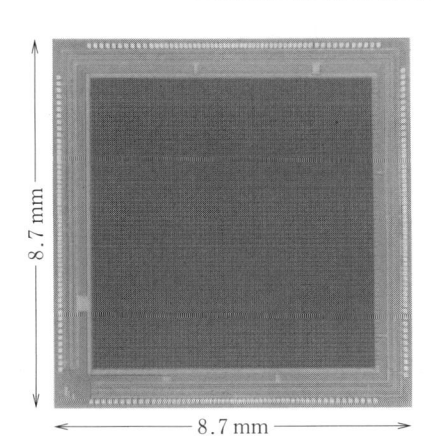

図6.5 汎用ビジョンチップの試作チップ

また，S³PE アーキテクチャをもとにフルカスタム試作した 64×64 画素のビジョンチップを試作している．そのレイアウト写真を図 **6.5** に示す．この試作チップでは，CMOS/DLM 0.35 μm プロセスを用いて開発され，チップ面積は 8.7 mm×8.7 mm，1 PE 当りの回路面積 105 μm×105 μm で実装されている．

6.5.3 高速ビジュアルフィードバック

ビジョンチップアーキテクチャにより実現される ms オーダでの画像処理能力により実現可能となる高速ビジュアルフィードバックは，ビークルを代表とするさまざまなアクチュエータ制御の場面で有効となる．このような観点から，ビジョンチップアーキテクチャを用いた高速視覚をロボット制御に導入した 1 ms 対象追跡システム[43]が開発されている．このシステムはビジョンチップのスケールアップモデル SPE 256 を用いて 2 自由度のアクティブビジョンを制御するもので，フィードバックサイクルタイムが 1 ms で実現された，高速に運動する対象を追跡可能としたシステムである．その概観を図 **6.6** に示す．

また，この 1 ms 対象追跡システムを用いて，多指ハンドを有するロボットの高速制御が高速把握実験[44]を行った結果を図 **6.7** に示す．この図では，0.2

図 **6.6** 1 ms 対象追跡システム

6.5 ビジョンチップ

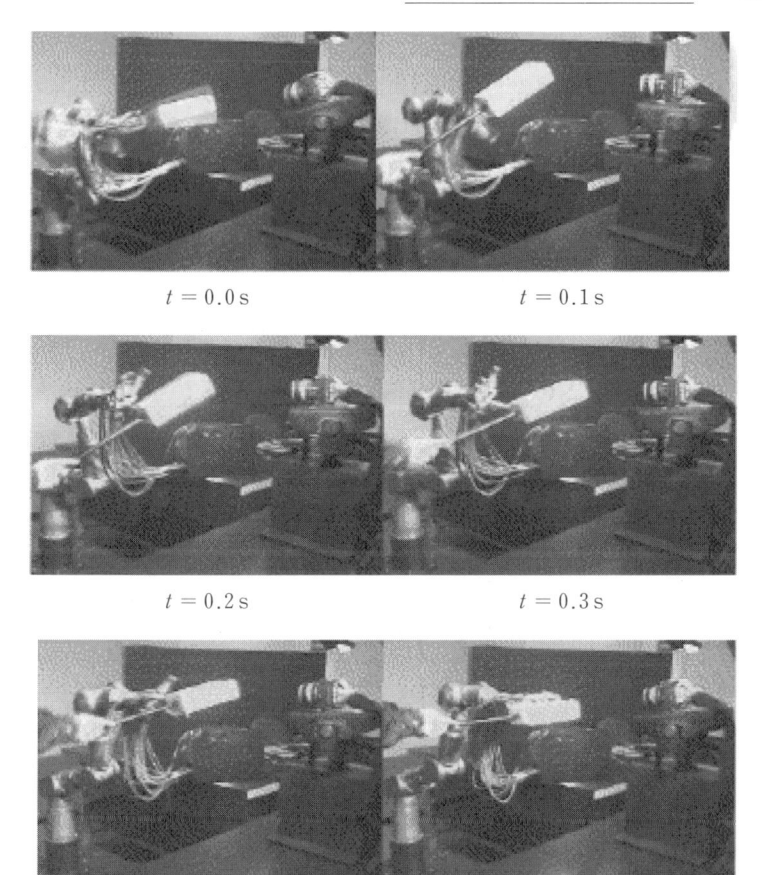

$t = 0.0$ s	$t = 0.1$ s
$t = 0.2$ s	$t = 0.3$ s
$t = 0.4$ s	$t = 0.5$ s

図 6.7 ロボットの高速把握

秒おきの 4 枚の画像列を示している。操作される対象は操作者によりランダムに動かされたものである。この図からもわかるとおり，視覚も含めた高速センサフィードバックは応答性の高いロボット制御に効果的であることがわかる。

6.5.4 高速視覚のためのアルゴリズム

〔1〕 高速視覚の画像特性　　ビジョンチップで代表される高速視覚システム上ではフレーム間の画像変化が微小なものとして考えられる。

図 **6.8** は人間が首を振っている様子（1 秒間に 3 回程度手を振っている）を高速ビデオカメラで撮影したものであり，図 (a) はフレームレートを 4 500 Hz とした場合，図 (b) はフレームレートを 30 Hz （ビデオ信号）とした場合をしている。図 (b) では，左から右への頭部の動きが 4 フレームで到達しており，フレーム間の画像変化がかなり大きいものとなっているのに対し，図 (a) ではほとんどフレーム間の画像の変化が起こっていないように見え，フレームレートの高速化により，フレーム間の画像変化が小さくなることがわかる。

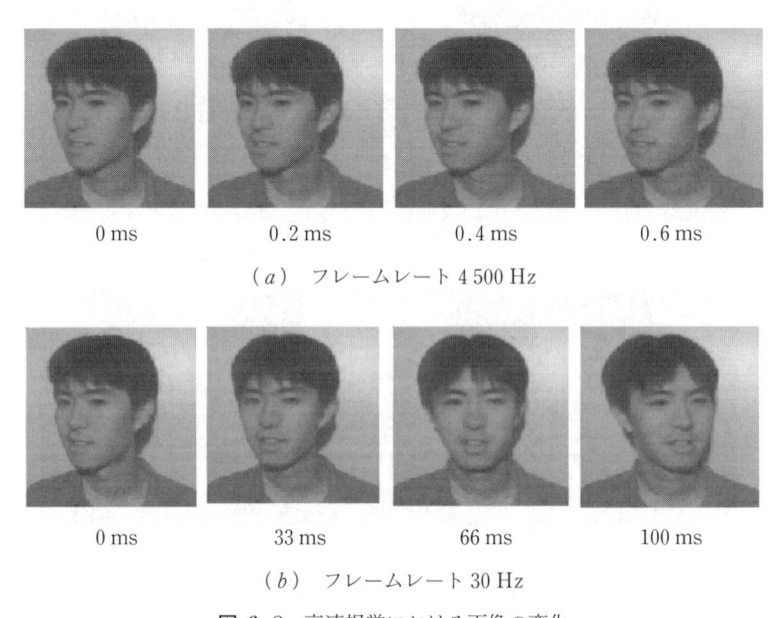

0 ms　　　0.2 ms　　　0.4 ms　　　0.6 ms

(a)　フレームレート 4 500 Hz

0 ms　　　33 ms　　　66 ms　　　100 ms

(b)　フレームレート 30 Hz

図 **6.8**　高速視覚における画像の変化

〔**2**〕　**セルフウィンドウ法**　　このような高速視覚の画像特性を使うことにより，さまざまな画像処理アルゴリズムが単純化できる。その一つのアルゴリズムとして，2 値画像に対する対象追跡アルゴリズムである**セルフウィンドウ法**[45]がある。

セルフウィンドウ法は，2 値画像の高速視覚の画像特性として，1 フレーム前の追跡対象画像を 1 画素だけ拡大（dilation）した画像の中に追跡対象がす

6.5 ビジョンチップ

べて写るということを用い，図 **6.9** のように，その拡大した画像と入力画像との論理積画像をとることで，追跡対象を抽出するアルゴリズムである．セルフウィンドウ法は，対象の形状が変形した場合にも対象追跡可能なアルゴリズムであり，1 ms 対象追跡システム上での高速対象追跡が実現されている．さらには，セルフウィンドウ法を回路実装した対象追跡用ビジョンチップ[46]が開発されている．

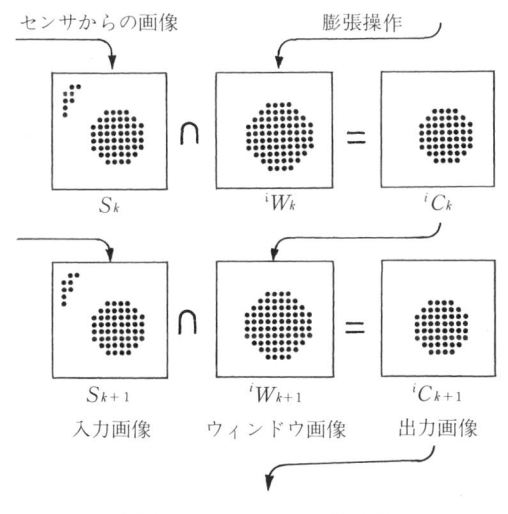

図 **6.9** セルフウィンドウ法

7 移動体の位置認識

7.1 はじめに

　屋内外を移動する車両，例えば屋外においては自動車や運送車両，屋内においては無人搬送車や移動ロボットなどを自律化しようとすると，それらの自己位置をいかに認識させるかをまず考えなければならない．これらの車両（以下，本章では「移動体」と呼ぶ）がいかに自己位置を把握し維持するかというこの自己位置認識の問題は，移動ロボット工学における長年の技術課題である．人間は，いま自分がいる場所を必ずしも位置座標として認識しているわけではない．「あの部屋のあの場所」，「どこそこの目印の前」というようなイメージで自分のいる位置や目的地を把握できる．しかし，移動体の自律化は，計算機とその上に実装するソフトウェアによって実現される．ある基準となる座標系に関する位置座標として移動体の自己位置を把握すること，すなわち自己位置を数値として扱うことが，最も計算機との親和性が高い方法になる．

　さて，移動体の自己位置認識の手法は，大別すると，**天測航法**（star reckoning）的な手法か，**デッドレコニング**（dead reckoning）的な手法かのどちらかに分類することができる．

　前者の天測航法は，観測時刻とおおよその現在位置（緯度・経度）において観察できる既知の天体を用い，現在の時刻と位置から見えるその天体の方位角と仰角を観測することによって，より正確な現在位置を求めるものである．同時刻に観測できる複数の天体を用いることで，その測位精度を高めることもできる．これは，船舶や航空機における航海術の基本であった．天体にかぎら

ず，ある固定された座標系においてその位置が既知な地上の灯台やランドマークが，その移動体からどちらの方向に見えるかを観測すれば，三角測量の原理によってその移動体の現在位置がわかる．この地上のランドマークを用いた自己位置の認識方法も，原理的には天測航法と同種のものである．1990年代の後半になると，屋外を移動する車両用にはGPS（全地球測位システム）が民生利用にも普及した．これも人工の衛星を用いた天測航法といえるであろう．GPSによる測位†法は工学技術として興味深い．しかし，測位のためのGPS受信機を用意すればすぐ利用することができ，それが含む位置誤差の限界を知り，使用法を誤らないように注意すれば，GPS受信機を測位のためのブラックボックスとして扱うことができる．GPSによる測位技術の具体的な紹介は別稿にゆずることにしよう．

　一方，後者のデッドレコニングは，移動体の移動開始位置から時々刻々微小変移を測定し，その微小変移の積分によって現在位置を推定するものである．旅客機に搭載される慣性航法装置は，旅客機の時々刻々の加速度を2回積分して現在位置を推定するもので，デッドレコニングの一種である．無人搬送車や移動ロボットの場合は，車輪の回転数の累積によって現在の位置と姿勢を推定する．車輪の回転数の累積による現在位置推定は，特に**オドメトリ**(odometry) と呼ばれ，これもデッドレコニングの一種である．移動体のオドメトリに関する理論は，1980年代の後半から1990年代にかけて盛んに研究された．その移動体が車輪によって移動し，かつそれが平面上を移動するという前提のもとでは，オドメトリに関する理論は一応の成熟をみた感がある．本章では，この移動体のオドメトリに関連する理論を紹介する．

　以下，本章では特に断らないかぎり，移動体は平らな水平面を移動すると仮定する．

---

† 「測位」という言葉は，ランドマークや天体などの外的対象物がその移動体から現在どのように見えるかという関係から，その移動体の位置を割り出すことが意識されている．一方，「自己位置推定」という言葉は「測位」の意味に加えて，オドメトリに代表される，移動体の内界センサを利用した自己位置推定の概念も包含して用いられるようである．

7.2 移動体のオドメトリ

7.2.1 移動体の並進速度と回転角速度—移動体の運動学

後述するように，オドメトリはその移動体の並進速度 v と回転角速度 ω の時間に関する積分で表示される．したがって，この v と ω を推定する手立てをまず考えなければならない．もちろん，これらが直接的に計測できるとしてオドメトリの理論を展開し始めてもよいが，少し実際に即したモデルを見ておくことにしよう．この v，ω の推定の手立ては，その移動体の舵取りの方法と具体的に測定可能な物理量に依存する．一般に移動体の舵取りの代表的な例は，自動車のような舵取り輪を用いる方法，および独立二輪駆動による方法である．

〔1〕 **舵取り車輪のある移動体の運動**　まず，自動車型の舵取りの場合のモデル（**図7.1**）を考えよう．図の左に示すように，アッカーマンリンク機構によって，後輪の車軸と左右前輪の車軸の交点が一点Pに交わるような構造になっている．車輪のモデルをナイフエッジとして，その転がりはつねに車輪を接線とする軌跡になると仮定すると，前輪の操舵角度を一定に保てばこのPを中心とする円弧をこの自動車は描く．

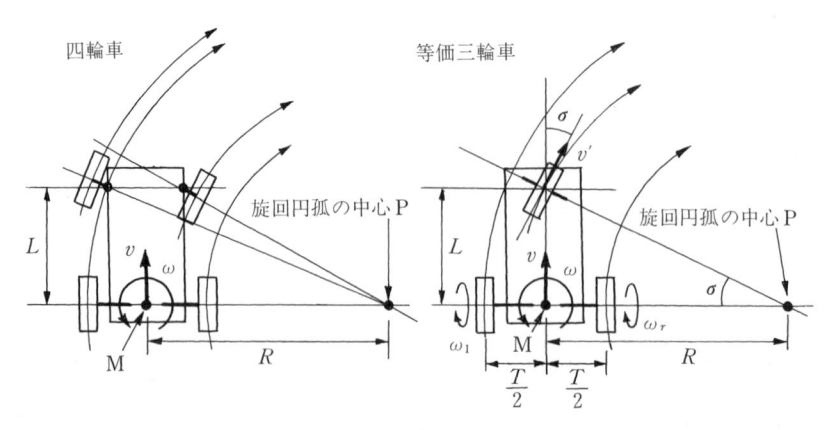

図7.1 舵取り車輪のある移動体

7.2 移動体のオドメトリ

いま，後輪軸の中央 M をこの移動体の位置姿勢・速度の代表点であるとし，この点の並進速度と回転角速度を v と ω とする．また線分 $\overline{\text{MP}}$ の長さを旋回半径 R とし，その逆数 $\kappa = 1/R$ を旋回の曲率と呼ぼう．いま，この自動車が旋回しているとする．図の右に示すような等価な三輪車を考え，自動車の旋回半径と同じ R を与える前輪の角度 σ をその旋回半径を与える操舵角とする[†]．図中のホイールベース L を用いると，容易に

$$R = \frac{L}{\tan \sigma} \quad \text{または} \quad \kappa = \frac{\tan \sigma}{L} \tag{7.1}$$

$$v = R\omega = \frac{L}{\tan \sigma}\omega \tag{7.2}$$

$$\omega = \kappa v = \frac{\tan \sigma}{L} v \tag{7.3}$$

なる関係があることがわかる．

以上の関係式を踏まえると

1. その自動車が **FR（後輪軸推進）** の場合であれば，エンジンによって駆動されるプロペラシャフトが差動減速機を介して左右の後輪に動力を伝達し，プロペラシャフトの回転数に v が比例する．したがって，プロペラシャフトの回転数をパルスエンコーダなどにより計測して v を求め，かつ現在の操舵角 σ を用いれば式(7.3)により ω が求まる．

2. また，**図 7.1** 右の等価三輪車の前輪の回転数に相当するものがわかれば，その回転数に比例した前輪軸における並進速度 v' を求めることができる．このときは，この v' と操舵角 σ により

$$v = v' \cos \sigma, \quad \omega = v' \frac{\sin \sigma}{L} \tag{7.4}$$

なる関係があることが容易にわかる．

3. さらに，左右後輪の回転角速度 ω_l, ω_r を計測することができれば，つぎに述べる独立二輪駆動型の場合に帰着される．

[†] ただし，上から地表を見たとき，この自動車が反時計方向に旋回するときの操舵角を正にとる．**図 7.1** は負の操舵角をとる例になる．

〔2〕 **独立二輪駆動型移動体の運動**　つぎに**独立二輪駆動（PWS†）**型の場合を考えよう．この PWS 方式をとる移動体は回転角速度が左右独立に制御できる動輪をもち，この回転角速度の差によって操舵を行う††．いま，左右動輪の回転角速度を ω_l, ω_r とする．また，この移動体の代表点 M を左右の車軸の中央に置き，この点の並進速度および回転角速度を v, ω とする．また，左右動輪の半径を $R_{\omega l}$, $R_{\omega r}$ とし，動輪の間隔（**トレッド**）を T とすると，この移動体の並進速度 v と回転角速度 ω は次式で求められる（**図 7.2**）．

$$\begin{bmatrix} v \\ \omega \end{bmatrix} = \begin{bmatrix} \dfrac{R_{\omega r}}{2} & \dfrac{R_{\omega l}}{2} \\ \dfrac{R_{\omega r}}{T} & -\dfrac{R_{\omega l}}{T} \end{bmatrix} \begin{bmatrix} \omega_r \\ \omega_l \end{bmatrix} \tag{7.5}$$

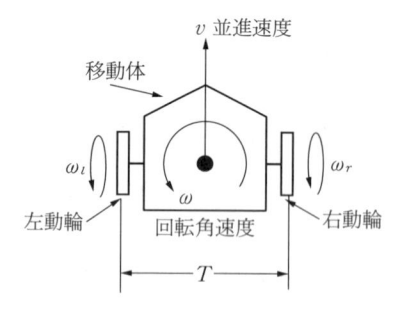

図 7.2　独立二輪駆動（PWS）型移動体

7.2.2　オドメトリによる自己位置の推定値

前項で求めた移動体の並進速度成分 v と回転角速度成分 ω を用い，これらの時間積分として移動体のオドメトリによる自己位置の推定式を与えよう．

その移動体の位置の代表点 M を，前項と同様に，自動車型の舵取りの場合には後輪の車軸の中点に置き，PWS 型の移動体の場合には動輪の軸上の中点に置く．この点を通り車軸に直交する移動体上に固定された軸 ξ を，その移動体の前部の方向にとる．この軸の方向は，この移動体の進行方向，すなわち M の描く軌跡の接線の方向と一致する．移動体の時刻 t における位置および

---

† Powered Wheel Steering
†† 左右動輪の車軸は同一直線上にあると仮定する．

姿勢は，地上に固定された XY 座標軸に関する M の位置座標 $(x(t),\ y(t))$ と，この X 軸と ξ 軸のなす角 $\theta(t)$ で表す．これらは

$$\theta(t) = \theta(t_0) + \int_{t_0}^{t} \omega(\tau) d\tau \tag{7.6}$$

$$x(t) = x(t_0) + \int_{t_0}^{t} v(\tau) \cos \theta(\tau) d\tau \tag{7.7}$$

$$y(t) = y(t_0) + \int_{t_0}^{t} v(\tau) \sin \theta(\tau) d\tau \tag{7.8}$$

と書ける．$x(t_0),\ y(t_0),\ \theta(t_0)$ は初期位置である．$v(t),\ \omega(t)$ は前項で述べたように操舵角や車輪の回転角速度などの観測により求められる．式(7.6)〜(7.8)が連続時間系におけるオドメトリによる移動体の位置の式である．

実際の車輪の回転角速度の観測は，車軸あるいはモータ軸に取り付けられたエンコーダによって離散時間間隔でなされる．走行制御系もディジタル制御が主流であることを考慮すれば，式(7.6)〜(7.8)を離散時間系で書くほうが扱いやすい．

いま，サンプリング時間間隔を Δt として[†]，サンプル時刻 $k\Delta t$ [††]におけるこの移動体の位置と姿勢を $\boldsymbol{x}_k \triangleq [x_k\ y_k\ \theta_k]^T$ とおこう．また，サンプル時刻 k における移動体の並進速度成分および回転角速度成分を $v_k,\ \omega_k$ とする．時刻 $k+1$ における位置・姿勢は，サンプル時刻 k での位置姿勢と並進速度 v_k，回転角速度 ω_k を用いることにより

$$\boldsymbol{x}_{k+1} = \boldsymbol{x}_k + \Delta t \begin{bmatrix} v_k \cos \theta_k \\ v_k \sin \theta_k \\ \omega_k \end{bmatrix} \triangleq \boldsymbol{g}(\boldsymbol{x}_k,\ \boldsymbol{u}_k) \tag{7.9}$$

と漸化的に書ける．ただし，$\boldsymbol{u}_k \triangleq [v_k\ \omega_k]^T$ とした．サンプリング時間の間の移動体の速度変化が微小であるとすれば，$\boldsymbol{u}_k$ はサンプリング時間の間の移動体の速度ベクトルとみなせる．サンプル時刻 0 における初期位置 $\boldsymbol{x}_0$ と毎サンプル時刻の $\boldsymbol{u}_k$ がわかれば，時刻 k における移動体の位置 $\boldsymbol{x}_k$ は

[†] Δt は，一般的な車輪型移動ロボットでは数 ms のオーダである．
[††] 以後，サンプル時刻をいうときに Δt を省略して単に「サンプル時刻 k」という．

$$\boldsymbol{x}_k = \boldsymbol{x}_0 + \sum_{i=0}^{k-1} \Delta t \begin{bmatrix} v_i \cos \theta_i \\ v_i \sin \theta_i \\ \omega_i \end{bmatrix} \tag{7.10}$$

と表せる．これは式(7.6)の積分をサンプル時間ごとの短冊型近似により求めたものと等価である．

いま，実際に観測された移動体の速度ベクトルを $\boldsymbol{u}'_k$ とおく．移動体が初期位置 $\tilde{\boldsymbol{x}}_0$ から移動を開始し，1サンプル時間が経過したとする．既知の初期位置 $\tilde{\boldsymbol{x}}_0$ とこのときに観測された $\boldsymbol{u}'_0$ を，それぞれ式(7.9)の $\boldsymbol{x}_k$ と $\boldsymbol{u}_k$ に代入し，同経過後の位置 $\tilde{\boldsymbol{x}}_1 = [\tilde{x}_1 \ \tilde{y}_1 \ \tilde{\theta}_1]^T$ を

$$\tilde{\boldsymbol{x}}_1 = \boldsymbol{g}(\tilde{\boldsymbol{x}}_0, \ \boldsymbol{u}'_0) \tag{7.11}$$

とするのが妥当と考えられる．同様に時刻 k の推定位置 $\tilde{\boldsymbol{x}}_k = [\tilde{x}_k \ \tilde{y}_k \ \tilde{\theta}_k]^T$ も

$$\tilde{\boldsymbol{x}}_k = \boldsymbol{g}(\tilde{\boldsymbol{x}}_{k-1}, \ \boldsymbol{u}'_{k-1}) \tag{7.12}$$

とするのがよいであろう．この式(7.12)が一般に用いられる離散化されたオドメトリを与える式である．

7.2.3 自己位置の推定誤差

毎サンプル時刻ごとに観測される移動体の速度ベクトル $\boldsymbol{u}'_k \triangleq [u'_k \ \omega'_k]^T$ には誤差が含まれる．また，式(7.6)〜(7.8)を離散化して短冊型の近似を行ったための誤差，あるいは計算機による計算上の丸め誤差などが式(7.9)には含まれている．これらを考慮することで，次項に述べるように自己位置の推定値に対する誤差の分散が評価できる．

サンプル時刻 k における移動体の速度ベクトルの真の値を改めて $\boldsymbol{u}_k$ とおく．$\boldsymbol{u}_k$ を観測するためのパルスエンコーダの量子化誤差や車輪のスリップなどによる誤差などが加法的に入ると仮定すれば，この誤差を $\Delta \boldsymbol{u}_k$ とおくと

$$\boldsymbol{u}_k = \boldsymbol{u}'_k + \Delta \boldsymbol{u}_k \tag{7.13}$$

と書ける．ここで，$\boldsymbol{u}'_k$ は観測によって得られる確定値であり，一方，誤差

$\Delta \boldsymbol{u}_k$ は確率変数とみなす。よって，移動体の速度ベクトルの真値 $\boldsymbol{u}_k$ も確率変数である。

また，式(7.6)〜(7.8)を式(7.9)と近似したことによる誤差を $\Delta \boldsymbol{p}_k$ とおき，改めて移動体の真の位置を $\boldsymbol{x}_k$ とおけば

$$\boldsymbol{x}_{k+1} = \boldsymbol{g}(\boldsymbol{x}_k, \ \boldsymbol{u}_k) + \Delta \boldsymbol{p}_k \tag{7.14}$$

と書ける。誤差 $\Delta \boldsymbol{p}_k$ を確率変数とみなし，$\boldsymbol{u}_k$ も確率変数とみなすので，$\boldsymbol{x}_k$ も確率変数である。一方，この $\boldsymbol{x}_k$ が，移動体の位置の「仮の推定値」$\tilde{\boldsymbol{x}}_k$（これは確率変数ではない確定値）と確率変数 $\Delta \boldsymbol{x}_k$ の和で表せるものとしよう†。$\Delta \boldsymbol{x}_k$ の意味からただちに

$$\boldsymbol{x}_k \triangleq \tilde{\boldsymbol{x}}_k + \Delta \boldsymbol{x}_k \tag{7.15}$$

と書ける。式(7.14)に，式(7.13)と式(7.15)を代入すれば，結局時刻 $k+1$ における移動体の位置の真の値 $\boldsymbol{x}_{k+1}$ は

$$\boldsymbol{x}_{k+1} = \boldsymbol{g}(\tilde{\boldsymbol{x}}_k + \Delta \boldsymbol{x}_k, \ \boldsymbol{u}'_k + \Delta \boldsymbol{u}_k) + \Delta \boldsymbol{p}_k \tag{7.16}$$

と記述できる。いま，式(7.16)を $(\tilde{\boldsymbol{x}}_k, \ \boldsymbol{u}'_k)$ のまわりで線形化すると

$$\boldsymbol{x}_{k+1} \cong \boldsymbol{g}(\tilde{\boldsymbol{x}}_k, \ \boldsymbol{u}'_k) + \boldsymbol{J}_{x,k} \Delta \boldsymbol{x}_k + \boldsymbol{J}_{u,k} \Delta \boldsymbol{u}_k + \Delta \boldsymbol{p}_k \tag{7.17}$$

と書ける。ただし，$\boldsymbol{J}_{x,k}$ と $\boldsymbol{J}_{u,k}$ はおのおの $\boldsymbol{x}$ と $\boldsymbol{u}$ に関する $\boldsymbol{g}$ のヤコビ行列

$$\boldsymbol{J}_{x,k} \triangleq \left. \frac{\partial \boldsymbol{g}(\boldsymbol{x}, \ \boldsymbol{u})}{\partial \boldsymbol{x}} \right|_{x=\tilde{x}_k, \ u=u'_k} = \begin{bmatrix} 1 & 0 & -v' \Delta t \sin \tilde{\theta}_k \\ 0 & 1 & v' \Delta t \cos \tilde{\theta}_k \\ 0 & 0 & 1 \end{bmatrix} \tag{7.18}$$

$$\boldsymbol{J}_{u,k} \triangleq \left. \frac{\partial \boldsymbol{g}(\boldsymbol{x}, \ \boldsymbol{u})}{\partial \boldsymbol{u}} \right|_{x=\tilde{x}_k, \ u=u'_k} = \begin{bmatrix} \Delta t \cos \tilde{\theta}_k & 0 \\ \Delta t \sin \tilde{\theta}_k & 0 \\ 0 & \Delta t \end{bmatrix} \tag{7.19}$$

である。したがって，その移動体の自己位置の推定誤差 $\Delta \boldsymbol{x}_{k+1}$ は，つぎのような漸化式で記述できる。

---

† 「仮の」という書き方は奇異に感じるかもしれない。要は，$\Delta \boldsymbol{x}_k$ の統計的な性質を与えた後に「仮ではない」推定値を求めるために，両者を区別したいのでこのような呼び方をした。実際，$\Delta \boldsymbol{x}_k$ の平均値がゼロであれば，この「仮の推定値」が不偏推定量となり，移動体の自己位置の推定値そのものとしてよいことを後で示す。

$$\Delta x_{k+1} = x_{k+1} - \tilde{x}_{k+1} = x_{k+1} - g(\tilde{x}_k, \; u'_k)$$
$$= J_{x,k}\Delta x_k + J_{u,k}\Delta u_k + \Delta p_k \triangleq A_k \Delta x_k + \Delta w_k \qquad (7.20)$$

ここに

$$A_k \triangleq J_{x,k} \quad \text{および} \quad \Delta w_k \triangleq J_{u,k}\Delta u_k + \Delta p_k \qquad (7.21)$$

と定義した。

7.2.4　自己位置の推定誤差の平均と分散

前項で述べた誤差 Δu_k, Δp_k, Δx_k はある確率分布をもつ確率変数として扱かった。以後の解析では，この誤差をガウス性の白色雑音とみなし，その誤差分布がガウス分布に従うものとして取り扱う。例えば，$u_k = [v_k \; \omega_k]^T$ の観測がパルスエンコーダにより行われ，誤差 Δu_k （式(7.13)）はその量子化誤差のみからなるものとみなせば，この誤差分布はすべての k について平均がゼロで誤差分散行列が U_k であるガウス分布 $N(0, \; U_k)$ に従うものとみなすことができる。Δu_k の成分 $\Delta v'_k$, $\Delta \omega'_k$ の間に相関がないと考えれば，U_k はそれぞれの誤差分散を対角要素にもつ対角行列である。また，誤差 Δp_k （式(7.14)）も同様にしてすべての k についてその誤差分散行列が P_k, 平均がゼロのガウス分布 $N(0, \; P_k)$ に従うものみなす†。

するとまず，式(7.21)から Δw_k の平均 $E[\Delta w_k]$ はつぎのように計算できる。

$$E[\Delta w_k] = J_{u,k}E[\Delta u_k] + E[\Delta p_k] = 0 + 0 \qquad (7.22)$$

すなわち，Δu_k と Δp_k の平均がゼロであることを仮定することにより，Δw_k の平均もゼロとなる。また Δw_k の分散行列 W_k は

$$W_k \triangleq E[\Delta w_k \Delta w_k^T] = J_{u,k}E[\Delta u_k \Delta u_k^T]J_{u,k}^T + E[\Delta p_k \Delta p_k^T]$$
$$= J_{u,k}U_k J_{u,k}^T + P_k \qquad (7.23)$$

---

† 実際にこれらの誤差 Δu_k, Δp_k の誤差要因をすべて正確にモデル化することは難しい。また，これら誤差の平均が必ずしもゼロになるとはかぎらないし，これらの誤差がガウス性の白色雑音とみなせるとはかぎらない。しかし，これらの誤差の分布の平均がゼロでなく，ガウス性白色雑音でもないとして取り扱うと[18]，自己位置の推定値やその誤差分散の計算の実用的な計算実装は難しくなり，工夫を要する。

のように求まる。なお，$U_k \triangleq E[\varDelta u_k \varDelta u_k{}^T]$, $P_k \triangleq E[\varDelta p_k \varDelta p_k{}^T]$ とした。$E[\cdot]$ は平均をとる演算を表す。また，$\varDelta u_k$ と $\varDelta p_k$ の間の相関はないものとして $E[\varDelta u_k \varDelta p_k{}^T] = E[\varDelta p_k \varDelta u_k{}^T] = \mathbf{0}$ とした。ガウス分布をもつ確率変数の和はまたガウス分布をもつ確率変数になるので，式(7.21)から $\varDelta w_k$ はガウス分布に従う。式(7.23)はその分散を表す。また W_k は正定値行列となることに注意しておく。

さて，移動体の自己位置の推定値 $\hat{x}_k$ は，その真の位置 x_k の平均（期待値）として定義するのが妥当である。その計算は，つぎのように実行できる。まず式(7.15)から

$$\hat{x}_k = E[x_k] = E[\tilde{x}_k + \varDelta x_k] = \tilde{x}_k + E[\varDelta x_k] \tag{7.24}$$

となる。さらに式(7.22)より $\varDelta w_k$ の平均がゼロであることと式(7.20)より，$E[\varDelta x_k]$ は

$$\begin{aligned} E[\varDelta x_k] &= A_{k-1} E[\varDelta x_{k-1}] + E[\varDelta w_{k-1}] \\ &= A_{k-1} E[\varDelta x_{k-1}] + \mathbf{0} \end{aligned} \tag{7.25}$$

となる。したがって

$$E[\varDelta x_k] = \prod_{i=0}^{k-1} A_i E[\varDelta x_0] \tag{7.26}$$

である。ゆえに初期位置の計測における誤差の平均値 $E[\varDelta x_0]$ がゼロであると仮定すれば，結局 $E[\varDelta x_k]$ はすべての k についてゼロとなり，式(7.24)より $\hat{x}_k = \tilde{x}_k$ となることが示された。すなわち，自己位置の推定値を確率変数 x_k の平均値として求めると，それは式(7.12)で求められる値そのものでよいことを意味する。これはあくまで，$\varDelta u_k$ と $\varDelta p_k$ の平均がゼロであることを仮定したことからの帰結である。

また，$\varDelta x_k$ の分散行列 X_k は，式(7.20)を用いると

$$\begin{aligned} X_k &\triangleq E[\varDelta x_k \varDelta x_k{}^T] \\ &= A_{k-1} E[\varDelta x_{k-1} \varDelta x_{k-1}{}^T] A_{k-1}{}^T + E[\varDelta w_{k-1} \varDelta w_{k-1}{}^T] \\ &= A_{k-1} X_{k-1} A_{k-1}{}^T + W_{k-1} \end{aligned} \tag{7.27}$$

と漸化的に書けることがわかる。すなわち，初期位置の誤差分散 X_0 を与えて

おけば，サンプリング時刻ごとに式(7.27)を用いて Δx_k の誤差分散を更新していけばよい。

誤差分散 U_k および P_k は，実際の実装上では定数行列 U，P とする場合が多く，各状態変数に相関がないものとして U，P を対角行列とおくことが多い。おのおのの対角要素は，実験によって妥当な値を求めているのが現状である。自己位置の推定値の分散の初期値 X_0 についても同様である。

なお，例えば Δx_k の平均 $E[\Delta x_k]$ の意味であるが，これは，同じ環境，同じ初期位置から N 回同じように移動体を走行させる試行を行ったとして，そのサンプル時刻 k における実際のロボットの位置 x_k とオドメトリの式(7.12)により求まる $\tilde{x}_k$ との差 Δx_k の N 回分の平均をとることに相当する。Δx_k の分散も同様である。

7.2.5 誤差楕円

ところで Δx_k の分散 X_k の大きさを可視化するにはどうしたらよいであろうか。これには，分散行列の逆行列 X_k^{-1} の重み付きの Δx_k の2次形式を考えればよい。すなわち，いまあるスカラ定数を D とすると，X_k が正定値となるので

$$\Delta x_k^T X_k^{-1} \Delta x_k = (x_k - \tilde{x}_k)^T X_k^{-1} (x_k - \tilde{x}_k) = D \tag{7.28}$$

を満足する軌跡は，$\tilde{x}_k = [\tilde{x}_k \ \tilde{y}_k \ \tilde{\theta}_k]^T$ を中心とする楕円体となる(図 **7.3**)[†]。また特に，この楕円体を x-y 平面の2次元で考える場合を**誤差楕円**と呼ぶ。すなわち

$$(x - \tilde{x}_k, \ y - \tilde{y}_k) X_k'^{-1} (x - \tilde{x}_k, \ y - \tilde{y}_k)^T = D$$

なる (x, y) に関する軌跡である。ただし，X_k' は X_k の第1，2行と第1，2列の要素のみを取り出した行列である。

前節で述べたような誤差要因に関する仮定，すなわち $\Delta u_k'$ と Δp_k が平均がゼロのガウス分布に従うとすると，Δx_k の分布が分散 X_k のガウス分布 $N(0, X_k)$ に従うことになり，この楕円体の式(7.28)で表される軌跡上の点は，ロ

---

† D は一般にマハラノビスの距離と呼ばれる。

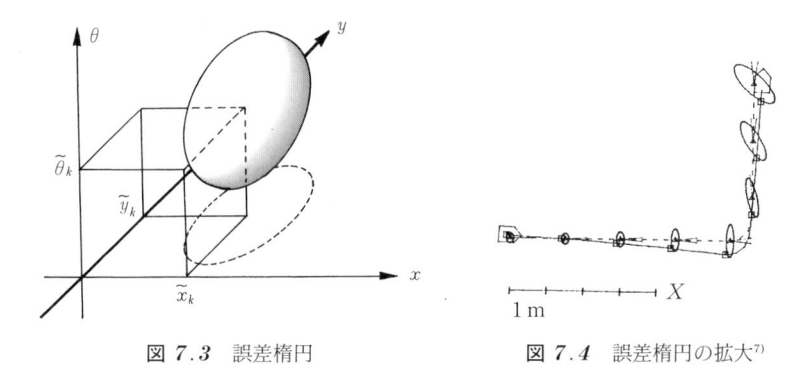

図 7.3 誤差楕円   **図 7.4** 誤差楕円の拡大[7]

ボットの真の位置がその楕円上に到達する確率（D によって定まる）が等しい軌跡になる．ある D を与えてこの楕円体あるいは誤差楕円を描いたとき，「移動体はこの楕円体の中のどこかにつねに存在する」と考えるのは誤りであることに注意したい．

なお，W_k は正定値であることから，サンプリング時ごとに $\Delta \boldsymbol{x}_k$ の分散が増大することを式(7.27)は示しており，誤差が累積する様子を記述している．実際に誤差楕円を描いて，式(7.27)によって示される移動体の走行に伴う誤差楕円が拡大する様子の一例を図 7.4 に示そう．

7.3 ランドマークを用いる測位

前節で見たように，オドメトリには累積誤差が存在し，その移動体の走行距離が長くなるほど，その累積誤差が無視できなくなる．そのため，オドメトリとは独立に移動体の自己位置を知り，その累積誤差を時々較正する方法があるとよい．オドメトリとは独立に移動体の自己位置を観測する方法として実用的なのは，地上に固定された座標系に関して位置のわかっているランドマークを用い，移動体の上に設置されたセンサでそのランドマークを検出することである．ランドマークがセンサによって検出されたとき，さらに移動体から相対的なランドマークの位置に関係する物理量を求められるようにセンサを工夫して

おくのである．このとき，センサから出力されるランドマークの位置に関する物理量は，必ずしもその座標系における位置変数 (x, y, θ) とはかぎらない．

7.3.1 ランドマーク情報と移動体の自己位置に関する表現の一般化[9]

いま，そのランドマークと移動体との間に n 個の物理量で表現される関係があるものとしよう．この n 個の物理量を $n \times 1$ ベクトル s とする．s の要素には，そのランドマークを観測した外界センサの測定値や，ランドマークに関する位置情報などが含まれる．その観測が得られたときの移動体の真の現在位置を $\boldsymbol{x} = [x \ y \ \theta]^T$ とし，この観測のときに得られる $\boldsymbol{s}$ と $\boldsymbol{x}$ に関するベクトル陰関数 $\boldsymbol{h}(\boldsymbol{x}, \boldsymbol{s})$ として記述しておく．すなわち

$$\boldsymbol{h}(\boldsymbol{x}, \boldsymbol{s}) = \boldsymbol{o}_{m \times 1} \tag{7.29}$$

ただし，ベクトル陰関数 $\boldsymbol{h}(\boldsymbol{x}, \boldsymbol{s})$ の各要素は，m 個のスカラ陰関数 $h_i(\boldsymbol{x}, \boldsymbol{s}) = 0 \ (i = 1, \cdots, m)$ からなるものとする．

$\boldsymbol{s}$ の測定値を $\hat{\boldsymbol{s}}$ とし，その真値 $\boldsymbol{s}$ からの誤差ベクトルを $\Delta \boldsymbol{s}$ とすれば

$$\boldsymbol{s} = \hat{\boldsymbol{s}} + \Delta \boldsymbol{s} \tag{7.30}$$

と書ける．ただし以下では，$\Delta \boldsymbol{s}$ は，平均 $E[\Delta \boldsymbol{s}] = \boldsymbol{0}$，分散 $E[\Delta \boldsymbol{s} \Delta \boldsymbol{s}^T] = \boldsymbol{Q}_s$ ($n \times n$) の正規分布（あるいはガウス性白色雑音）に従う確率変数として扱う．式(7.29)は一般には非線形なのでこれを線形化しておく．いま，時刻 k でのその移動体の推定位置 $\tilde{\boldsymbol{x}}_k$（例えばオドメトリによる推定位置）が，そのときの真の位置 $\boldsymbol{x}_k$ に十分近いとして，つぎのように $\boldsymbol{h}(\boldsymbol{x}, \boldsymbol{s})$ を展開する．

$$\boldsymbol{h}(\tilde{\boldsymbol{x}}_k, \hat{\boldsymbol{s}}) + \boldsymbol{J}'_x(\boldsymbol{x}_k - \tilde{\boldsymbol{x}}_k) + \boldsymbol{J}'_s \Delta \boldsymbol{s} = \boldsymbol{o}_{m \times 1} \tag{7.31}$$

ただし

$$\boldsymbol{J}'_x \triangleq \left. \frac{\partial \boldsymbol{h}(\boldsymbol{x}, \boldsymbol{s})}{\partial \boldsymbol{x}} \right|_{\boldsymbol{x} = \tilde{\boldsymbol{x}}_k, \ \boldsymbol{s} = \hat{\boldsymbol{s}}} = [\boldsymbol{j}'_{x1}{}^T \ \boldsymbol{j}'_{x2}{}^T \ \cdots \ \boldsymbol{j}'_{xm}{}^T]^T \quad (m \times 3) \ \text{行列} \tag{7.32}$$

$$\boldsymbol{J}'_s \triangleq \left. \frac{\partial \boldsymbol{h}(\boldsymbol{x}, \boldsymbol{s})}{\partial \boldsymbol{s}} \right|_{\boldsymbol{x} = \tilde{\boldsymbol{x}}_k, \ \boldsymbol{s} = \hat{\boldsymbol{s}}} = [\boldsymbol{j}'_{s1}{}^T \ \boldsymbol{j}'_{s2}{}^T \ \cdots \ \boldsymbol{j}'_{sm}{}^T]^T \quad (m \times n) \ \text{行列} \tag{7.33}$$

である。ここで，$\boldsymbol{j}'_{xi}$, $\boldsymbol{j}'_{si}(i=1, \cdots, m)$ は $\boldsymbol{J}'_x$, $\boldsymbol{J}'_s$ の第 i 行目の要素からなる横ベクトルであり，$\boldsymbol{j}'_{xi}$ は (1×3) ベクトル，$\boldsymbol{j}'_{si}$ は $(1\times n)$ ベクトルである。

いま，$\boldsymbol{J}'_x$ の各行 $\boldsymbol{j}'_{xi}(i=1, \cdots, m)$ を規格化した形に式(7.31)を変形する。すなわち，式(7.32)の左から，対角行列 $\boldsymbol{A} \triangleq \mathrm{diag}(|\boldsymbol{j}'_{x1}|^{-1}|\boldsymbol{j}'_{x2}|^{-1}\cdots|\boldsymbol{j}'_{xm}|^{-1})$ を掛けたうえで変形して次式を得る。

$$\boldsymbol{A}\boldsymbol{J}'_x(\boldsymbol{x}_k - \tilde{\boldsymbol{x}}_k) = -\boldsymbol{A}\boldsymbol{h}(\tilde{\boldsymbol{x}}_k, \hat{\boldsymbol{s}}) - \boldsymbol{A}\boldsymbol{J}'_s \varDelta \boldsymbol{s} \qquad (7.34)$$

ここで改めて

$$\boldsymbol{J}_x \triangleq \boldsymbol{A}\boldsymbol{J}'_x \triangleq [\boldsymbol{j}_{x1}{}^T \ \boldsymbol{j}_{x2}{}^T \ \cdots \ \boldsymbol{j}_{xm}{}^T]^T \qquad (7.35)$$

$$\boldsymbol{J}_s \triangleq \boldsymbol{A}\boldsymbol{J}'_s \triangleq [\boldsymbol{j}_{s1}{}^T \ \boldsymbol{j}_{s2}{}^T \ \cdots \ \boldsymbol{j}_{sm}{}^T]^T \qquad (7.36)$$

$$\boldsymbol{w}_s \triangleq \boldsymbol{A}\boldsymbol{h}(\tilde{\boldsymbol{x}}_k, \hat{\boldsymbol{s}}) \triangleq [w_{s1} \ w_{s2} \ \cdots \ w_{sm}]^T \qquad (7.37)$$

とおき ($\boldsymbol{j}'_{x1}/|\boldsymbol{j}'_{x1}| \triangleq \boldsymbol{j}_{x1}$ などとした)，式(7.34)より次式

$$\boldsymbol{J}_x(\boldsymbol{x}_k - \tilde{\boldsymbol{x}}_k) = -\boldsymbol{w}_s - \boldsymbol{J}_s \varDelta \boldsymbol{s} \qquad (7.38)$$

を得る。さて，式(7.38)の第 i 行を取り出すと，つぎの式となる。

$$\boldsymbol{j}_{xi}(\boldsymbol{x}_k - \tilde{\boldsymbol{x}}_k) = -w_{si} - \boldsymbol{j}_{si}\varDelta \boldsymbol{s} \qquad (7.39)$$

この式の値はスカラ値で，x-y-θ 空間の中で移動体の真の位置 $\boldsymbol{x}_k = [x_k \ y_k \ \theta_k]^T$ が満足すべき条件を与える平面を示している。いま，その真の位置の平均（あるいは期待値）を $E[\boldsymbol{x}_k] \triangleq \hat{\boldsymbol{x}}_k$ とおけば，$E[\varDelta \boldsymbol{s}] = \boldsymbol{0}$ なる仮定に注意して式(7.39)の平均をとることにより

$$\boldsymbol{j}_{xi}(\hat{\boldsymbol{x}}_k - \tilde{\boldsymbol{x}}_k) = -w_{si} \qquad (7.40)$$

となることは明らかである。すなわち，真の位置の期待値 $\hat{\boldsymbol{x}}_k$ と移動体の真の位置の近傍にある推定位置（ある誤差を含む）$\tilde{\boldsymbol{x}}_k$ との差とベクトル $\boldsymbol{j}_{xi}$ の内積が，測定できる物理量 w_{si} に負号を付けたものに等しい。ランドマークの測定から由来する w_{si} と，自己位置の推定値 $\tilde{\boldsymbol{x}}_k$ が（定数として）与えられたとき，その移動体の期待される位置 $\hat{\boldsymbol{x}}_k = [\hat{x}_k \ \hat{y}_k \ \hat{\theta}_k]^T$ を変数として見ると $\hat{\boldsymbol{x}}_k$ は式(7.40)に束縛される，ということを示している†。さらに，この場合の

---

† いま，移動体の位置・姿勢として $\hat{\boldsymbol{x}}_k$ は変数を三つもつから，式(7.40)を方程式として解こうとしてもこれ単独では解けない。ベクトル方程式(7.39)の行数が $m=3$ のとき，$\boldsymbol{J}_x$ が正則ならば解くことはできる。しかしいつも $m=3$ であるとはかぎらない。7.3.5項，および 7.4 節の議論を参照してほしい。

移動体の位置の誤差 $x_k - \hat{x}_k$ の分散を j_{xi} 方向で評価すれば

$$\sigma_s \triangleq j_{xi} E[(x_k - \hat{x}_k)(x_k - \hat{x}_k)^T] j_{xi}^T = j_{si} Q_s j_{si}^T \tag{7.41}$$

となることは容易にわかる。すなわち，w_{si} の分散によって，移動体の期待される位置が満足すべき平面（式(7.40)）に平行な平面が，平面（式(7.40)）を中心としてその平面の単位法線ベクトル j_{xi} の方向に，この分散 σ_s による標準偏差 $\sqrt{\sigma_s}$ で分布することを示している（図 7.5）。上に述べた平面が，ベクトル方程式(7.39)の行数 m の数だけ x-y-θ 空間に存在する。

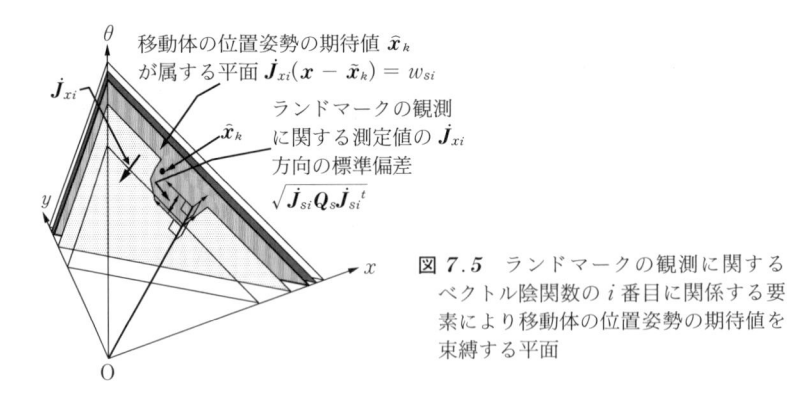

図 7.5 ランドマークの観測に関するベクトル陰関数の i 番目に関係する要素により移動体の位置姿勢の期待値を束縛する平面

つぎに $h(x, s)$，J_x，J_s，w_s の具体例を示そう。

7.3.2 線ランドマーク

移動体に超音波距離センサを搭載すると，その移動体と平らな壁面までの最短距離がよく求まる。この場合のランドマークは平らな壁面である。この壁面は地上（床面）に垂直に立っているものとすれば，地上に固定されたある直交座標系上では，この壁面の地上への射影として，このランドマークを線分で記述できる。小森谷らは，このようなランドマークを**線ランドマーク**と呼んだ[6]。いま，この線分が地上に固定されたある直交座標系上で，直線

$$-x \sin \alpha + y \cos \alpha + c = 0 \tag{7.42}$$

上にあり，移動体が位置 $x = [x\ y\ \theta]^T$ にいるものとしよう（図 7.6）。ただし，α は直交座標系の x 軸とこの直線のなす角である。超音波あるいはレー

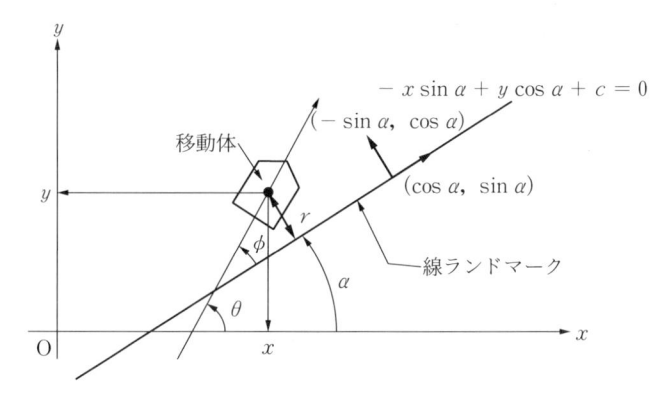

図 7.6 線ランドマーク

ザ距離センサによって，移動体と壁面までの距離 r がわかるものとする．もし移動体の位置やセンサによる測定値，直線（式(7.42)）の係数に含まれる α に誤差がなければ，ヘッセの公式より

$$|-x \sin \alpha + y \cos \alpha + c| - r = 0 \tag{7.43}$$

が成り立つ．$s \triangleq [\alpha \ c \ r]^T$ とおくことができる．仮に $-x \sin \alpha + y \cos \alpha + c \geq 0$ である領域に移動体が存在するものとすると，この場合は $m=1$ であり

$$h(\boldsymbol{x},\ \boldsymbol{s}) = -x \sin \alpha + y \cos \alpha + c - r = 0 \tag{7.44}$$

となる．移動体の自己位置の推定値を $\tilde{\boldsymbol{x}} = [\tilde{x} \ \tilde{y} \ \tilde{\theta}]^T$，$s$ の測定値を $\hat{\boldsymbol{s}} = [\hat{\alpha} \ \hat{c} \ \hat{r}]^T$ とすれば

$$\boldsymbol{J}_x = [-\sin \hat{\alpha} \quad \cos \hat{\alpha} \quad 0] \tag{7.45}$$

$$\boldsymbol{J}_s = [-\tilde{x} \cos \hat{\alpha} - \tilde{y} \sin \hat{\alpha} \quad 1 \quad -1] \tag{7.46}$$

$$w_s = h(\tilde{\boldsymbol{x}},\ \hat{\boldsymbol{s}}) = -\tilde{x} \sin \hat{\alpha} + \tilde{y} \cos \hat{\alpha} + \hat{c} - \hat{r} \tag{7.47}$$

と書ける．

また，壁面の方向 ϕ がわかるとすれば（図 7.6）

$$h(\boldsymbol{x},\ \boldsymbol{s}) = (\alpha - \theta) - \phi = 0 \tag{7.48}$$

が成り立つ．$\boldsymbol{s} = [\alpha \ \phi]^T$ とおくことができる．このとき，移動体の自己位置の推定値を $\tilde{\boldsymbol{x}} = [\tilde{x} \ \tilde{y} \ \tilde{\theta}]^T$ とし，s の測定値を $\hat{\boldsymbol{s}} = [\hat{\alpha} \ \hat{\phi}]^T$ とすれば

$$\boldsymbol{J}_x = [0\ 0\ -1] \qquad (7.49)$$

$$\boldsymbol{J}_s = [1\ -1] \qquad (7.50)$$

$$\boldsymbol{w}_s = \boldsymbol{h}(\tilde{\boldsymbol{x}},\ \hat{\boldsymbol{s}}) = (\hat{\alpha} - \tilde{\theta}) - \hat{\phi} \qquad (7.51)$$

なる形をとることは容易にわかる。

7.3.3 点ランドマーク

自転車や自動車の後部に取り付ける反射板やコーナキューブは，それを照射する光源方向に光を反射する再帰反射性がある。移動体のほうに光源をもたせておくと，その反射体から光が帰ってくることを検出することでランドマークとすることができる。また，地上にレーザや発光ダイオードによる灯台を置き，移動体に装備した受光素子がこの光を検出することで，この灯台をランドマークとすることができる。さらに，室内，廊下の柱やドアの境目は垂直に立ったエッジになっている。このエッジを TV カメラで検出することで，このエッジをランドマークとすることもできる。これらのランドマークの地上への射影は，点とみなせる場合が多い。小森谷らは，このようなランドマークを**点ランドマーク**と呼んだ[6]。

いま，この点ランドマークが地上に固定されたある直交座標系上で $\boldsymbol{x}_{lm} = [x_{lm}\ y_{lm}]^T$ にあるとする。また移動体の位置が $\boldsymbol{x} = [x\ y\ \theta]^T$ にあるとする。このとき，移動体とこの点ランドマークの間の距離 r と移動体からこのランドマークへの方位 ϕ が同時に計測できるものとしよう（**図 7.7**）。

図 7.7 点ランドマーク

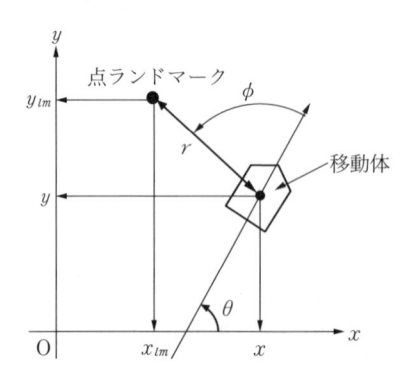

7.3 ランドマークを用いる測位

この場合は，$s = [x_{lm} \ y_{lm} \ \phi \ r]^T$ となり

$$h(x, \ s) = \begin{bmatrix} (x - x_{lm}) + r\cos(\theta + \phi) \\ (y - y_{lm}) + r\sin(\theta + \phi) \end{bmatrix} = o_{2\times 1} \tag{7.52}$$

となる。これより

$$J_x = \begin{bmatrix} \dfrac{1}{|j'_{x1}|} & 0 & \dfrac{-\hat{r}\sin(\tilde{\theta} + \hat{\phi})}{|j'_{x1}|} \\ 0 & \dfrac{1}{|j'_{x2}|} & \dfrac{\hat{r}\cos(\tilde{\theta} + \hat{\phi})}{|j'_{x2}|} \end{bmatrix} \tag{7.53}$$

ただし

$$|j'_{x1}| \triangleq \sqrt{1 + \hat{r}^2 \sin^2(\tilde{\theta} + \hat{\phi})}, \ |j'_{x2}| \triangleq \sqrt{1 + \hat{r}^2 \cos^2(\tilde{\theta} + \hat{\phi})}$$

とした。また

$$J_s = \begin{bmatrix} \dfrac{1}{|j'_{x1}|} & 0 & \dfrac{-\hat{r}\sin(\tilde{\theta} + \hat{\phi})}{|j'_{x1}|} & \dfrac{\cos(\tilde{\theta} + \hat{\phi})}{|j'_{x1}|} \\ 0 & \dfrac{1}{|j'_{x2}|} & \dfrac{-\hat{r}\cos(\tilde{\theta} + \hat{\phi})}{|j'_{x2}|} & \dfrac{\sin(\tilde{\theta} + \hat{\phi})}{|j'_{x2}|} \end{bmatrix} \tag{7.54}$$

$$w_s = \begin{bmatrix} \dfrac{(\tilde{x} - \hat{x}_{lm}) + \hat{r}\cos(\tilde{\theta} + \hat{\phi})}{|j'_{x1}|} \\ \dfrac{(\tilde{y} - \hat{y}_{lm}) + \hat{r}\sin(\tilde{\theta} + \hat{\phi})}{|j'_{x2}|} \end{bmatrix} \tag{7.55}$$

となる（図 7.8）。

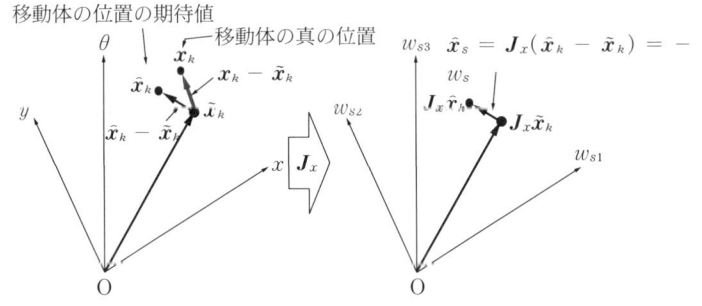

図 7.8 移動体の位置座標の空間と観測空間

160   7. 移動体の位置認識

7.3.4 ランドマークの観測による移動体の推定位置の平均と誤差分散[9]

7.3.1項で求めたランドマークの観測による移動体の位置の期待値 $\hat{\boldsymbol{x}}_k$ の誤差分散の評価を，その位置に $\boldsymbol{J}_x$ を乗じた m 次元空間で与えておこう。

$m \geqq 3$ のとき

まず，移動体の位置姿勢に $\boldsymbol{J}_x$ を乗じてつくられる m 次元ベクトル $\boldsymbol{x}_s$ をつぎのように定義する。

$$\boldsymbol{x}_s \triangleq \boldsymbol{J}_x(\boldsymbol{x}_k - \tilde{\boldsymbol{x}}_k) \tag{7.56}$$

式(7.38)，および式(7.40)から明らかなように，$\boldsymbol{x}_s$ の平均（あるいは期待値）$\hat{\boldsymbol{x}}_s$ は

$$\hat{\boldsymbol{x}}_s = \boldsymbol{J}_x(\hat{\boldsymbol{x}}_k - \tilde{\boldsymbol{x}}_k) = -\boldsymbol{w}_s \tag{7.57}$$

である。このとき，$\hat{\boldsymbol{x}}_s$ の誤差分散 $\boldsymbol{Q}'_s$ はつぎのように評価できる。移動体の真の位置を $\boldsymbol{x}_k$ として

$$\begin{aligned}\boldsymbol{Q}'_s &= E[(\boldsymbol{x}_s - \hat{\boldsymbol{x}}_s)(\boldsymbol{x}_s - \hat{\boldsymbol{x}}_s)^T] = \boldsymbol{J}_x E[(\boldsymbol{x}_k - \hat{\boldsymbol{x}}_k)(\boldsymbol{x}_k - \hat{\boldsymbol{x}}_k)^T]\boldsymbol{J}_x^T \\ &= \boldsymbol{J}_s E[\varDelta\boldsymbol{s}\varDelta\boldsymbol{s}^T]\boldsymbol{J}_s^T = \boldsymbol{J}_s \boldsymbol{Q}_s \boldsymbol{J}_s^T \end{aligned} \tag{7.58}$$

となる。しかし，前に記した点ランドマークや線ランドマークの例でわかるように，m は1や2である場合も多い。このような場合でも，つぎの7.4節での取扱いが $m=3$ の場合と同様になるような拡張を行うことができる。

$m = 2$ のとき

3次元ベクトル $\boldsymbol{x}_s$ を用意し

$$\boldsymbol{x}_s \triangleq \boldsymbol{K}_x(\boldsymbol{x}_k - \tilde{\boldsymbol{x}}_k) \tag{7.59}$$

とおく。$\boldsymbol{K}_x$ は，$m=2$ の場合の $\boldsymbol{J}_x$ にさらに独立な単位ベクトル $\bar{\boldsymbol{j}}_{x3}$ を付け加えたものとする。すなわち

$$\boldsymbol{K}_x \triangleq \begin{bmatrix} \boldsymbol{J}_x \\ \bar{\boldsymbol{j}}_{x3} \end{bmatrix} = \begin{bmatrix} \boldsymbol{j}_{x1} \\ \boldsymbol{j}_{x2} \\ \bar{\boldsymbol{j}}_{x3} \end{bmatrix} \tag{7.60}$$

このとき，$\boldsymbol{x}_s$ の期待値 $\hat{\boldsymbol{x}}_s$ とその誤差分散 $\boldsymbol{Q}'_s$ をつぎのように考える。

7.3 ランドマークを用いる測位

$$\hat{\boldsymbol{x}}_s = \begin{bmatrix} -\boldsymbol{w}_s \\ 0(\text{unknown}) \end{bmatrix} = \begin{bmatrix} w_{s1} \\ w_{s2} \\ 0(\text{unknown}) \end{bmatrix} \tag{7.61}$$

$$\boldsymbol{Q}'_s = \begin{bmatrix} \boldsymbol{J}_s \boldsymbol{Q}_s \boldsymbol{J}_s^T & \boldsymbol{o}_{2\times 1} \\ \boldsymbol{o}_{1\times 2} & \infty \end{bmatrix} \tag{7.62}$$

$$\boldsymbol{Q}'^{-1}_s = \begin{bmatrix} 1 & 0 \\ 0 & 1 \\ 0 & 0 \end{bmatrix} (\boldsymbol{J}_s \boldsymbol{Q}_s \boldsymbol{J}_s^T)^{-1} \begin{bmatrix} 1 & 0 & 0 \\ 0 & 1 & 0 \end{bmatrix} \tag{7.63}$$

$\hat{\boldsymbol{x}}_s$ の要素にある 0（unknown）は，ランドマークの観測による物理量が存在しない，すなわち情報がない，という意味で期待値を 0 とおいた。

$m=1$ の場合

上の場合と同様に，$\boldsymbol{K}_x$ には，$m=1$ の場合の $\boldsymbol{J}_x = \boldsymbol{j}_{x1}$ にさらに独立な単位ベクトル $\bar{\boldsymbol{j}}_{x2}$，$\bar{\boldsymbol{j}}_{x3}$ を付け加えたものをおく。すなわち

$$\boldsymbol{K}_x \triangleq \begin{bmatrix} \boldsymbol{J}_x \\ \bar{\boldsymbol{j}}_{x2} \\ \bar{\boldsymbol{j}}_{x3} \end{bmatrix} = \begin{bmatrix} \boldsymbol{j}_{x1} \\ \bar{\boldsymbol{j}}_{x2} \\ \bar{\boldsymbol{j}}_{x3} \end{bmatrix} \tag{7.64}$$

として，$\boldsymbol{x}_0 \triangleq \boldsymbol{K}_x(\boldsymbol{r}_h - \tilde{\boldsymbol{r}}_h)$ とする。このとき，$\boldsymbol{x}_s$ の期待値 $\hat{\boldsymbol{x}}_s$ とその誤差分散 $\boldsymbol{Q}'_s$ をつぎのように考える。

$$\hat{\boldsymbol{x}}_s \triangleq \begin{bmatrix} -\boldsymbol{w}_s \\ 0(\text{unknown}) \\ 0(\text{unknown}) \end{bmatrix} = \begin{bmatrix} w_{s1} \\ 0(\text{unknown}) \\ 0(\text{unknown}) \end{bmatrix} \tag{7.65}$$

$$\boldsymbol{Q}'_s = \begin{bmatrix} \boldsymbol{j}_{s1} \boldsymbol{Q}_s \boldsymbol{j}_{s1}^T & 0 & 0 \\ 0 & \infty & 0 \\ 0 & 0 & \infty \end{bmatrix} \tag{7.66}$$

$$\boldsymbol{Q}'^{-1}_s = \begin{bmatrix} 1 \\ 0 \\ 0 \end{bmatrix} (\boldsymbol{j}_{s1} \boldsymbol{Q}_s \boldsymbol{j}_{s1}^T)^{-1} \begin{bmatrix} 1 & 0 & 0 \end{bmatrix} \tag{7.67}$$

とする。

　以上のようにしておき，この場合の K_x を，$m=3$ の場合の J_x とみなして扱えば，一般性を失わずに取り扱うことができる。

7.3.5　ランドマークを用いた最小二乗法による位置推定

　7.3.1項で示したように，センサ系によってそのランドマークが認識できれば，後は移動体の自己の位置とセンサ系によって得られる物理量によって式(7.31)，あるいは(7.38)の形式に書けることがわかった。このような形式を見てまず思いつくのは，移動体のその位置において同時に複数のランドマークを認識して，最小二乗法によって移動体の位置の推定を行うことであろう。

　このような方法により移動体の位置の推定値 $\hat{x}_k = [\hat{x}_k \ \hat{y}_k \ \hat{\theta}_k]^T$ を求めよう。式(7.40)より，明らかに移動体の位置姿勢の期待値 $\hat{x}_k$ は

$$J_x(\hat{x}_k - \tilde{x}_k) = -w_s \tag{7.68}$$

を満足する。これを変形して

$$J_x \hat{x}_k = J_x \tilde{x}_k - w_s \tag{7.69}$$

である。J_x は $m \times 1$ の行列である。したがって $m > 3$ ならば，J_x の一般化逆行列 $(J_x^T J_x)^{-1} J_x^T$ を式(7.69)の左から掛けて

$$\hat{x}_k = (J_x^T J_x)^{-1} J_x^T (J_x \tilde{x}_k - w_s) = \tilde{x}_k - (J_x^T J_x)^{-1} J_x^T w_s \tag{7.70}$$

を計算することができる。この計算によって求められた値 $\hat{x}_k$ は最小二乗の意味で，移動体の位置姿勢の推定値になっている。

7.4　オドメトリおよび観測による推定位置の融合

　前の7.3.5項の最後で示した式(7.70)は，移動体の自己位置の推定位置 $\tilde{x}_k$ と複数のランドマークの観測により求まる w_s から，より確からしい移動体の推定位置 $\hat{x}_k$ を推定する式である，と読むこともできる。しかし，式(7.70)を実行しようとすれば，その位置 x_k において同時に w_s の行数 m が

7.4 オドメトリおよび観測による推定位置の融合

4以上になるような観測ができなければ，最小二乗の意味での計算ができない[†]。しかし，ランドマークの観測あるいは認識には一般にコストがかかるので，もっと少ない数のランドマークの観測，言い換えれば $m = 3, 2, 1$ の場合でもより確からしい移動体の位置推定ができないものか，という期待がわいてくる。

実際にその期待には応えることができ，いわゆる分散最小推定の枠組によってより確からしい自己位置の推定値を得ることができる。すなわち，7.2節で定式化したオドメトリによる自己位置の推定値とその誤差分散，および7.3節で明らかにした，ランドマークの観測による移動体の位置と観測できる物理量の間に成り立つ線形化された関係式と誤差分散を用い，これらを融合してよりもっともらしい（最尤（さいゆう）な）自己位置と誤差分散を得ることができる。もし，オドメトリによる推定位置の誤差分散よりも，それとは独立なランドマークの観測による物理量の誤差分散のほうが小さいならば，オドメトリによる推定位置を修正し，かつその誤差分散が小さくなるようにできるのである。

7.4.1 分散最小推定の枠組による移動体の推定位置

7.3節で述べたように，移動体の真の位置が $\boldsymbol{x}_k = [x_k \ y_k \ \theta_k]^T$ にあり，その近傍に移動体の推定位置 $\tilde{\boldsymbol{x}}_k = [\tilde{x}_k \ \tilde{y}_k \ \tilde{\theta}_k]^T$ がわかっているとする。その位置 $\tilde{\boldsymbol{x}}_k$ において認識できたランドマークから物理量 $\boldsymbol{w}_s$ が得られるとしよう。

まず7.3.4項で見たように，移動体の位置姿勢に $\boldsymbol{J}_x$ を乗じた m 次元空間で考え

$$\boldsymbol{x}_s' = \boldsymbol{J}_x(\boldsymbol{x}_k - \tilde{\boldsymbol{x}}_k) \tag{7.71}$$

とおく。いまここで，自己位置の推定値 $\tilde{\boldsymbol{x}}_k$ がオドメトリによって得られたものであるとすると，式(7.15)より $\Delta \boldsymbol{x}_k = \boldsymbol{x}_k - \tilde{\boldsymbol{x}}_k$ である。7.2.3項の議論で明らかなように，$E[\Delta \boldsymbol{x}_k] = \boldsymbol{0}$ であったから $E[\boldsymbol{x}_s'] = \boldsymbol{0}$ である。また，$\boldsymbol{x}_s'$

[†] 実際，7.3.2項で示した線ランドマークの例では，もし式(7.45)～(7.47)，あるいは式(7.49)～(7.51)のどちらかを用いるならば，方向の異なる壁面を同時に四つ以上観測できなければ，m を4以上にすることができない。

の分散は

$$E[\boldsymbol{x}_s{}'\boldsymbol{x}_s{}']^T = \boldsymbol{J}_x E[(\boldsymbol{x}_k - \tilde{\boldsymbol{x}}_k)(\boldsymbol{x}_k - \tilde{\boldsymbol{x}}_k)^T]\boldsymbol{J}_x^T \tag{7.72}$$

$$= \boldsymbol{J}_x X_k \boldsymbol{J}_x^T \triangleq X_{Jk} \tag{7.73}$$

と求めることができた（式(7.27)）。

一方，ランドマークの観測が行われた場合の，移動体の位置の期待値は $\hat{\boldsymbol{x}}_k$ である。$\hat{\boldsymbol{x}}_k$ と移動体の推定位置 $\tilde{\boldsymbol{x}}_k$ との差分に左から $\boldsymbol{J}_x$ を乗じた期待値 $\hat{\boldsymbol{x}}_s$ は，$m = 3, 2, 1$ の場合に応じて式(7.57)，(7.61)などで与えられた。それらのおのおのに対する誤差分散 $\boldsymbol{Q}'_s$ も与えられた（7.3.4項 参照）。

以上の期待値と誤差分散を用いると，オドメトリによる移動体の推定位置と，ランドマークの観測による推定位置の間で最尤推定の枠組による融合を行い，移動体の位置の新しい推定値を求めることができる。いま考えている移動体の位置姿勢に $\boldsymbol{J}_x$ を乗じた m 次元空間における，この融合を行った後の移動体の新しい推定位置差分を $\boldsymbol{x}_{sfu}$，またその誤差分散を $\boldsymbol{\Sigma}_{sfu}$ とする。最尤推定の枠組による融合はつぎのようにして行われる[15]。

$$\boldsymbol{\Sigma}_{sfu} = (X_{Jk}{}^{-1} + \boldsymbol{Q}'_s{}^{-1})^{-1} \tag{7.74}$$

$$\boldsymbol{x}_{sfu} = \boldsymbol{\Sigma}_{sfu} \boldsymbol{Q}'_s{}^{-1} \hat{\boldsymbol{x}}_s \tag{7.75}$$

これを移動体の位置姿勢 $\boldsymbol{x} = [x\ y\ \theta]^T$ の空間へ戻してみよう。ただし，ここでは $m = 1, 2, 3$ の場合を扱い，さらに 7.3.4 項で扱った拡張が行われているとする。すると，融合後の移動体の位置 $\boldsymbol{x}_{fk}$ と，その位置の誤差分散 $\boldsymbol{\Sigma}_{fk}$ はつぎのようになる。

$$\boldsymbol{\Sigma}_{fk} = \boldsymbol{J}_x^{-1} \boldsymbol{\Sigma}_{sfu} (\boldsymbol{J}_x^T)^{-1} = \boldsymbol{J}_x^{-1} (X_{Jk}{}^{-1} + \boldsymbol{Q}'_s{}^{-1})^{-1} (\boldsymbol{J}_x^T)^{-1}$$

$$= (\boldsymbol{J}_x^T X_{Jk}{}^{-1} \boldsymbol{J}_x + \boldsymbol{J}_x^T \boldsymbol{Q}'_s{}^{-1} \boldsymbol{J}_x)^{-1} \tag{7.76}$$

$$= (X_k{}^{-1} + \boldsymbol{J}_x^T \boldsymbol{Q}'_s{}^{-1} \boldsymbol{J}_x)^{-1} \tag{7.77}$$

$$\boldsymbol{x}_{fk} = \tilde{\boldsymbol{x}}_k + \boldsymbol{J}_x^{-1} \boldsymbol{x}_{sfu}$$

$$= \tilde{\boldsymbol{x}}_k + \boldsymbol{J}_x^{-1} \boldsymbol{\Sigma}_{sfu} \boldsymbol{Q}'_s{}^{-1} \hat{\boldsymbol{x}}_s \tag{7.78}$$

$$= \tilde{\boldsymbol{x}}_k + \boldsymbol{\Sigma}_{fk} \boldsymbol{J}_x^T \boldsymbol{Q}'_s{}^{-1} \hat{\boldsymbol{x}}_s \tag{7.79}$$

式(7.79)を見れば，融合後の移動体のより確からしい推定位置 $\boldsymbol{x}_{fk}$ は，オドメトリによる推定位置 $\tilde{\boldsymbol{x}}_k$ に，ランドマークの観測によって得られる $\hat{\boldsymbol{x}}_s(=$

7.4 オドメトリおよび観測による推定位置の融合

w_s ($m = 3$ のとき)) に係数 $\Sigma_{fk} J_x^T Q_s'^{-1}$ を乗じたものを加える修正を行ったもの，とみることができる．このときの誤差分散は式(7.76)で与えられているが，Σ_{fk} で規定される誤差楕円は，X_k で規定される誤差楕円より小さくなるのは明らかである．もう一度整理すると，オドメトリにより得られた位置 $\tilde{x}_k$ とその誤差分散 X_k，ランドマークの観測により得られた物理量 w_s とそれに関係する誤差分散 Q_s' とから，より誤差分散の小さな，移動体の位置の新しい推定値 x_{fk} が得られたのである．

なお，上に述べた融合が行われたときは，式(7.76)によって求められた Σ_{fk} を用い，式(7.27)の代わりに

$$X_{k+1} = A_k \Sigma_{fk} A_k^T + W_k \tag{7.80}$$

を計算して，つぎの時刻の位置の誤差分散行列の推定値とする．

上の議論においてつぎのことに注意したい．移動体の位置の推定と融合に関する式(7.76)，(7.79)の形は，拡張カルマンフィルタの構成形式と同様である．しかし，通常，カルマンフィルタというと

1. 時々刻々の，すなわち毎サンプル時刻に観測 w_s が行われ，
2. これと同時に，既知の生成過程から推定される内部状態変数ベクトル $\tilde{x}_k$ との間で式(7.76)，(7.79)，および式(7.80)の漸化的な計算が毎サンプル時に行われる

ものを指すとみるのが妥当であろう．すなわち，毎サンプル時刻の w_s の観測から，内部状態 $\hat{x}_{fk}$ の推定をサンプル時刻ごとに行うフィルタであるとみる．しかし一方，実際的な移動体の位置推定の枠組では

1. 内部状態の生成過程であるオドメトリは毎サンプル時に計算されるが，
2. ランドマークなどの観測は毎サンプル時には行わず，あるランドマークが見えたとき，あるいはオドメトリに基づく推定位置の誤差分散がある程度大きくなったときだけ不定期に観測する

ことがほとんどである．そのような観測が行われたときだけ，式(7.76)，(7.79)，および式(7.80)の計算を間欠的に行うことが実際によくとられる方法である．この点において，カルマンフィルタと同様の枠組を用いてはいる

が，これをカルマンフィルタと呼ぶには抵抗があると筆者は考えている．

7.4.2 推定位置の融合による誤差楕円の縮小

前項で示した，式(7.76)，(7.79)の計算の物理的な意味はどのようなものだろうか．このことを具体的に理解するために，式(7.76)，(7.79)の計算前のオドメトリに基づく移動体の推定位置 $\tilde{\boldsymbol{x}}_k$ と計算後の位置 $\hat{\boldsymbol{x}}_{fk}$ の違い，および $\tilde{\boldsymbol{x}}_k$ の誤差分散行列 $\boldsymbol{X}_k$，および $\boldsymbol{x}_{fk}$ の誤差分散行列 $\boldsymbol{\Sigma}_{fk}$ のそれぞれの誤差楕円がどのようになるかを見てみよう．

例を挙げよう．いま，壁面をランドマークとする．よって，7.3.2項で述べたように壁面は線ランドマークである．また超音波センサによって壁までの距離が計測できるとする．すると，式(7.44)〜(7.47)が適用できる．具体例として，図 7.9 にあるように壁が $x = 0$ にあるものとする．また移動体に装備された超音波センサによって $\hat{r} = 19.0\,\mathrm{cm}$ が得られるとする．したがって，$\hat{\boldsymbol{s}} = [\hat{a}\ \ \hat{c}\ \ \hat{r}]^T = [\pi/2\ \ 0\ \ 19.0]^T$ である．さらに $\hat{a}$，$\hat{c}$ には誤差がないものとし，$\hat{r}$ の誤差分散は $Q = (0.5)^2\,\mathrm{cm}^2$ であるとする．したがって

$$\boldsymbol{Q}_s = E[\Delta \boldsymbol{s}\Delta \boldsymbol{s}^T] = \begin{bmatrix} 0 & 0 & 0 \\ 0 & 0 & 0 \\ 0 & 0 & (0.5)^2 \end{bmatrix} \quad (7.81)$$

である．

いま，移動体のオドメトリによる推定位置 $\tilde{\boldsymbol{x}}_k = [\tilde{x}\ \ \tilde{y}\ \ \tilde{\theta}]^T = [20.0\,\mathrm{cm}\ \ 5.0\,\mathrm{cm}\ \ 0.0\,\mathrm{rad}]^T$ が得られているとし

$$\boldsymbol{X}_k = \begin{bmatrix} 2.5 & 1.5 & 0.0 \\ 1.5 & 2.5 & 0.0 \\ 0.0 & 0.0 & 1.0 \end{bmatrix}$$

となっているとする．この例では $m = 1$ であるから，式(7.65)より

$$\hat{\boldsymbol{x}}_s = [\tilde{x} - \hat{r}\ \ 0\ \ 0]^T = [20.0 - 19.0\ \ 0\ \ 0]^T$$
$$= [1.0\ \ 0\ \ 0]^T \quad (7.82)$$

7.4 オドメトリおよび観測による推定位置の融合 167

図中のラベル: 壁面, y [cm], オドメトリによる推定位置の誤差楕円, 0.5, 2.0, 19.0, 1.3, $\bar{\boldsymbol{y}}_k = (20.0, \ 5.0)$, 0.5, 1.0, $\boldsymbol{x}_{fk} = (19.1, \ 4.5)$, O, 壁面への距離の測定値 x [cm] とオドメトリによる推定位置を融合した後の誤差楕円

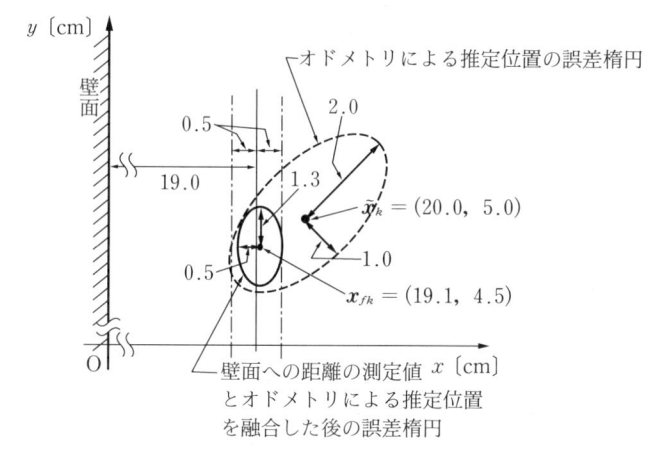

図 7.9 壁ランドマークの計測と誤差楕円の縮小

また，式(7.67)より

$$\boldsymbol{Q}_s'^{-1} = \begin{bmatrix} 1 \\ 0 \\ 0 \end{bmatrix} \begin{bmatrix} \begin{bmatrix} \tilde{y} & -1 & -1 \end{bmatrix} \boldsymbol{Q}_s \begin{bmatrix} \tilde{y} \\ -1 \\ -1 \end{bmatrix} \end{bmatrix}^{-1} \begin{bmatrix} 1 & 0 & 0 \end{bmatrix} \quad (7.83)$$

$$= \begin{bmatrix} \dfrac{1}{(0.5)^2} & 0 & 0 \\ 0 & 0 & 0 \\ 0 & 0 & 0 \end{bmatrix} \quad (7.84)$$

である．また $\boldsymbol{j}_{x1} = [1 \ 0 \ 0]$ であり，仮に $\bar{\boldsymbol{j}}_{x2} = [0 \ 1 \ 0]$, $\bar{\boldsymbol{j}}_{x2} = [0 \ 0 \ 1]$ とおけば $\boldsymbol{K}_x$ は単位行列になる．この $\boldsymbol{K}_x$ を $\boldsymbol{J}_x$ とみなす．これらを式(7.74)〜(7.79)に適用していけば

$$\boldsymbol{x}_{sfu} = [-0.9 \ \ -0.5 \ \ 0]^T \quad (7.85)$$

$$\boldsymbol{\Sigma}_{fk} = \begin{bmatrix} 0.23 & 0.14 & 0 \\ 0.14 & 1.68 & 0 \\ 0 & 0 & 1.0 \end{bmatrix} \quad (7.86)$$

$$\boldsymbol{x}_{fk} = \hat{\boldsymbol{x}}_k + \boldsymbol{J}_x^{-1} \boldsymbol{x}_{sfu} = [19.1 \ \ 4.5 \ \ 0.0]^T \quad (7.87)$$

となる．これらをもとに x-y 平面上に $\boldsymbol{X}_k$, $\boldsymbol{Q}$, $\boldsymbol{\Sigma}_{fk}$ の誤差楕円を描くと図

7.9のようになる†。

　図中の点線で描いた大きな楕円の中心がオドメトリによる推定位置 $\tilde{x}_k$ であり，その楕円が X_k に基づくオドメトリによる推定位置の誤差楕円である（$D=1$ とした）。また，超音波センサの観測による壁までの距離が $\tilde{r} = 19\,\text{cm}$ であったことから，実際には移動体は $x = 19\,\text{cm}$ の線上を中心として左右 ± $0.5\,(=\sqrt{Q})\,\text{cm}$ の範囲内にいる確率が高い。そして，オドメトリによる推定位置と，計測された壁までの距離を用いた融合（式(7.79)）の結果が図 7.9 中の x_{fk} になり，その誤差分散の計算（式(7.76)）の結果 Σ_{fk} に基づく誤差楕円が図中実線で描かれた小さい楕円になる。自己位置の修正が行われ，修正後の誤差楕円が縮小されていることがわかる。すなわち，推定位置誤差の分布が小さくなったことを意味する。ちなみにこれらの大小の誤差楕円の長半径と短半径の長さは，それぞれ X_k と Σ_{fk} の固有値から導かれる。

　図 7.9 を見て興味深い事実がある。移動体から壁までの距離の測定は 1 次元の測定である。にもかかわらず，オドメトリによる自己位置 $\tilde{x}_k$ は，融合後，$\tilde{x}_k$ の x 成分と y 成分の 2 次元に及んで変化している。すなわち，1 次元の測定でも 2 次元に及ぶ修正が行われる点に注目したい。このような修正が行われる理由は，X_k の非対角要素にゼロでないものが含まれているからである。この例で与えた X_k の第 1 行 2 列，および第 2 行 1 列がゼロでない，すなわち x と y の成分に相関があるために，y 方向の修正によって x 方向にもその修正の影響が及び，全体としてほどよい修正になるのである。もし，X_k の非対角要素のすべてがゼロでない場合，このような 1 次元の測定による修正でも，3 次元すべての要素に修正が及ぶことになる。すなわち，ランドマークの観測によって移動体の位置姿勢の $[x\ y\ \theta]^T$ のもっともらしい（最尤な）修正（推定）を行うときに，必ずしも位置姿勢に関するすべての要素についての測定を行われなくとも，位置姿勢すべての要素がほどよく推定されるということがわかったのである。

---

† ただし Q の誤差楕円は，$(x-r)(1/Q)(x-r) = 1$ の軌跡，すなわち $x = r \pm \sqrt{Q}$ の軌跡を描いた。

7.4.3 推定位置の誤差分散を考慮するランドマークの観測計画

オドメトリによる推定位置の誤差分散は，移動体の走行につれて大きくなることはすでに 7.2.5 項で見た。またその様子は，図 7.4 に例示したとおりである。この図からわかるように，拡大していく誤差楕円の主軸の方向の変化は移動体の進行方向の変化に関連する。数学的には，式(7.27) の A_{k-1} による誤差分散行列 X_{k-1} の変換によって特徴づけられている。A_{k-1} は移動体の位置姿勢の増分に当たるヤコビ行列であるから，結局誤差楕円の主軸の方向は移動体の走行に伴う位置・姿勢の変化に依存していることは明らかなのである。このことは，その移動体が通過する経路があらかじめわかっている場合には，その誤差楕円の拡大の様子もあらかじめ予見できることを意味する。

一方，前項の例（図 7.9）では，オドメトリによる推定位置およびその誤差分散とランドマークの観測で得られる物理量とその誤差分散を用いて融合すると，融合後の誤差分散に基づく誤差楕円は，融合前のそれぞれの誤差分散に基づく誤差楕円の重なり部分にあることが観察できる。ということは，図 7.9 のような例で壁までの距離を計測して位置の修正を行う場合には，オドメトリによる推定位置の誤差楕円の長軸が壁の方向に向いていればいるほど，融合後の誤差楕円が小さくなるであろうことに気が付く（図 7.10）。

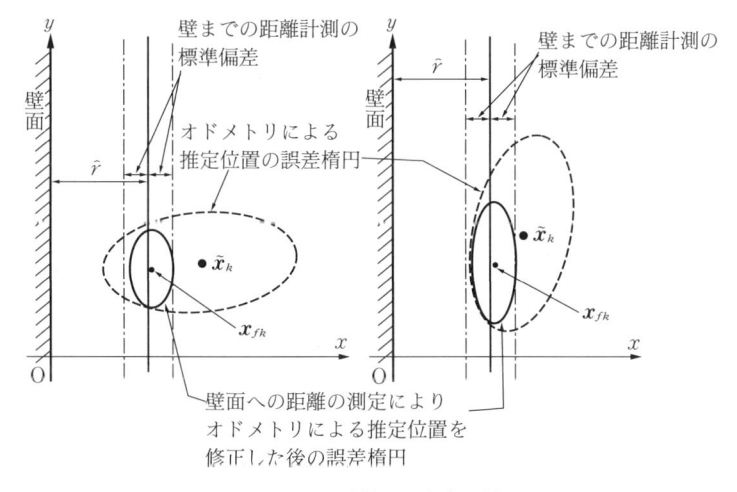

図 7.10　誤差楕円の方向と縮小

170   7. 移動体の位置認識

誤差楕円が小さければそれだけ推定位置の誤差が小さいと考えることができる。このことに留意するとつぎのような考え方ができる[6),7)]。すなわち

1. 移動体の予定走行経路に沿って移動ロボットを走らせたときの，経路上の各点における移動体の誤差楕円体を予見する。その誤差楕円体がある程度大きくなる場所で，
2. その楕円体の長軸の方向にできるだけ強く位置の修正がかかるようにランドマークを選ぶか，そのようなランドマークを設置する。

このような考え方によってランドマークを配置し，そのランドマークを観測した場合にできるだけ修正後の誤差楕円が小さくなるようにした場合のシミュレーション例を図 **7.11** に示す[7)]。

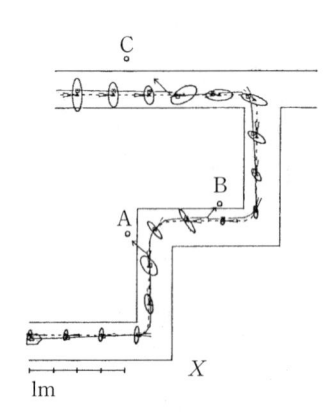

図 7.11 計画的に配置されたランドマークによる位置推定―移動ロボットの方位（姿勢）を観測できる灯台を利用した例 [7)]

7.4.4　遡及的位置推定―ランドマークの観測に時間がかかる場合の取扱い

これまでの議論では，ランドマークの観測にかかる時間は無視できるとする立場に立っていた。すなわち，あるサンプル時刻 k におけるオドメトリによる自己位置の推定値 $\tilde{x}_k$ がわかるのと同じ時刻に，ランドマークの観測によって得られる物理量 w_s が求まるということを暗々裏に仮定していた。しかし，ランドマークの観測，すなわちいま現在見えているランドマークが既知のランドマークのどれかを特定し，さらにそのランドマークまでの距離や方向が計測できるまでの間に時間を要することも多い。特に，このようなランドマークの

7.4 オドメトリおよび観測による推定位置の融合

観測に画像処理を行うと，この処理時間が無視できないほど長くなる恐れがある．

屋内環境を移動する移動体では，秒速数十 cm から秒速 1 m 程度の速さで動く場合が多い．あるランドマークを画像としてとらえ，これに画像処理を施してランドマークの位置計測が 1 秒程度かかってわかるとする．すると，その画像がとらえられてからそのランドマークまでの計測値が得られるまでに移動体は数十 cm から 1 m 程度移動してしまう計算になる．したがって，ランドマークの認識による過去の位置の推定結果をうまく現在の位置の推定に利用できる方法があるとよい（**図 7.12**[11])．このような位置の推定法は「**遡及的位置推定法（retroactive positioning）**」などと呼ばれている．文献 10)，11) などにその例が報告されている．

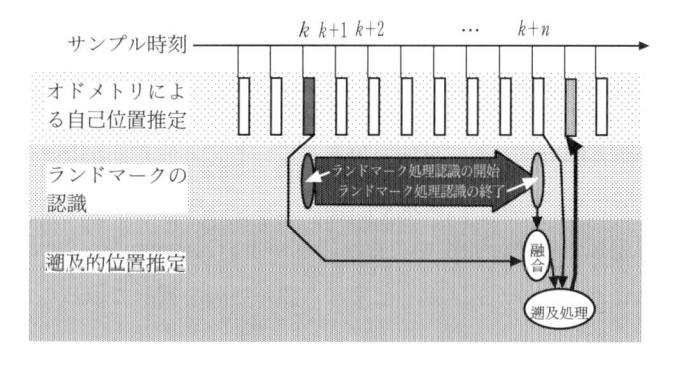

図 7.12　遡及的位置推定

この遡及的位置推定では，一般論としては，ランドマークの観測をした時刻から，そのランドマーク観測に関する処理が完了するまでの間のすべてのサンプル時刻におけるオドメトリに必要な計測データを記憶しておけば，ランドマーク観測の時刻までさかのぼってすべての計算をし直すことができる．しかしこの方法は実用的でないので，できるだけ少ない情報の記憶で遡及的位置推定が行えるような工夫が行われる．

7.5 おわりに

本章では，オドメトリによる移動体の推定位置やランドマークの観測による推定位置の誤差が，平均値ゼロのガウス分布に従うとした立場で論じてきた。同じ自己位置の観測を，オドメトリとランドマークの観測という独立の方法によって計測し，その誤差分布を考慮しながら，数学的には最尤推定の枠組を用いることでより確からしい位置の推定を行うことができた。このような立場による移動体の位置推定の考え方は，1980年代の後半から1990年代の前半にかけて盛んに研究され，研究発表も多数行われてきた（例えば，文献1)～9)）。その流れを汲み，より実際的な問題としてランドマークの観測に時間がかかる場合を考慮したのが，文献10)，11)である。

一方，誤差がガウス分布に従うものとして扱うこのような立場では，オドメトリやランドマークの観測による移動体の推定位置の誤差がどのような原因に起因するのかの解析を，ある意味で放棄しているとも考えられる。そのような誤差要因を解析し，系統的な誤差が入っていることが判明すれば，それをモデルとして考慮した誤差の補正を考えたほうがよい。Borestein[12]はこのような立場で移動ロボットのオドメトリに関する誤差要因を調べていることを指摘しておく。

最後に，移動体の位置推定の誤差がガウス分布に従うものとするかぎり，移動体が存在する確率は理論的には空間中に無限に広がる。しかし実際には建物の中や通行可能な通路など，移動体の存在可能な空間は有限である。したがって，存在不可能な空間に広がった確率分布を，存在可能な空間にのみあるように修正することを思い付く。このような立場では，例えば，文献18)などがあることも指摘しておく。さらにごく最近の研究では，移動体の推定位置の確率分布を特定の分布を仮定でずそのまま扱い，合理的な推定位置を求める考え方が主流となりつつある。例えば文献20)，21)などがそれに当たる。

なお本章では，ランドマークの観測や認識方法の具体例には触れなかった。

実際には，ランドマークに関する情報は地図としてあらかじめ与えられており，オドメトリなどによる推定位置といまセンサによって観測されているランドマークに関する情報から，地図中のランドマークを特定する必要がある。それによってそのランドマーク固有の幾何的な情報も得られ，結果として本章で述べたような自己位置の推定ができるのである。ランドマークの観測や認識方法の具体例については研究論文などを参照されたい。

8 経路計画

8.1 はじめに

経路計画とは，移動体—自動車や飛行機など—が，初期地から目的地までの間でたがいを回避—以後，衝突回避と記す—したり，静止障害物を回避—以後，障害物回避と記す—したりする経路を計画することである．しかし，本章では，2次元空間を全方向に移動できる—ホロノミックな—ものを移動体と定義し，その初期地から目的地までの障害物回避に焦点を絞る．したがって，本章のアルゴリズムは，そのままでは自動車のような，2次元空間を制限された方向にしか動けない移動体—ノンホロノミックな移動体—[1)~5)]，および航空機のような3次元空間を航行するものを対象としない．しかし，このような制約の下でさえ，最適または準最適な経路を計画することには困難さが伴う．そして，環境がわかっている場合でもわかっていない場合でも，その困難さが理論的に解明されたのはつい最近—ここ数十年—のことである．

さて，この障害物回避には，障害物の位置や形状があらかじめわかっているものとわかっていないものがある．ここでは，前者を**オフライン（モデルベースト）経路計画**，後者を**オンライン（センサベースト）経路計画**として説明する．オフライン（モデルベースト）経路計画とは，地図のある場合の経路計画であり，カーナビゲーションはこの一例である[5)]．一方，オンライン（センサベースト）経路計画とは，地図のない場合の経路計画であり，遊園地の迷路の通り抜けがその一例である[6)]．

8.2 オフライン（モデルベースト）経路計画

本節では，地図がある場合の経路計画を説明する。まず，この分野の歴史を説明し，地図としてのグラフのいろいろを説明する。そして最後に，グラフから目的地までの経路を選択するアルゴリズムをいくつか紹介する。

8.2.1 背景・歴史

本節では，最短経路の探索の歴史を簡単に説明する。まず，Moore の迷路探索アルゴリズムは，本質的には横型（breadth-first）探索である[14]。一方，Djikstra の 2 点最短経路探索アルゴリズムはヒューリスティックスが 0 の A^* アルゴリズムである[15]。Bellman と Dreyfus の動的計画法は，規則構造のグラフを再帰的に横型探索するものであり[16]，一般的なグラフから最短経路を探索するアルゴリズムの登場はもう少し先である。

ヒューリスティックス—目的地までの距離を推定する値—を利用すると，アルゴリズムの探索効率が高まることが，人工知能とオペレーションズリサーチで同時に研究された[17),18)]。その後，TSP（traveling salesman problem）を効率的に解くため，ヒューリスティックスをグラフ探索へ応用したり[19]，Doran と Michie は，目的地までの距離をヒューリスティックスとし，その小さい順に隣接ノードを探索する BF（best-first）探索を設計したり解析したりした。そして，ついに Hart, Nilsson, そして Raphael は，ヒューリスティックスが楽観的（optimistic）な—本当の値よりもつねに小さい—とき，最短経路を選出するアルゴリズムが設計できる可能性を指摘し，最適アルゴリズムの扉を開いた。

多くの研究者によって提案されたヒューリスティックスによる最短経路探索アルゴリズムの一つが A^* アルゴリズムである。本章の A^* アルゴリズムの説明は Nilsson のものに従っているが，条件 $h \leq h^*$ が要求されている点と（そうでなければ，それは A アルゴリズムとなるので），あらかじめ探索グラフが

用意されているところが異なる[7]。

8.2.2 探索グラフ

オフライン（モデルベース）経路計画とは，2次元空間の障害物配置があらかじめわかっているとき，それから目的地までの効率的な経路を選択することである。このとき，その"効率"は"距離"や"時間"で計られる。さて，環境がわかっている場合の経路計画の典型例は"カーナビゲーション"である。いま，高度道路交通システム ITS (intelligent transportation system) が脚光を浴びており，そのなかでもカーナビゲーションシステムはいち早く商品化されている。このシステムで重要な役割を果たすのが経路計画 (path planning)，すなわち目的地に至る道を探し出すアルゴリズムの存在である。例えば，現在地からどの道をどの順序で進めば最も早く東京日本橋まで到達できるかを調べるのは，この経路計画アルゴリズムが担当する作業である。

この問題では，まず最新の"道路地図"を"道路グラフ"に変換し，つぎに"道路グラフ"において初期地から目的地までの経路を求める[5]。一般に，グラフはアークとノードから構成される（図 8.1）。このとき，ノードは場所（位置）に対応し，アークは両端のノードが表現する場所（位置）の間の移動に対応する[5),7),8]。このとき，アークのコストはノード間の距離，またはその間の移動に要する時間で定義される。一般に，グラフは汎用性の高いデータ構造であり，任意の次元の地図が容易に構築できる。

さて毎年，国土地理院は最新の道路地図（の CD-ROM）を販売している。

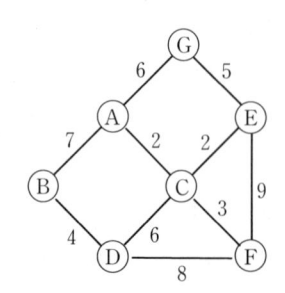

図 8.1 グラフ

8.2 オフライン（モデルベースト）経路計画

したがって，それから必要な道路情報を取り出してグラフ化すれば，最近の道路グラフが生成できる．図 8.2(a)，(b)では，県や市の領域を選択し，図(c)では，その中の道路情報をグラフ化したものを描写している．ここで，おもな道路情報としては，交差点とその位置，交差する道路数，および道路の認識番号などがある．また，道路には，高速道路，国道，県道といった属性が付加されており，その属性ごとの道路グラフをつくることもできる．つぎに，図(d)で初期地と目的地を選択し，図(e)でそれらの最適経路が選ばれている．最後に，図(f)では，上述の道の属性を変更させたりしている．

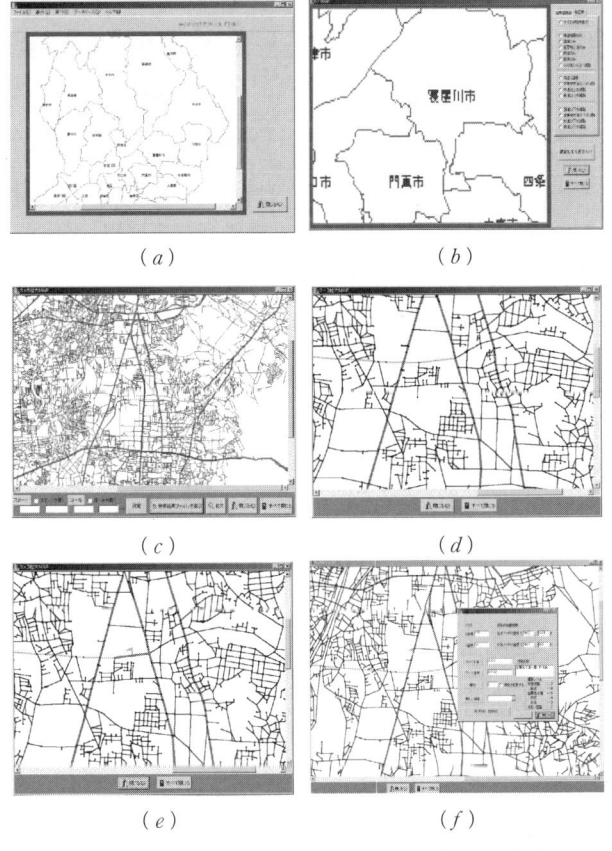

図 8.2 カーナビゲーションにおけるグラフの生成

ここで，すべての道路を区別せずにグラフ化するより，属性ごとにべつべつにグラフ化したほうが，グラフの大きさを小さく抑えられる。一般に，グラフの大きさ（ノード数やアーク数）に対して，経路計画アルゴリズムの計算時間は指数的に増加する。したがって，道路グラフはできるだけコンパクトにしておくことが望ましい。

一般に，どのような探索アルゴリズムがカーナビゲーションの製品に採用されているか明らかではないが，DijkstraアルゴリズムやA^*アルゴリズムを用いているとの記述もある[9]。これらは，コスト最小の経路をグラフから選び出すアルゴリズムである。特に，最適原理に基づくA^*アルゴリズムは，ここ30年ほどで仕組みが解明された探索についての重要な成果をまとめたものである。一般に，A^*アルゴリズムの効率は，ヒューリスティックス―目的地に到達するまでにどのくらいのコストが必要かを推定した値―の質で決まる[7],[8]。この推定値が本当の値より小さければ，A^*アルゴリズムは最適経路を導出し，そうでなければ，それは必ずしも最適経路を導出しない。また，推定値が本当の値に近ければ近いほど，このアルゴリズムの探索は脇道にそれずその終了は早まる。ここで，Dijkstraアルゴリズムとは，このヒューリスティックスをゼロとしたA^*アルゴリズムである。

一般に，カーナビゲーションでは，コストとしては距離よりも時間を採用することが多い。また，ITS（intelligent transportation system）の場合，交通量の変動からグラフのコストも変動するが，このようなコスト変動型のグラフから最適，または準最適な経路を計画する問題については，いまだ探索の理論が明快になっていない（ちなみに，インターネットのメール送付のルーティングも同質の問題である）[10]。

一方，あらかじめ道路地図がない場合，わかっている障害物の位置や形状から，自由に行動できる領域をグラフ化する必要が生じる。これには，二つの方法がよく使われる。一つは接線グラフ（図8.3）を作成する方法であり[11],[12]，もう一つはボロノイグラフ（図8.4）を作成する方法である[5],[13]。前者は，任意の2地点の最適経路をつねに含む利点があるが，移動体がそれに沿

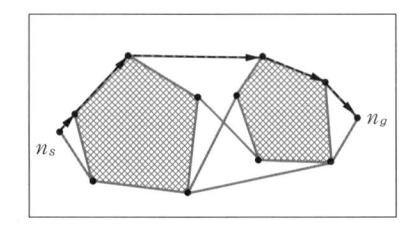

図 8.3 接線グラフ

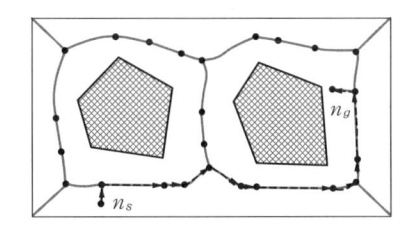

図 8.4 ボロノイグラフ

って進むと障害物に接近し過ぎるという欠点がある．一方，後者は，障害物から離れた経路をつねに選出するので，移動体は安全に航行できるが，任意の2地点を結ぶ最適経路は選ばれない．

さて，3次元以上の探索空間で，接線グラフやボロノイグラフを構築するのは困難である．このような場合，移動体の自由度をディジタル化し，探索空間を離散化した地図がよく用いられる（図 8.5）．この離散地図では，すべての領域がノードであり，その隣接領域はアークで結ばれているものと考える．ここで，離散地図の難点はノード数が膨大になること，およびそれに伴ってアルゴリズムの探索時間が増加することである．その意味で，現在の PC の計算能力と記憶容量をもってしても，この探索はまだ実用化からは程遠い[†]．しかし，PC の能力と容量は指数的に増加しているので，将来この柔軟な手法が主流に

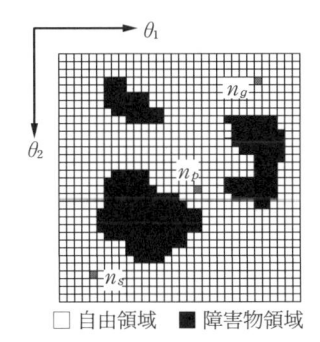

図 8.5 ディジタルグラフ

□ 自由領域　■ 障害物領域

[†] 例えば，X と Y の方向がおのおの 10 km ある空間を 10 cm 単位で離散化すると，全体で 10^{10} のノードが誕生する．このとき，一つのノードを 1 ビットで表現しても，全体で 10 G ビットの記憶容量が必要となる．そして，このような膨大なグラフの探索は，現在の高性能な PC をもってしても実時間では終わらない．

なるかもしれない。

最後に，グラフ地図や離散地図では，現在地ノード n の隣接ノード n' を順に探索していく。もちろん，現在地ノード n は初期地ノード n_s で初期化され，有望さは目的地ノード n_g までの推定コストで与えられる。一般に，この推定値 $h(n)$ はヒューリスティックスと呼ばれ，ノード n の状況，ノード n_g の状況，問題の特殊事情に依存して決定される。そして，このヒューリスティックスを変更すると，隣接ノード n' を選び出す順序が変わり，多様なアルゴリズムが生まれる。

8.2.3 探索アルゴリズム

ここでは，環境が既知でそれがグラフ化されている場合の経路計画を説明する。すなわち，いくつかの代表的なアルゴリズムを紹介し，それらの利点や欠点を明らかにする。

〔**1**〕 **HC** (hill climbing) **探索**　ここでは，前節のグラフから最適経路や満足経路を選出するいくつかのアルゴリズムを説明する。一般に，それらの探索アルゴリズムは，現在地の周囲をどの範囲 (S) まで調べるか，および現在地からどれくらい過去 (B) まで戻れるかにより以下のように分類される（図 8.6）。

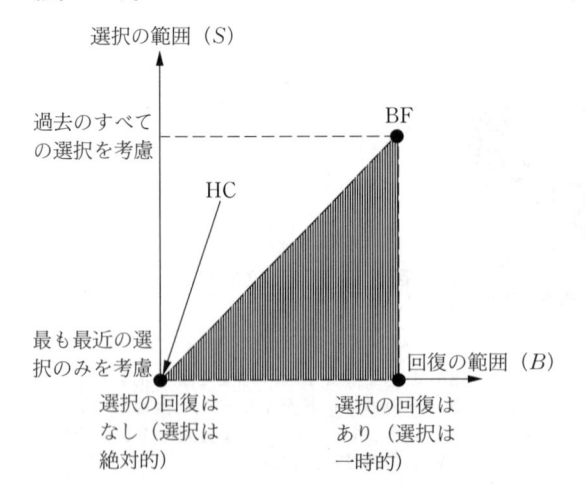

図 8.6　探索における選択の範囲 (S) と回復の範囲 (B) の関係

まず，図 8.6 の原点（$S=1$，かつ $B=1$）に当たるアルゴリズムは**山登り法**（hill climbing method）である（図 8.7）。ここでは，現在地のまわりからヒューリスティックス—目的地までの距離—が最小のものを一つしか考えず（$S=1$），かつそれ以外のものは記憶しておかないので二度と過去へは戻れない（$B=1$）。山登り法の基本原理は，傾斜が最大の方向へつねに進んでいくと，最終的に山頂へ到達するというものである。しかし，この原理で登頂できるのは，頂が一つしかない山のみであり，二つ以上の頂がある山に登るとどちらか一つにしか登れず，それは最高峰ではないかもしれない[†]。

1. 初期地ノード n_s を現在地ノード n とし，2.へ進む。
2. 現在地ノード n とそのヒューリスティックス $h(n)$ を考える。そして，ノード n と隣接しているすべてのノードから，ヒューリスティックス $h(n')$ が最小の隣接ノード n' を選択する。

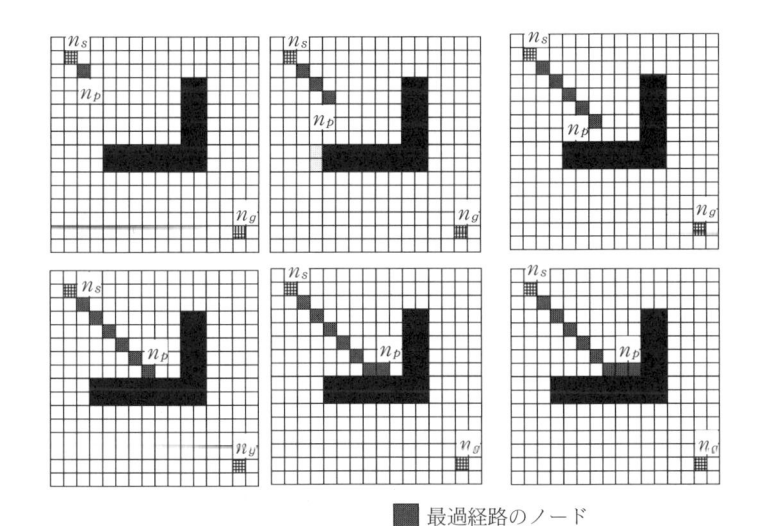

■ 最過経路のノード

図 8.7 HC 探 索

[†] 最急降下法（steepest descendent method）も山登り法の一種であり，傾斜が最小の方向へつねに進んでいくと，最終的に谷底へ到達するという基本原理を用いている。この場合も，谷底が二つ以上あれば，必ずしも深いほうの谷底へ到達できるわけではない。

3. もし $h(n) \leqq h(n')$ なら,現在地ノード n を目的地ノード n_g として終了する。そうでなければ,n' を n として,2.へ戻る。

　一般に,経路計画では,目的地までのユークリッド距離でノード(領域)を評価し,それが小さいものを逐次選んでいくことが多い。この場合,山登り法(最急降下法)では,必ずしも最小値は得られない—必ずしも目的地に到達しない—ことがある。これは,**図 8.7** からもわかるように,組合せ探索をしないからである。これより,HC探索は満足(非最短)経路でさえ獲得できないことがあるので実用的ではない。

〔**2**〕 **BF**(best-first)**探索**　すでに述べたように,HC探索は必ずしも目的地ノード n_g までの経路を見出せない。この問題を解決するため,**後戻り**(backtracking)という技法を利用する($B = \infty$)。これより,過去の時点では選ばれなかった隣接ノード(領域)を OPEN というリストに記憶しておき,現在の時点の隣接ノード(領域)が有望でなくなったとき,それを復活させて利用していく。

1. 初期地ノード n_s を OPEN リストに代入する。
2. もし OPEN リストが空なら,アルゴリズムは失敗として終了する。そうでなければ 3.へ進む。
3. OPEN リストの先頭ノード n を取り出して,4.へ進む。
4. 先頭ノード n の深さがそのしきい値と等しい,またはノード n から出るすべてのアークにすでに探索したという印が付いていたら,n を廃棄して 2.へ戻る。そうでなければ,5.へ進む。
5. 先頭ノード n のまだ探索されていない隣接ノード n' を OPEN リストの先頭に挿入し,ノード n' からノード n へポインタを返す。
6. アーク (n, n') に,すでに探索したという印を付ける。
7. もしノード n' が目的地ノード n_g であれば,そこから初期地ノード n_s までポインタをたどり,経路とともにアルゴリズムを終了する。そうでなければ 2.へ戻る。

　さて,これでつねに満足経路(とりあえず目的地に到達できる経路)が得ら

8.2 オフライン（モデルベースト）経路計画

れるようになった。したがって，われわれの興味はより早く目的地へ到達する方法に移る。このため，目的地に早く到達できる可能性の高い順にOPENリストのノードを選び出す。もちろん，これを評価するのは，前述のヒューリスティックスである。

1. 初期地ノード n_s をOPENリストに代入する。
2. もしOPENリストが空なら，アルゴリズムは失敗として終了する。そうでなければ，3.へ進む。
3. OPENリストからヒューリスティックス h が最小のノード n を取り出し，それをCLOSEDリストへ移す。そして4.へ進む。
4. 現在地ノード n を展開し，すべての隣接ノード n' からノード n へポインタを返す。
5. 隣接ノード n' のどれかが目的地ノード n_g であれば，それから初期地ノード n_s までポインタをたどり，経路とともにアルゴリズムを終了する。
6. すべての隣接ノード n' に対して，

6a. 隣接ノード n' のヒューリスティックス $h(n')$ を計算する。

6b. もしノード n' がOPENリストまたはCLOSEDリストに存在していなければ，それを値 $h(n')$ とともにOPENリストに加える。

6c. もしノード n' がOPENリストまたはCLOSEDリストに存在していれば，新しい値 $h(n')$ と以前の値を比較する。そしてもし，以前の値のほうが小さければ，新しく生成されたノードを廃棄する。そうでなければ，それを古いものと交換する。このとき，以前の親ノードから新しい親ノード n へポインタを付け替える。最後に，ノード n' がCLOSEDリストに存在すれば，それをOPENリストに戻す。

7. 2.へ戻る。

一般に，ノード n のヒューリスティックス $h(n)$ は，現在地ノード n の（位置の周囲の）状況，目的地ノード n_g の（位置の周囲の）状況，およびその探索問題固有の性質などで決まる。しかし，経路計画では，ヒューリスティック

ス $h(n)$ は，現在地ノード n の位置から目的地ノード n_g の位置までのユークリッド距離で定義されることが多い．この定義では，ヒューリスティックス $h(n)$ は現在地ノード n の位置のみから決定されるので，この以前の値と現在の値はつねに等しい（不変である）．したがって，6c.はつぎのように書き換えられる．

6c. もしノード n' が OPEN リストまたは CLOSED リストに存在していれば，新しく生成されたノードを廃棄する．

　一般に，経路計画では，目的地までのユークリッド距離で領域を評価し，それが小さいノードを順次選んでいくことが多い．この場合，BF探索は後戻りで組合せ探索し，過去に見捨てた可能性をすべて拾い上げることができるので，図 8.8 のように移動体は必ず目的地に到達し，つねに満足（非最短）経路が得られる．しかし残念ながら，これでは目的地までの最適（最短）経路を選び出せない．

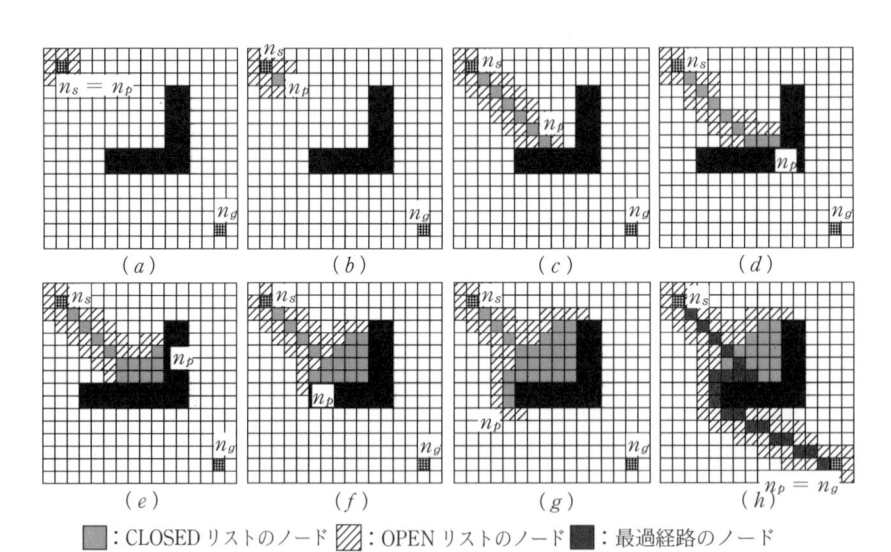

図 8.8 BF 探索

■：CLOSED リストのノード　▨：OPEN リストのノード　■：最過経路のノード

〔3〕 **A^* 探索**　前述の BF 探索では，初期地ノード n_s から目的地ノード n_g までの最適（最短）経路が見いだせない．なぜなら，初期地ノード n_s から

8.2 オフライン（モデルベースト）経路計画

現在地ノード n までの経路を完全に無視しているからである。最適（最短）経路を選び出すには，未来だけでなく過去にも目を向ける必要がある。そこで，OPEN リストのノード n の評価関数 $f(n)$ として，初期地ノード n_s から現在地ノード n までの**過去の実際コスト** $g(n)$ と現在地ノード n から目的地ノード n_g までの**将来の推定コスト** $h(n)$ の和を利用する（すなわち，$f(n) = g(n) + h(n)$）。ここで，過去のコストはすでに得た経路の実際のコストであるが，将来のコストはまだ得ていない経路のコストを推測したものである。

1. 初期地ノード n_s を OPEN リストに代入する。
2. もし OPEN リストが空なら，アルゴリズムは失敗として終了する。そうでなければ，3. へ進む。
3. OPEN リストから評価関数 $f(n)$ が最小のノード n を取り出し，それを CLOSED リストへ移す。そして，4. へ進む。
4. もしノード n が目的地ノード n_g であれば，それから初期地ノード n_s までポインタをたどり，最適（最短）経路とともにアルゴリズムを終了する。
5. そうでなければ，現在地ノード n を展開し，その隣接ノード n' からノード n へとポインタを返す。そして，すべての隣接ノード n' について以下の手続きを実施する。

5a. もしノード n' が OPEN リストまたは CLOSED リストに存在していなければ，その値 $h(n')$，および $f(n') = g(n') + h(n')$ ($g(n') = g(n) + c(n, n')$, $c(n, n')$ はアーク (n, n') のコスト，および $g(n_s) = 0$) を計算する。

5b. もしノード n' が OPEN リストまたは CLOSED リストに存在していれば，小さい $g(n')$ をもたらす経路へとポインタを付け替える。このとき，もしそれが CLOSED リストに存在すれば，それを OPEN リストへ戻す。

6. 2. へ戻る。

このとき，最適（最短）経路を得るためには，推測コスト $h(n)$ はその（探

索した後でなければ本当はわからない）実際コスト $\hat{h}(n)$ よりも小さくなければならない。なぜなら，もし $h(n)$ が $\hat{h}(n)$ よりも大きければ，将来のコストが小さい最適（最短）経路を過大評価し，それをもたらす経路上のノードがいつまでたっても OPEN リストの先頭に来ず，ほかの満足（非最適）経路をもって終了してしまうからである。この条件を**許容性**（admissibility）と呼ぶ。もちろん，実際コスト $\hat{h}(n)$ よりも小さければ，それにかぎりなく近いほうが探索効率（最適経路以外のところを調べない比率）は高まる[†]。このヒューリスティックスの質は詳細に解析されている[8]。しかし，推測コスト $h(n)$ を実際コスト $\hat{h}(n)$ に近づける際，少しでも $h(n)$ が $\hat{h}(n)$ を越えれば，最適経路は得られない[††]。

一般に，経路計画では，推測コスト $h(n)$ を，現在地ノード n の位置から目的地ノード n_g の位置までの直線距離（ユークリッド距離）で定義することが多い。また，この定義によると，距離の三角不等式より，任意のノード n_i の隣接ノード n_j に対して $h(n_i) \leq h(n_j) + c(n_i, n_j)$ が成立する。この条件を**単調性の制約条件**（monotone restriction）と呼ぶ。この条件が成り立てば，アルゴリズムは二度と同じ節点を展開しない。したがって，5 b. における CLOSED リストから OPEN リストへのノードの移動は起こらない。

図 8.9 に示されているように，A^* 探索は多数の領域（ノード）を調べている。すなわち，初期地ノード n_s と目的地ノード n_g の最適経路（黒線で表示）よりも評価関数 $f(n)$ が小さいノード n は必ず展開される。そして，それらのノードは CLOSED リストに記憶される（灰色で表示）。また，CLOSED リストに存在するノードに隣接するノードは，必ず OPEN リストに記憶される（斜線で表示）。これらは，最適（最短）経路を見逃さないよう，それより短い経路の存在する可能性のあるノードは完全に調べ尽くすことを意味している。このことから，A^* 探索はオフラインでは利用できるがオンラインでは利用しにくい。

[†] つねに $\hat{h}(n) = h(n)$ が成立する場合，A^* 探索は最適経路以外のところを調べない。
[††] この場合でも，$h(n)$ が $\hat{h}(n)$ を越えた分だけ経路長は悪化するにとどまる。

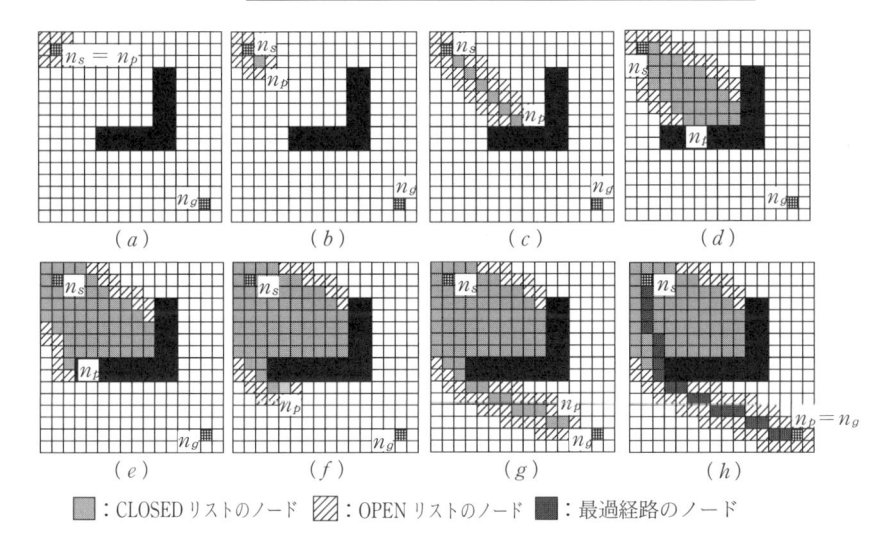

■：CLOSED リストのノード　▨：OPEN リストのノード　■：最適経路のノード

図 8.9　A^*　探　索

そこで次章では，オンラインで利用可能なアルゴリズムを考える．一般に，そのようなアルゴリズムの条件は，組合せ探索しない（探索範囲がきわめて小さい）ことである．これまでのアルゴリズムでは HC 探索がそれに該当するが，次章のアルゴリズムはすべて移動体を目的地へ誘導するものである．

8.3　オンライン（センサベースト）経路計画

本節では，地図がない場合の経路計画を説明する．まず，この分野の歴史を紹介し，どのようなロボットや環境が対象なのか説明する．そして最後に，目的地までの経路を選択するアルゴリズムをいくつか紹介する．

8.3.1　背景・歴史

オンライン（センサベースト）経路計画とは，2次元空間の障害物配置がまったくわからないとき，現在地から目的地までの経路を選択することである．このような未知空間でも，現在地と目的地の位置が正しく認識されるかぎり，

移動体を必ず目的地へ誘導できる．この場合，移動体は，目的地に直進する行動と障害物を回避する行動を切り換えながら目的地を目指す．したがって，直進行動と回避行動の回数を数えれば，目的地までの経路の質が評価できる．

さて，この問題は，例えば，オイラー（Euler）の鎖を生成する問題と密接にかかわっている．すなわち，1736年にオイラーが取り扱った有名なKonigsberg Bridgeの問題と関係している．続いて，1873年にウィーナー（Wiener）は，決して2回を下回らない多数の直進と回避でこの問題が解けることを指摘し，それほど効率的でない探索アルゴリズムを提案した．このほか，1962年にTremauxとTarryが独立に，初期地から目的地までの線分を直進行動で2回，障害物周囲を回避行動で2回通過したのち，移動体を目的地へ到達させるアルゴリズムを提案した．また，1971年にFraenkelがそれらを最大でも2回しか通過しない効率的なアルゴリズムを提案した．これより，障害物周囲を最悪で2回通行し，初期地から目的地までの線分も最悪で2回通行すれば，この問題の解けることがわかった．

このような経緯ののち，1987年にLumelskyがアルゴリズムBug 1とBug 2を提案した[21)~23)]．まず，Bug 1では，障害物の周囲を最悪で1.5回たどり，初期地から目的地までの線分も最悪で1回通行すれば，この問題の解けることが示された．また，Bug 2では，障害物の周囲を最悪なら3回以上たどるが，初期地から目的地までの線分は最悪でも1回通行すれば，この問題の解けることが示された．また，最悪経路長の観点からは，Bug 2はBug 1より悪いが，平均経路長の観点からは，Bug 2はBug 1よりもよい可能性のあることも指摘された．さらに，1990年にNoborioは，移動体の目的地への収束性が，移動体が障害物から離れるところを目的地へ接近させることにより得られることを証明し，これに沿って最も単純なアルゴリズムClass 1～3を提案した[26),27)]．そして，同じく1990年に，SankaranarayananはAlg 1とAlg 2を提案した[25),28)]．これらはBug 2やClass 1の性質（平均経路長を短くする）を維持したうえで，障害物の周囲を最悪でも2回しかたどらず，初期地から目的地までの線分は最悪で1回通行するだけで，この問題が解けることを示した．

そして，アルゴリズム Bug 1 のタイプ（障害物を必ず1周する）では，その最悪経路長が最小であり，アルゴリズム Alg 1 や Alg 2 のタイプ（障害物を1周する前に離れる）では，それらの最悪経路長が最小であることも併せて証明した．

最悪経路長や平均経路長を短くする研究以外のオンライン（センサベースト）経路計画の研究としては，移動体が目的地に到達する条件の解析[6]，移動体の自己位置認識誤差や外界センサ（ビジョンや超音波センサなど）の障害物認識誤差の影響の解析[24]，および広範囲の視野をもつビジョンセンサを搭載した惑星探査ローバへの拡張などがある[30]~[33]．これらはすべて，たとえ地図が存在しなくても，それなりに早く移動体を目的地に到達させられる可能性を示唆している．

8.3.2　移動体や未知環境

ここでは，移動体とセンサ，および未知環境について定義する．移動体は点で表現され，全方向に動けるものとする．移動体は，現在地および目的地の位置のみを知っているだけで，障害物の位置や形状などはまったく知らないものとする．しかし，搭載した外界センサ（ビジョンや超音波センサなど）により，目的地の方向に直進できるかどうかを認識したり，直進できないときには妨害する障害物の周囲を忠実にたどれたりできるものとする．さらに，移動体は GPS（global positioning system）で現在地をリアルタイムに認識できるものとする．

一方，未知環境は有限でも無限でもよいが 2 次元の空間とする．なぜなら，オンライン（センサベースト）経路計画は『移動体は障害物をたどることでそれに出会った点へ必ず戻る』という連続性（ジョルダン（Jordan）の曲線定理が保証）に基づいているからである．また，そこには多数の障害物が存在するが，おのおのの障害物の位置や形状は自由とする．しかし，障害物の周囲長やその個数は有限とする．これより，移動体が障害物を永遠にたどり続けたり，衝突や離脱を永遠に続けたりしてデッドロック（無限ループ）に陥る可能

性が除外される。

　前述のように，3次元以上の空間（障害物）にはアナログな意味で無限の回避方向があるので，オンライン（センサベースト）経路計画をそのままでは適用できない。この解決法の一つは，オフライン（モデルベースト）経路計画の章でも説明したように，ディジタル地図―移動体の自由度をディジタル化して探索空間を離散化した地図―を利用することである。3次元以上の環境（障害物）がディジタル表現されるなら，その回避方向は有限となり，オンライン（センサベースト）経路計画が適用できる[34]。前章で説明したように，このディジタル地図は膨大なノード数をもつが，オンライン（センサベースト）経路計画は領域（ノード）の小さな集合しか探索しないので，その探索時間は強く抑えられる。この意味で将来，オンライン（センサベースト）経路計画が多次元環境に適用されるかもしれない。

8.3.3　探索アルゴリズム

　ここでは，まず Lumelsky のアルゴリズム Bug 1 と Bug 2 を紹介し[21]~[23]，続いて Bug 2 を改善した Sankaranarayanan のアルゴリズム Alg 1 を説明する[25]。また，Noborio のアルゴリズム Class 1 を紹介し[26],[27]，続いてそれを改善した Sankaranarayanan のアルゴリズム Alg 2 を説明する[28]。

　まず，アルゴリズム Bug 1 では，移動体は出会った障害物 O_i を1周したのち，それには2度と衝突しない。したがって，その最悪経路長は $D + 1.5\sum_i P_i$ となり良好である。しかし，その平均経路長は $D + 1.25\sum_i P_i$ である。一方，アルゴリズム Bug 2 では，移動体は出会った障害物 O_i に最大 $n_i/2$ 回衝突する可能性がある（その周囲を最大 $n_i/2$ 回たどることを覚悟しなければならない）ので，最悪経路長は $D + \sum_i (n_i P_i/2)$ となり決してよくない。しかし，移動体は1周する前に障害物を離脱するので，平均経路長はそれよりも十分小さいものと予想される（残念ながら，この理論は一般の未知環境においては得られていない）。この意味で，現在はアルゴリズム Bug 2 のほうが実用的であるとみなされ，多用されている。

さらに，Class 1 は移動体が障害物を離脱するところを目的地へ接近させるという条件のみで，その目的地への収束を保証している．この最悪経路長は，有限ではあるが定数で限界づけられない．しかし，移動体は初期地と目的地を結ぶ線分上からしか障害物を離れられないという Bug 2 の条件が除外できたことから，平均経路長は Bug 2 よりも良好であると予想されている[35]．最後に，Bug 2 と Class 1 に『移動体が過去に訪れたところへ戻りループが生じたら，最後に障害物と衝突したところへ時計回りまたは反時計回りのルートのうち短いほうで戻り，そこから前とは逆の方向に障害物をたどり，そこから離れたら回避方向をもとに戻す』という手続きを加えると，Alg 1 と Alg 2 が誕生する．この手続きより，Alg 1 や Alg 2 では，よく似たループは再び発生せず，その最悪経路長は $D + 2\sum_i P_i$ で抑えられる．

Bug 1 は，移動体が障害物を 1 周した後に離脱するタイプ（タイプ I）のアルゴリズムである．一方，Bug 2 は，移動体が障害物を 1 周する前に離脱するタイプ（タイプ II）のアルゴリズムである．Sankaranarayanan は，タイプ I やタイプ II のアルゴリズムの最悪経路長の最小値が，おのおの $D + 1.5\sum_i P_i$ と $D + 2\sum_i P_i$ であることを理論的に証明した[29]．したがって，最悪経路長の観点から見たとき，Bug 1，Alg 1，および Alg 2 はいずれも最適アルゴリズムである．

〔1〕**アルゴリズム Bug1** ここでは，アルゴリズム Bug 1 を紹介する[21]〜[23]．まず，移動体は目的地 G へ直進する．つぎに，この直進が障害物に妨げられたなら，そこを衝突点 H_i とし，目的地に最も近い点 C を見つけるため障害物を 1 周する．そして，時計回りまたは反時計回りのルートのうち短いほうで点 C に戻り，再び目的地 G へ直進する．以上の行動を繰り返す（**図 8.10**(a), (b)）．

0. 初期地を S，目的地を G，移動体の現在地を R，衝突点を H_i（時刻順に $i = 1, 2, \cdots$），離脱点を L_i（時刻順に $i = 1, 2, \cdots$）とし，初期値を $i = 1$，$L_0 = R = S$ とする．
1. つぎの事象が起こるまで，移動体は離脱点 L_{i-1} から目的地 G へ直進す

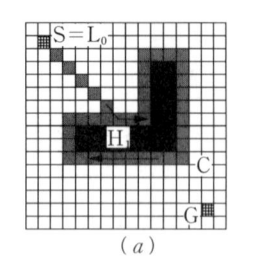

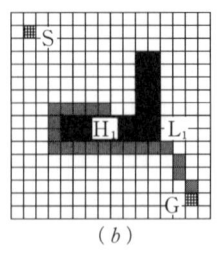

図 *8.10* （*a*）アルゴリズム Bug 1 において障害物を 1 周するまでのルート，（*b*）障害物を 1 周した後のルート

る．

1 a． 移動体 R が目的地 G に到着したら，アルゴリズムは終了し移動体は停止する．

1 b． 障害物に進行を妨げられたら，現在地 R を衝突点 H_i とし，2．へ進む．

2． つぎの事象が起こるまで，移動体は障害物を 1 周し（衝突点 H_i に戻り），目的地に最も接近した点 C を見つける．そして，点 H_i から点 C までの時計回りのルートの長さを P_c，反時計回りのルートの長さを P_{cc} とする．このとき，$P_c \leqq P_{cc}$ ならば時計回り，$P_c > P_{cc}$ ならば反時計回りで点 C へ戻る．

2 a． 移動体 R が目的地 G に到着したら，アルゴリズムは終了し移動体は停止する．

2 b． 点 C から目的地 G への方向が障害物で妨げられていれば，目的地 G へ到達する経路は存在しないので，アルゴリズムは終了し移動体は停止する．

2 c． そうでなければ，そこを離脱点 L_i とし，$i = i+1$ として 1．へ戻る．

〔2〕 **アルゴリズム Bug2** ここでは，アルゴリズム Bug 2 を紹介する[21]~[23]．まず，移動体は目的地 G へ直進する．つぎに，この直進が障害物によって妨げられたら，そこを衝突点 H_i として任意の方向（あらかじめ時計回りまたは反時計回りを選択）にそれをたどる．そして，線分 SG 上で目的地 G

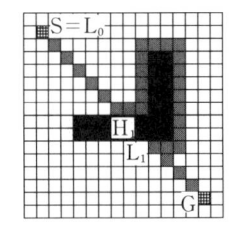

8.3 オンライン（センサベースト）経路計画

図 8.11 アルゴリズム Bug 2

に直進でき，かつ点 H_i よりも目的地 G に近い点を離脱点 L_i とし，再び目的地 G へ直進するという行動を繰り返す（**図 8.11**）。

0. 初期地を S，目的地を G，移動体の現在地を R，衝突点を $H_i(i=1, 2, \cdots)$，離脱点を $L_i(i=1, 2, \cdots)$ とし，初期値を $i=1$，$L_0 = R = S$ とする。

1. つぎの事象が起こるまで，移動体は離脱点 L_{i-1} から目的地 G へ直進する。

1a. 移動体 R が目的地 G に到着したら，アルゴリズムは終了し移動体は停止する。

1b. 障害物に進行を妨げられたら，現在地 R を衝突点 H_i とし，目的地 G までのユークリッド距離 $d(H_i)$ を保存し，2.に進む。

2. つぎの事象が起こるまで，移動体は障害物の周囲をたどる。

2a. 移動体 R が目的地 G に到着したら，アルゴリズムは終了し移動体は停止する。

2b. 線分 $\overline{SG}$ 上で $d(R) < d(H_i)$ を満足し，かつ目的地 G の方向が障害物に妨げられなければ，現在地 R を離脱点 L_i としたのち，$i = i+1$ として 1.へ戻る。

2c. 移動体 R が離脱点 L_i を見いだせずに衝突点 H_i に戻ったら，目的地 G に至る経路は存在しないので，アルゴリズムは終了し移動体は停止する。

〔3〕 **アルゴリズム Class1** Noborio は"障害物から離れるところを目的地へ単調（または漸近的）に近づけること"が"移動体を確実に目的地へ到

達させる十分条件"になることを証明し，多様なアルゴリズム Class 1～3 を提案した．まず，『直前の離脱点 L_{i-1} よりも目的地 G へ接近させる』という定義よりアルゴリズム Class 3 を設計し，『直前の衝突点 H_i よりも目的地へ接近させる』，『これまでの最近点 C よりも目的地へ接近させる』というように，目的地 G までのユークリッド距離をさらに絞り込み，アルゴリズム Class 2 やアルゴリズム Class 1 を設計した（図 **8.12** (a)，(b)，(c)）[26),27)]．

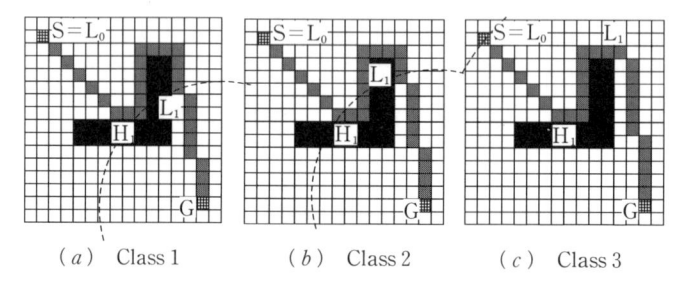

(a) Class 1　　　　(b) Class 2　　　　(c) Class 3

図 **8.12** 多様なアルゴリズム

移動体は基本的に目的地へ直進する．もし，移動体の直進が障害物によって妨害されたら，そこを衝突点 H_i としあらかじめ決められた方向（時計回りまたは反時計回り）に障害物をたどる．そして，目的地 G の方向へ直進でき，かつ点 C—これまでで最も目的地 G に近い点—よりもさらに目的地 G に近い点 L_i から再び目的地へ直進する行動を始める．

0．初期地を S，目的地を G，移動体の現在地を R，衝突点を H_i（順に i = 1, 2, …），離脱点を L_i（順に i = 1, 2, …）とし，初期値を i = 1, L_0=R=S, $dS = d(L_{i-1})$ とする．

1．つぎの事象が起こるまで，移動体は離脱点 L_{i-1} から目的地 G へ直進する．

1a．移動体 R が目的地 G に到着したら，アルゴリズムを終了する．

1b．障害物への直進が妨げられたら，その点 R を衝突点 H_i とし，そこから目的地 G までのユークリッド距離を $dS = d(H_i)$ とし，2.に進む．

2．つぎの事象が起こるまで，移動体は障害物の周囲をたどる．

2a. 移動体 R が目的地 G に到着したら，アルゴリズムを終了する。

2b. 不等式 $d(\mathrm{R}) < dS$ を満足し，かつ目的地 G の方向が障害物に妨害されていなければ，点 R を離脱点 L_i とし，$i = i + 1$ として 1. へ戻る。

2c. 不等式 $d(\mathrm{R}) < dS$ を満足し，かつ目的地 G の方向が障害物に妨害されていれば，$dS = d(\mathrm{R})$ とし，2. を繰り返す。

2d. 移動体 R が離脱点 L_i を見いだせずに衝突点 H_i に戻ったら，目的地 G には到達できないことがわかる。したがって，移動体は停止しアルゴリズムは終了する。

〔4〕 **アルゴリズム Class2**　移動体は基本的に目的地へ直進する。そしてもし，この直進が障害物に妨害されたら，そこを衝突点 H_i としてあらかじめ決められた方向（時計回りまたは反時計回り）に障害物をたどる。そして，目的地の方向へ直進でき，かつ点 H_i よりも目的地 G に近い点 L_i から再び目的地へ直進する行動を始める[26),27)]。

アルゴリズム Class 2 では，アルゴリズム Class 1 の手続き『最近点 C と目的地 G の距離 $d(\mathrm{R})$ を dS とする』を，手続き『最新の衝突点 H_i と目的地 G の距離 $d(\mathrm{H}_i)$ を dS とする』に交換する。そして，2c. を削除する。

〔5〕 **アルゴリズム Class3**　移動体は基本的に目的地へ直進する。そしてもし，この直進が障害物に妨害されたら，そこを衝突点 H_i としてあらかじめ決められた方向（時計回りまたは反時計回り）に障害物をたどる。そして，目的地の方向へ直進でき，かつ前回に離脱した点 L_{i-1} よりも目的地 G に近い点を L_i とし，そこから再び目的地へ直進する行動を始める[26),27)]。

アルゴリズム Class 3 では，アルゴリズム Class 2 の手続き『直前の衝突点 H_i から目的地 G までのユークリッド距離 $d(\mathrm{H}_i)$ を dS とする』を，手続き『直前の離脱点 L_{i-1} から目的地 G までのユークリッド距離 $d(\mathrm{L}_{i-1})$ を dS とする』に交換する。したがって，アルゴリズム Class 1 において，1b. や 2b. を変更し，2c. を削除する。

1b. 障害物に直進を妨げられたら，その移動体の位置 R を衝突点 H_i として，2. に進む。

2 b. 不等式 $d(\mathrm{R}) < dS$ を満足し，かつ目的地 G の方向が障害物で妨げられていなければ，移動体の位置 R を離脱点 L_i，$dS = d(\mathrm{L}_i)$ そして $i = i+1$ としたのち，1.へ戻る。

さて，アルゴリズム Class 1 や Class 2 では，離脱点だけでなく最近点や衝突点でも離脱可能距離 dS が更新されるのでその値は小さくなるが，アルゴリズム Class 3 では，離脱点においてしか dS は更新されないので，その値は小さくならない。

〔**6**〕 **アルゴリズム Alg 1**　ここでは，Sankaranarayanan のアルゴリズム Alg 1 を紹介する[25]。この Alg 1 では，移動体が過去の衝突点や離脱点を再び訪れたら例外処理を施し，それらをもう一度訪れないようにする。この結果，移動体が障害物の周囲をたどる回数は最悪でも 2 回となり最悪経路長は著しく改善される。この Alg 1 は，前述の Bug 2 につぎの例外処理を付加することで設計できる。まず，移動体が過去の点 Q_n（衝突点 H_n または離脱点 L_n）に戻れば（$n < i$），グローバルループまたはローカルループに陥ったことがわかる。このとき，まず，過去の点 Q_n と直前の衝突点 H_i によりループを分割すると，時計回りそして反時計回りのルートが生まれる。このとき，移動体はその短いルートで点 H_i に戻る（どちらが短いかはすでにたどっているのでわかる）。つぎに，移動体は回避方向を反転させて障害物をたどり始め，それから離脱したのち再び回避方向を反転させる（もとに戻す）（**図 8.13**）。

0. 初期地を S，目的地を G，移動体の現在地を R，衝突点を H_i（$i = 1, 2, \cdots$），離脱点を L_i（$i = 1, 2, \cdots$），初期地 S から点 Q_n（衝突点 H_n または離脱点 L_n）そして現在地 R までの経路長を，おのおの $DP(\mathrm{Q}_n)$ そして DP とし（n は任意），初期値を $i = 1$，$\mathrm{L}_0 = \mathrm{R} = \mathrm{S}$ とする。

1. つぎの事象が起こるまで，移動体 R は離脱点 L_{i-1} から目的地 G へ直進する。

1 a. 移動体 R が目的地 G に到着したら，アルゴリズムを終了する。

1 b. 障害物に進行を妨げられたら，現在地 R を衝突点 H_i，そして $dS = d(\mathrm{H}_i)$ とし，$DP(\mathrm{H}_i)$ と dS を保存する。そして，障害物の回避方向を

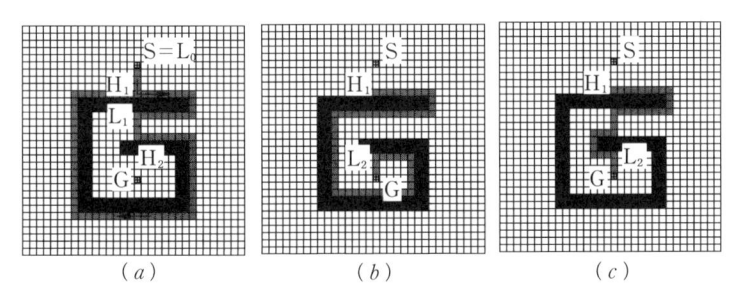

8.3 オンライン（センサベースト）経路計画　197

図 8.13　(a) アルゴリズム Bug 2 や Alg 1 における過去の衝突点 H_1 に戻るまでのルート，(b) アルゴリズム Bug 2 における過去の衝突点 H_1 に戻ってからのルート，(c) アルゴリズム Alg 1 における過去の衝突点 H_1 に戻ってからのルート

時計回りとし，2. に進む。

2. つぎの事象が起こるまで，移動体は障害物の周囲をたどる。

2a. 移動体 R が目的地 G に到着したら，アルゴリズムを終了する。

2b. 移動体 R が線分 $\overline{SG}$ 上に位置し，$d(R) < dS$ を満足し，かつ，目的地 G の方向が障害物で妨げられていなければ，そこを離脱点 L_i とし，$i = i + 1$ として 1. へ戻る。

2c. 移動体 R が線分 $\overline{SG}$ 上に位置し，$d(R) < dS$ を満足し，かつ目的地 G の方向が障害物で妨げられていれば，$d(R)$ で dS を更新し，2. を繰り返す。

2d. 点 R が過去の点 Q_n（衝突点 H_n または離脱点 L_n）に戻ったら（$n < i$），その点 Q_n と直前の衝突点 H_i がループを分割してできた時計回りと反時計回りのルートのうち，短いほうで衝突点 H_i まで戻る。すなわち，$d_1 = DP - DP(H_i)$ および $d_2 - DP(H_i) - DF(Q_n)$ のとき，$d_1 \geq d_2$ を満たすなら，前回と同じルートで衝突点 H_i まで戻り，そうでなければ，回避方向を反転させて前回と異なるルートで衝突点 H_i まで戻る（すでにこのルートも逆向きにたどっている）。このとき，衝突点 H_i を通過してから再びそこに戻るまでの全距離は DP には加えない。すなわち，DP を $DP(H_i)$ で初期化する。最後に，移動体 R が衝突点 H_i に

到着すれば，回避方向を反時計回りに設定し，3.へ進む。

2e． 移動体 R が離脱点 L_i を見いだせず衝突点 H_i に戻ったら，目的地 G に到達する経路は存在しないので，移動体は停止しアルゴリズムは終了する。

3． つぎの事象が起こるまで，移動体 R は障害物の周囲をたどる。

3a． 移動体 R が目的地 G に到着したら，アルゴリズムを終了する。

3b． 移動体 R が線分 $\overline{SG}$ 上に位置し，不等式 $d(R) < dS$ が満足され，かつ目的地 G の方向が障害物で妨げられなければ，そこを離脱点 L_i としたのち，$i = i + 1$ とし 1.へ戻る。

3c． 移動体 R が線分 $\overline{SG}$ 上に位置し，不等式 $d(R) < dS$ が満足され，かつ目的地 G の方向が障害物で妨げられれば，$d(R)$ で dS を更新し，3.を繰り返す。

3d． 移動体 R が離脱点 L_i を見いだせず衝突点 H_i に戻ったら，目的地 G に到達する経路は存在しないので，移動体は停止しアルゴリズムは終了する。

〔7〕 **アルゴリズム Alg2**　ここでは，アルゴリズム Alg 2 を紹介する（図 8.14）[28]。この Alg 2 は，Class 1 に前述の例外処理を付加することで設計できるが，ここでは，アルゴリズム Alg 1 との相違点のみ記述する。

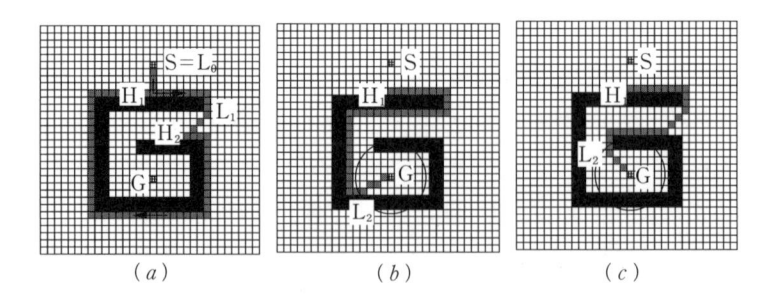

図 8.14　(a) アルゴリズム Class 1 や Alg 2 における過去の衝突点 H_1 に戻るまでのルート，(b) アルゴリズム Class 1 における過去の衝突点 H_1 に戻ってからのルート，(c) アルゴリズム Alg 2 における過去の衝突点 H_1 に戻ってからのルート

8.3 オンライン（センサベースト）経路計画

1. つぎの事象が起こるまで，移動体は離脱点 L_{i-1} から目的地 G へ直進し，最近点 C を現在地 R でつねに更新する．
1b. 障害物に進行を妨げられたら，現在地 R を衝突点 H_i および最近点 C とし，$DP(H_i)$ と $d(C)$ を保存する．そして，障害物を回避する方向を時計回りとし，2. に進む．
2b. 移動体 R が $d(R) < d(C)$ を満足し，かつ目的地 G の方向が障害物で妨げられていなければ，点 R で点 C を更新し，そこを離脱点 L_i とし，$i = i+1$ として 1. へ戻る．
2c. 移動体 R が $d(R) < d(C)$ を満足し，かつ目的地 G の方向が障害物で妨げられていれば，点 R で点 C を更新し，$d(C)$ を保存して 2. を繰り返す．
3b. 移動体 R が不等式 $d(R) < d(C)$ を満足し，かつ目的地 G の方向が障害物で妨げられなければ，点 R で点 C を更新し，そこを離脱点 L_i とし，$i = i+1$ として 1. へ戻る．
3c. 移動体 R が不等式 $d(R) < d(C)$ を満足し，かつ目的地 G の方向が障害物で妨げられれば，点 R で点 C を更新し，$d(C)$ を保存して 3. を繰り返す．

これらのアルゴリズム Alg 1 や Alg 2 では，例外処理より移動体は過去の衝突点や離脱点を 3 回以上は訪れない．これより，障害物の周囲も最大 2 回しかたどらず，最悪経路長が最良なアルゴリズムとなっている．

参 考 文 献

【1章】

1) 金井：航空機と自動車の共用制御技術，計測と制御，**40**，12，pp. 921〜926（2001）

【2章】

1) 安部：自動車の運動と制御，山海堂（1992）
2) K. Butts N. Sivashankar and J. Sun：Feedforward and Feedback Design for Engine Idle Speed Control Using l_1 Optimization, Proc. of CDC, pp. 2587〜2590 (1995)
3) C. Carnevale and A. Moschetti：Idle Speed Control with H-Infinity Technique, SAE 930770 (1993)
4) 藤村 ほか：ホンダ3ステージVTECエンジンとフル電子制御金属ベルトCVTの開発，内燃機関，**34**，435，pp. 63〜72（1995）
5) 藤代，伊藤，川邊，金井，越智：四輪操舵車の安定性に関する一考察，**25**，2，pp. 208〜214（1989）
6) 古川：ビークルダイナミクスから見た4WSの研究動向，自動車技術，**44**，3，pp. 59〜72（1990）
7) 古川 ほか：ロバスト制御によるAT車の変速ショック低減，HONDA R&D REVIEW，**7**，pp. 30〜38（1995）
8) 古川：4WSシステムと車両運動，ABSの変遷と現在，(社)自動車技術会編集 自動車技術シリーズ4 自動車の制御技術，6章，pp. 107〜125，朝倉書店（1998）
9) M. Good：Effects of Free-Control Variable on Automobile Handling, Vehicle System Dynamics, 8, 4, pp. 253〜285 (1979)
10) A. Haĉ：Design of disturbance decoupled observer for bilinear systems, Transaction of ASME Journal of Dynamic System, Measurement, and Control, 114, pp. 556〜562 (1992)
11) 半場，宮里，川邊，磯邉：セミアクティブサスペンションシステムに対するオ

ブザーバの設計，計測自動制御学会論文集，**33**，1，pp. 66〜68（1997）

12) Y. Hasegawa et al.：Individual Cylinder Air Fuel Ratio Feedback Control Using Observer, SAE 940376 (1994)

13) J.K. Hedric, R. Rajamani and K. Yi：Observer design for electric suspension application, Vehicle System Dynamics, 23, pp. 413〜440 (1994)

14) R. Hibino M. Oosawa, M. Yamada, K. Kono and M. Tanaka：H^∞ Control Design for Torque-Converter-Clutch Slip System, Proc. of the 35th CDC, pp. 1797〜1802 (1996)

15) 東又，安達，橋詰，田家：ブレーキ制御付き ACC の車間距離制御系の設計，自動車技術会学術講演会前刷集，1999 秋期大会 144-99，pp. 5〜8（1999）

16) Hojo et al.：Toyota Five-Speed Automatic Transmission with Application of Modern Control Theory, SAE 920610 (1992)

17) 堀内：操縦者の制御動作モデルと操縦性の評価，自動車技術，**45**，3，pp. 5〜11（1991）

18) D. Hrovat and B. Bodenheimer：Robust Automotive Idle Speed Control Design Based on μ-Synthesis, Proc. of ACC, pp. 1778〜1783 (1993)

19) D. Hrovat：Survey of Advanced Suspension Developments and Related Optimal Control Applications, Automatica, **33**, 10, pp. 1781〜1817 (1997)

20) 伊藤，藤代，川邊，金井，越智：四輪操舵車の新しい制御法，計測自動制御学会論文集，**23**，8，pp. 828〜834（1987）

21) 金井，内門，藤代，伊藤，川辺：自動車の適応ヨー角速度操舵系の設計，計測自動制御学会論文集，**23**，8，pp. 55〜61（1987）

22) 金井，越智，藤代，伊藤，川辺：四輪操舵車の適応形ヨーレート，横加速度，D^*制御系の設計，計測自動制御学会論文集，**24**，4，pp. 104〜106（1988）

23) D. Karnopp et al.：Vibration Control Using Semi-ActiveForce Generators, J. E. I. ASME, May, pp. 619〜626 (1974)

24) 川邊，山村，金井：デルタ演算子を用いて設計したロバストな自動車用位置決めサーボ系の制御器，計測自動制御学会論文集，**27**，6，pp. 707〜710（1991）

25) 川邊，松村，金井，北森：周波数重みを考慮したパラメータ同定法，計測自動制御学会論文集，計測自動制御学会論文集，**31**，6，pp. 773〜779（1995）

26) 川邊，松村，北森：H_∞最適化を利用したある種の非最小位相制御対象に対する制御装置の設計，計測自動制御学会論文集，**31**，9，pp. 1375〜1382（1995）

27) T. Kawabe, Y. Yamamura and K. Kanai：Robust Controller for a Servo Positioning System of an Automobile, Proc. of the 29th CDC, pp. 2170〜2175

(1990)

28) T. Kawabe, M. Nakazawa, I. Notsu and Y. Watanabe：A Sliding Mode Controller for Wheel Slip Ratio Control Systems, Vehicle System Dynamics, **27**, pp. 393〜408 (1997)

29) T. Kawabe, O. Isobe, S. Hanba, Y. Miyasato and Y. Watanabe：A Controller Design Method for Semi-Active Suspension Systems Using Quasi-Linearization and Frequency Shaping, Control Engineering Practice, 6, pp. 1183〜1191 (1998)

30) U. Kiencke：Realtime Estimate of Adhesion Characteristic between Tyres and Road, Proc. of 12th World Congress IFAC Sydney, Australia 18-23 July 1993, **1**, pp. 15〜18 (1993)

31) 岸本，前出，渡辺，橋口，小坂：プレビューディスタンスコントロールシステムの開発，三菱自動車テクニカルレビュー，8，pp. 41〜47（1996）

32) H. Kuraoka, N. Ohka, M. Ooba, S. Hosoe and F. Zhang：Application of H_∞ Optimal Design to Automotive Fuel Control, Proc. of ACC '89, pp. 1957〜1962 (1989)

33) Layne, Passino and Yurkovich：Fuzzy Learning Control for Antiskid Braking Systems, IEEE Trans. on Control system Technology, **1**, 2, pp. 122〜129 (1993)

34) Maki et. al：Real Time Engine Control Using STR in Feedback System, SAE 950007 (1995)

35) 松尾，稲葉，廣松：トラック用アクティブキャブサスペンションの制御，計測自動制御学会論文集，**30**，1，pp. 54〜63（1994）

36) D.T. McRuer, et al.：Review of Quasi-Linear Pilot Model, IEEE Trans. on Human Factor in Electronics, **HFE**-8, pp. 231〜249 (1967)

37) D.T. McRuer and R. Klein：Effects of Automobile Steering Characteristics on Driver/Vehicle Performance for Regulation Task, SAE Paper 760778 (1976)

38) 中路：自動車騒音のアクティブ制御，システム/制御/情報，**38**，8，pp. 448〜450（1994）

39) 日本エービーエス株式会社編：自動車用 ABS の研究，山海堂（1995）

40) H. Nishira, T. Kawabe and S. Shin：Road Friction Estimation Using Adaptive Observer with Periodical σ-Modification, Proc. of the 1999 IEEE International Conference on Control Applications Kohaia Coast-Island of

41) 大澤：自動車への制御理論適用の実際—エンジン・自動変速機の制御を中心として，システム/情報/制御，**40**，11，pp. 485～494 (1996)

42) E. Ono, K. Takanami, N. Iwama, Y. Hayashi, Y. Hirano and Y. Satoh：Vehicle Integrated Control for Steering and Traction Systems by μ-Synthesis, Automatica, **30**, 11, pp. 1639～1647 (1994)

43) E. Ono, S. Hosoe, H-D. Tuan and S. Doi：Robust Stabilization of Vehicle Dynamics by Active Front Wheel Steering Control, Proc. of the 35th CDC, pp. 1777～1782 (1996)

44) H.B. Pacejka：Tire Modeling for Vehicle Dynamics Analysis, Supplement to Vehicle System Dynamics, **21** (1991)

45) P.S. Palmeri, A. Moschetti and L. Gortan：H-Infinity Control for Lancia Thema Full Active Suspension System, SAE 950583 (1995)

46) L.R. Ray：Nonlinear Tire Force Estimation and Road Friction Identification：Simulation and Experiments, Automatica, **33**, 10, pp. 1819～1833 (1997)

47) S. Roukelh and A. Titli：Robust Sliding Mode Control of Semi-Active and Active Suspension for Private Cars, Proc. of IFAC 12th, Sydney, pp. 99～104 (1993)

48) Salman：Robust Servo-Electronic Controller for Brake Force Distribution, Trans. of ASME Dynamic Systems, Measurement, and Control, **112**, pp. 442～447 (1990)

49) 佐野，古川，小口，中谷：車両のヨー応答特性と横加速度応答特性が人間-自動車系の性能に及ぼす影響，自動車技術会論文集，**26**，pp.135～151 (1983)

50) 三平，細川，久保田，Laosuwan：セミアクティブサスペンションの非線形 H_∞ 制御，第3回制御理論応用シンポジウム前刷，pp. 61～66 (1995)

51) 佐藤，白石：ABSの変遷と現在，(社)自動車技術会編集自動車技術シリーズ 2　自動車の制御技術，3章2節，朝倉書店 (1997)

52) S.E. Shladover：Review of the State of Development of Advanced Vehicle Control Systems (AVCS), Vehicle System Dynamics, **24**, pp. 551～595 (1995)

53) Y. Suematsu J. Yang, S. Ueda and K. Goto：μ-Synthesis for Robust Control on Active Mounts for Vehicle Vibration Reduction, SAE 960186 (1995)

54) 竹原，則次：シート制御による車両の乗り心地改善の研究，日本機会学会論文集（C編），**61**，589，pp. 157～162 (1995)

55) H-S. Tan and Y-K. Chin：Vehicle Traction Control：Variable Structure Control Approach, ASME J. Dyn. Sys. Contr., **113**, pp. 223〜230 (1991)
56) A. Titli, S. Roukieh and E. Dayre：Three Control Approaches for the Design of Car Semi-Active Suspension (Optimal Control, Variable Structure Control, Fuzzy Control) Proc. of the 32th CDC, pp. 2962〜2963 (1993)
57) M. Tomizuka and J.K. Hedric：Advanced Control Methods for Automotive Applications, Vehicle System Dynamics, **24**, pp. 449〜468 (1995)
58) Y. Yamashita, K. Fujimori, K. Hayakawa and H. Kimura：Application of H_∞ Control to Active Suspension Systems, Automatica, **30**, 11, pp. 1717〜1729 (1994)
59) 横浜ゴム株式会社 編：自動車用タイヤの研究，山海堂 (1995)
60) V. Utkin：Sliding Mode in Control and Optimization, Springer-Verlag (1992)

【3章】

1) 木村秀政：航空宇宙辞典，地人書館 (1995)
2) 東　昭：航空工学，裳華房 (1989)
3) 日本航空宇宙学会：航空宇宙工学便覧 (第2版)，丸善 (1992)
4) 山名正夫 ほか：飛行機設計論，養賢堂 (1968)
5) I.H. Abbott et al.：Theory of Wing Sections, Dover (1959)
6) D.P. Raymer：Aircraft Design：A Conceptual Approach, AIAA (1989)
7) B. Etkin：Dynamics of Atmospheric Flight, John Wiley & Sons (1972)
8) C.D. Perkins et al.：Airplane Performance, Stability and Control, John Wiliey & Sons (1949)
9) 加藤寛一郎 ほか：航空機力学入門，東京大学出版会 (1982)
10) Mcdonnell Douglas Corp：USAF Stability and Control DATCOM (1968)
11) 古茂田真幸：制御工学，朝倉書店 (1993)
12) N. Kawahata：J. Guidance and Control, **3**, 6, pp. 508〜516 (1980)
13) B.W. McCormick：Aerodynamics, Aeronautics, and Flight Mechanics, John Wiley & Sons (1979)
14) S.F. Hoerner：Fluid Dynamic Drag, L.A. Hoerner (1958)
15) S.F. Hoerner et al.：Fluid Dynamic Lift, L.A. Hoerner (1985)
16) R.D. Blevins：Applied Fluid Dynamic handbook, Van Nostrand Reinhold (1984)
17) B. Etkin et al.：Dynamics of Flight, John Wiley & Sons (1994)
18) J.H. Blakelock：Automatic Control of Aircraft and Missiles, John Wiley &

Sons (1991)
19) 日本航空宇宙学会誌
20) J. of Aircraft, AIAA
21) J. of Guidance, Control, and Dynamics, AIAA
22) http://techreports larc. nasa.gov/cgi-bin/NTRS
23) A. Azuma et al.：J. of Aircraft, **16**, 1, pp. 6〜14 (1979)
24) 河内啓二：日本航空宇宙学会誌，**47**，550 (1999)
25) A. Azuma et al.：J. of Aircraft, **11**, 10, pp. 636〜646 (1974)
26) W. Johnson：NASA TM 81182 (1980)
27) R.W. Prouty：Helicopter Performance, Stability, and Control, PWS Publications (1986)
28) W. Johnson：Helicopter Theory, Dover (1980)
29) W.R. Splettstoesser, et al.：J. of AHS, **42**, 1, pp. 58〜78 (1997)
30) K.F. Guinn：J. of AHS, **27**, 3, pp. 25〜31 (1982)
31) Handling Qualities Requirements for Military Rotorcraft, ADS-33D (1994)
32) A. Gessow et al.：Aerodynamics of the Helicopter, Frederick Ungar (1967)
33) 加藤 ほか：ヘリコプタ入門，東京大学出版会 (1985)
34) W.Z. Stepniewski：Rotary-Wing Aerodynamics, Dover (1979)
35) 河内啓二：計測と制御，**36**，8，pp. 580〜584 (1997)
36) ヘリコプタ技術協会会報
37) J. of AHS (American Helicopter Society)
38) AHS Annual Forum
39) AHS Specialist Meeting
40) European Rotorcraft Forum

【4章】

1) A.L. Greensite："Analysis and Design of Space Vehicle Flight Control Systems", vol. I, NASA CR-820, vol. II, NASA CR-821, vol. VII, NASA CR-826 (1967)
2) G.L. Brauer, D.E. Cornick. A.R. Habeger, F.M. Peterson and R. Stevenson："Program to Optimize Simulated Trajectories (POST)", vol. I, NASA CR-132689 (1975)
3) J.C. Wilcox："A New Algorithm for Strapped-Down Inertial Navigation", IEEE Trans. Aerospace Electron. System, **AES-3**, 5, pp. 796〜802 (1967)
4) J. Kawaguchi et al.："On the M-V Attitude Control System Part- I：Con-

trol Strategy and Systems requirements," 18th International Symposium on Space Technology and Science, Kagoshima, Japan, pp. 979〜984 (1992)
5) 川口淳一郎 ほか：M-3 SII-8 号機第 2 段 LITVC 姿勢制御異常に関する技術検討, 宇宙科学研究所報告, 82 (1995)
6) 川口淳一郎：ロケットのダイナミクスと誘導制御, 計測と制御, **36**, 9, pp. 655〜663 (Sept. 1997)
7) 川口淳一郎：ロケットの姿勢・軌道運動と制御, 産業制御シリーズ, **4**, 3, コロナ社 (1999)
8) Y. Morita and J. Kawaguchi：Attitude Control Design of the M-V Rocket, Phil. Trans. R. Soc. Lond. A, **359**, pp. 2287〜2303 (2001)

【5 章】

1) M. Natori and K. Miura：Deployable Structures for Space Applications, AIAA-85-0727, AIAA/ASME/ASCE/AHS 26th Structures, Structural Dynamics and Materials Conf., Orlando (Apr. 1985)
2) 名取通弘：最近の宇宙構造物とその構造系の課題, システム制御情報学会誌, **39**, 3, pp. 106〜111 (Mar. 1995)
3) M.C. Natori, T. Takano, T. Inoue and T. Noda：Design and Development of a Deployable Mesh Antenna for MUSES-B Spacecraft, AIAA 93-1460, 34th AIAA/ASME/ASCE/AHS/ASC Structures, Structural Dynamics and Materials Conf., San Diego (Apr. 1993)
4) 例えば Proc. First Joint U.S./Japan Conf. on Adaptive Structures, Hawaii, U.S.A. (Nov. 1990)など。
5) SPS 2000 特集, 宇宙科学研究所報告, 43 (2001)
6) D.L. Akin, M.L. Minsky, E.D. Thiel and C.R. Curtzman：Space Applications of Automation, Robotics and Machine Intelligence Systems (ARAMIS) phase II, NASA-CR, pp. 3734〜3736 (1983)
7) Y. Umetani and K. Yoshida：Resolved Motion Rate Control of Space Manipulators with Generalized Jacobian Matrix, IEEE Trans. on Robotics and Automation, **5**, 3, pp. 303〜314 (1989)
8) D.N. Nenchev, K. Yoshida, P. Vichitkulsawat and M. Uchiyama：Reaction Null-Space Control of Flexible Structure Mounted Manipulator Systems, IEEE Trans. on Robotics and Automation, **15**, 6, pp. 1011〜1023 (1999)
9) ミッションスペシャリスト・若田光一宇宙飛行士に聞く, 日本ロボット学会誌, **14**, 7, pp. 919〜926 (1996)

10) 吉田和哉：フレキシブルベースロボットの力学と制御，日本ロボット学会誌，**17**，6，pp. 786〜789（1999）
11) 小田光茂 ほか：技術試験衛星Ⅶ型（ETS-Ⅶ）ミッションの概要，NASDA-TMR-970002（1997）
12) ETS-Ⅶ「おりひめ」「ひこぼし」実験成果報告会前刷集，NASDA-COB-990003（2000）
13) K. Yoshida, K. Hashizume and S. Abiko：Zero Reaction Maneuver：Flight Validation with ETS-Ⅶ Space Robot and Extension to Kinematically Redundant Arm, Proc. 2001 IEEE Int. Conf. on Robotics and Automation, pp. 441〜446

【6章】

1) 松山：分散協調視覚プロジェクト，日本ロボット学会誌，**19**，4，pp. 2〜5（2001）
2) 久野：アクティブビジョン―歴史と展望，人工知能学会誌，**10**，14，pp. 493〜499（1995）
3) N. Hoose：Computer Image Processing in Traffic Engineering, Research Studies Press (1991)
4) M. Sonka, V. Havac and R. Boyle：Image Processing, Analysis and Machine Vision, Chapman & Hall Computing (1993)
5) D. Koller, K. Daniilidis and H.H. Nagel：Model-based Object Tracking in Monocular Image Sequences of Road Traffic Scenes, International Journal of Computer Vision, **10**, 3, pp. 257〜281 (1993)
6) E. Ichihara and Y. Ohta：Navi View：Visual Assistance Using Roadside Cameras—Evaluation of Virtual Views—, Proceedings of IEEE Conference on Intelligent Transportation Systems, pp. 322〜327 (2000)
7) M.R. McCord, C.J. Merry and P. Goel：Incorporationg Satellite Imagery in Traffic Monitoring Programs, Proceedings of the North American Travel Monitoring Exhibition and Conference (1998)
8) 金子，藤河，藤本：実時間画像処理による車両番号認識装置の関係と応用，電子情報通信学会論文誌 D-Ⅱ：**J72-D-Ⅱ**，10，pp. 1663〜1671（1989）
9) 三島，高藤，小林，藤原，柴田：画像処理を用いた車番認識システムの開発，電気学会論文誌 D，**109-D**，5，pp. 333〜338（1989）
10) 安居院，中嶋：画像処理を用いたナンバープレート領域の抽出に関する研究，電子情報通信学会論文誌 D-Ⅱ，**J70-D**，3，pp. 560〜566（1987）

11) 藤吉, 梅崎, 今村, 金出：ニューラルネットワークによるナンバープレートの位置検出, 電子情報通信学会論文誌 D-II, **J80-D**, 6, pp. 1627〜1634 (1997)
12) 内藤, 山田, 山本：撮像位置にロバストなナンバープレート認識方法, 電子情報通信学会論文誌 A, **J81-A**, 4, pp. 536〜545 (1998)
13) 日比, 鎌田, 野田, 大岡：色相彩度変換と座標変換を用いたカラー自然画像からの交通標識領域の抽出及び認識, 電気学会論文誌 D, **115**, 12, pp. 1484〜1490 (1995)
14) G. Piccioli, E, De Micheli, P. Parodi and M. Campani：Robust Method for Road Sign Detection and Recognition, Image and Vision Computing, **14**, 3, pp. 209〜223 (1996)
15) 内村, 木村, 脇山：道路情景カラー画像における円形道路標識の抽出および認識, 電子情報通信学会論文誌 A, **J81-A**, 4, pp. 546〜553 (1998)
16) J. Miura, T. Kanda and Y. Shirai：An Active Vision System for Real-Time Traffic Sign Recognition, Proceedings of IEEE Conference on Intelligent Transportation Systems, pp. 52〜57 (2000)
17) D. Krumbiegel, K.F. Kraiss and S. Schreiber：A Connectionist Traffic Sign Recognition System for Onboard Driver Information, In 5th IFAC/IFIP/IFORS/IEA Symposium on Analysis, Design and Evaluation of Man-Machine Systems 1992, pp. 201〜206 (1993)
18) C. Curio, J. Edelbrunner, T. Kalinke, C. Tzomakas and W. von Seelen：Walking Pedestrian Recognition, Proceedings of IEEE Conference on Intelligent Transportation Systems, pp. 202〜297 (1999)
19) C. Wohler, J.K. Anlauf, T. Portner and U. Franke：A Time Delay Neural Network Algorithm for Real-time Pedestrian Recognition, Proceedings of IEEE Conference on Intelligent Transportation Systems, pp. 247〜251 (1998)
20) A. Broggi, M. Bertozzi, A. Fascioli and M. Sechi：Shape-based Pedestrian Detection, Proceedings of IEEE Intelligent Vehicles Symposium, pp. 215〜220 (2000)
21) M. Oren, C. Papageorigou, P. Sinha, E. Osuna and T. Poggio：Pedestrian Detection Using Wavelet Templates, Proceedings of the IEEE Computer Society Conference on Computer Vision and Pattern Recognition 1997, pp. 193〜199 (1997)
22) A. Coda, P.C. Antonello and B. Peters：Technical and Human Factor Aspects of Automatic Vehicle Control in Emergency Situations, Proceedings

of 4th World Congress on ITS (1997)
23) K.I. Kim, S.Y. Oh, S.W. Kim, H. Jeong, J.H. Han, C.N. Lee, B.S. Kim and C. S. Kim：An Auronomous Land Vehicle PRV II：Progresses and Performance Enhancement, Proceedings of Intelligent Vehicles Symposium, pp. 264～269 (1995)
24) B. Ma, S. Lakshmanan, and A.O. Hero：Detection of Curved Road Edges in Radar Images Via Deformable Templates, Proceedings of IEEE International Confernce on Image Processing (1997)
25) A. Broggi and S. Berte：Vision-Based Road Detection in Automotive Systems：a Real-Time Expectation-Driven Approach, Journal of Artifical Intelligence Research, **3**, pp. 325～348 (1995)
26) W. Kruger, W. Enkelmann and S. Rossle：Real-time Estimation and Tracking of Optical Flow Vectors for Obstacle Detection, Proceedings of IEEE Intelligent Vehicles Symposium, pp. 304～309 (1995)
27) T. Williamson and C. Thorpe：Detection of Small Obstacles at Long Range using Multibaseline Stereo, Proceedings of IEEE Intelligent Vehicles Sumposium, pp. 311～316 (1998)
28) 青木：ITSにおける画像計測と画像処理，日本ロボット学会誌，**17**，3，pp.11～17 (1999)
29) G. McAllister, S.J. McKenna and I.W. Ricketts：Towards a Non-Contact Driver-Vehicle Interface, Proceedings of IEEE Conference on Intelligent Transport Systems, pp. 58～63 (2000)
30) 種本，松本，今井，小笠原：赤外光源を用いた手の画像取得に基づく非接触インタフェースの構築，日本機械学会ロボット・メカトロニクス講演会予稿集，1 P 1-M 10 (2001)
31) C.E. Thrope：Vision and Navigation：the Carnegie Mellon Navlab, Kluwer Academic Pubishers (1990)
32) B. Ulmer：VITA II-Active Collision Avoidance in Real Traffic, Proceedings of IEEE Intelligent Vehicles Symposium, pp. 1～6 (1994)
33) 井上，稲葉，森，立川：局所相関演算に基づく実時間ビジョンシステムの開発，日本ロボット学会誌，**13**，1，pp. 134～140 (1995)
34) 藤田，山下，木村，中村，岡崎：メモリ集積型SIMDプロセッサIMAP，電子情報通信学会誌D-Ⅰ，**J-81-DI**, 2, pp. 82～90 (1995)
35) D.W. Hillis：Connection Machive, MIT Press (1986)

36) R. Cypher and J.L. Sanz：The SIMD Model of Parallel Computation, Springer Verlag (1994)
37) C. Mead：Analog VLSI and Neural Systems, Addison-Wesley (1989)
38) A. Gruss and L.R. Carley and T. Kanade：Integrated Sensor and Range-Finding Analog Signal Processor, IEEE Journal of Solid-State Circuits, **26**, 3, pp. 184〜191 (1991)
39) J.L. Wyatt Jr. and D.L. Standley and W. Yang：the MIT Vision Chip Project：Analog VLSI System for Fast Image Acqusition and Early Vision Processing, Proceedings of IEEE Internatinal Conference on Robotics and Automation, pp. 1330〜1335 (1991)
40) T.M. Bernard and B.Y. Zavidovique and F.J. Devos：A Programmable Artificial Retima, IEEE J. of Solid-state Circuits, **28**, pp. 789〜798 (1993)
41) J. Eklund and C. Svensson and A. Astrom：VLSI Implementation of a Focal Plane Image Processor—A Realization of the Near-Sensor Image Processing Concept, IEEE Transactions on Very Large Scale Intergration Systems, **4**, 3, pp. 322〜335 (1996)
42) 小室，鈴木，石井，石川：汎用プロセッシングエレメントを用いた超並列・超高速ビジョンチップの設計，電子情報通信学会誌D-Ⅰ，**J81-DI**, 2, pp. 70〜76（1998）
43) 中坊，石井，石川：超並列・超高速ビジョンを用いた1msターゲットトラッキングシステム，日本ロボット学会誌，**15**, 3, pp. 417〜442（1997）
44) A Namiki, Y. Nakabo, I. Ishii and M. Ishikawa：1ms sensory-Motor Fusion System, IEEE Transactions on Mechatoronics, **5**, 3, pp. 244〜252 (2000)
45) 石井，石川：高速ビジョンのためのSelf Windowing，電子情報通信学会論文誌D-Ⅱ，**J82-DⅡ**, 12, pp. 2280〜2287（1999）
46) 小室，石井，石川，吉田：高速対象追跡ビジョンチップ，電子情報通信学会論文誌D-Ⅱ，**J84-DⅡ**, 1, pp. 75〜82（2001）

【7章】

1) H.F. Durant-whyte：Uncertain Geometry in Robotics, IEEE J. of Robotics and Automation, **4**, 1, pp. 23〜31 (1988)
2) J.J. Leonard and H.F. Durant-whyte：Mobile Robot Localization by Tracking Geometric Beacons, IEEE Trans. on Robotics and Automation, **7**, 3, pp. 376〜382 (1991)
3) F. Chenavier and J.L. Crowly：Position Estimation for a Mobile Robot

Using Vision and Odometry, Proc. of 1992 IEEE Int. Conf. on Robotics and Automation, pp. 2588～2593 (1992)
4) R.C. Smith and P. Cheeseman：On the Representation and Estimation of Spatial Uncertainty, Int. J. of Robotics Research, **5**, 4, pp. 56～68 (1986)
5) C.W. Wing：Location Estimation and Uncertainty Analysis for Mobile Robot, Proc. of 1988 IEEE Int. Conf. on Robotics and Automation, pp. 1230～1235 (1988)
6) 小森谷 清，大山英明，谷 和男：移動ロボットのための観測計画，日本ロボット学会誌，**11**，4，pp. 53～60（1993）
7) 渡辺 豊，油田信一：灯台とデッドレコニングを用いた移動ロボットのポジショニング，日本ロボット学会 第7回学術講演会予稿集，pp. 41～44（1989）
8) 上田暁彦，油田信一：内外界センサのデータ融合に基づく車輪型移動ロボットのポジショニング，日本ロボット学会 第10回学術講演会予稿集，pp. 93～98（1992）
9) 上田暁彦：センサデータ融合による移動ロボットのポジショニングシステム，筑波大学大学院修士課程理工学研究科修士論文（1993.2）
10) A. Kosaka, M. Meng and A.C. Kak：Vision Guided Mobile Robot Navigation Using Retroactive Updating of Position Uncertainty, Proceedings of IEEE International Conference on Robotics and Automation, **2**, pp. 1～7 (1993)
11) 前山祥一，大矢晃久，油田信一：移動ロボットのための遡及的現在位置推定法―処理時間を要する外界センサの利用―，日本ロボット学会誌，**15**，7，pp. 115～121（1997）
12) J. Borenstein et al.：Navigating Mobile Robots―Systems and Techniques, Chapter 5, A.K. Peters (1996)
13) T. Yata, L. Kleeman and S. Yuta：Fast Bearing Measurement with a Single Ultrasonic Tranceducerm, The Int. J. of Robotics Research, **17**, 11, pp. 1202～1213 (1998)
14) 大矢晃久，永島良昭，油田信一：超音波による壁面の法線方向の高速測定，日本ロボット学会誌，**13**，5，pp. 118～121（1995）
15) Y. Bar-Shalom and T.E. Fortmann：Tracking and Data Association, Mathematics in Science and Engineering volume 179, Academic Press (1988)
16) 有本 卓：カルマンフィルター，産業図書（1977）
17) 片山 徹：応用カルマンフィルタ，朝倉書店（1989）

18) 登内洋次郎, 坪内孝司, 有本 卓：移動ロボットにおける空間有限性を考慮した位置推定—内界センサ情報と作業領域に関する知識のベイズ的融合法—, 日本ロボット学会誌, **12**, 5, pp. 51〜55 (1994)

19) 登内洋次郎：自律移動ロボットにおける位置推定に関する研究, 東京大学大学院工学系研究科情報工学専攻修士論文 (1994.2)

20) W. Burgard et al.：Experiences with an Interactive Museum Tour-Guide Robot, CMU-CS-98-139 (Tech. Report) (1998)

21) F. Dellart et al.：Monte Carlo Locallization for Mobile Robots, Proc. of 1999 IEEE Int. Conf. on Robotics and Automation, pp. 1322〜1328 (1999)

【8章】

1) P. Jacob, J.-P. Laumond and M. Taix：Efficient motion planning for non-holonomic mobile robots, Proc. of the IEEE/RSJ Int. Work. on Intelligent Robots and Systems, pp. 1229〜1235 (1991)

2) Z. Li and J.F. Canny：Nonholonomic motion planning, Kluwer Academic Publishers (1993)

3) J. Barraquand and J.-C. Latombe：Nonholonomic multibody mobile robots：controllability and motion planning in the presence of obstacles, Journal of Algorithmica, pp. 121〜155 (1993)

4) J.-P. Laumond, P.E. Jacobs, M. Taix and R.M. Murray：A motion planner for non-holonomic mobile robot, IEEE Trans. on Robotics and Automation, **10**, 5, pp. 577〜593 (1994)

5) J.-C. Latombe：Robot motion planning, Kluwer Academic Publishers (1991)

6) H. Noborio：On a sensor-based navigation for a mobile robot, Journal of Robotics Mechatronics, 8, 1, pp. 2〜14 (1996)

7) N. Nillson：Principle of artificial intelligence, Tioga (1980)

8) J. Pearl：Heuristics, Addison-Wesley (Oct. 1985)

9) 西村 ほか：ナビゲーションシステム, 日本ロボット学会誌, 特集号：高度道路交通システム, **17**, 3（Apr. 1999）

10) "Online algorithms：the state of the art" eds., Fiat, Amos：Woeginger, Gerhard J. Berlin：Springer, 1998.-XVIII, 436 S. (Lecture notes in computer science；1442) (1998)

11) T. Lozano-Perez and M.A. Wesley：An algorithm for planning collision-free paths among polyhedral obstacles, Communication of ACM, **22**, 10, pp. 560〜570 (Oct. 1979)

12) Y.H. Liu and S. Arimoto : Computation of the tangent graph of polygonal obstacles by moving-line processing, IEEE Trans. on Robotics and Automation, **10**, 6, pp. 823〜830 (Dec. 1994)
13) T. Asano : Visibility of disjoint polygons, Algorithmica, **1**, 1, pp. 49〜63 (1985)
14) E.F. Moore : The shortest path through a maze, Proc. of the Int. Symp. on the Theory of Switching, Cambridge, Mass. : Harvard University Press, **2**, pp. 285〜292 (1959)
15) E.W. Dijkstra : A note on two problems in connection with graphs, Numerische Mathematik, **1**, pp. 269〜271 (1959)
16) R. Bellman and S. Dreyfus : Applied dynamic programming, Princeton, N. J. : Princeton University Press (1962)
17) E.L. Lawler and D.E. Wood : Branch-and-bound methods : A survey, Operations Research, **14**, 4, pp. 699〜719 (1966)
18) A. Newell, J.C. Shaw and H.A. Simon : Empirical explorations of the logic theory machine, Proc. of West Joint Conputer Conference, pp. 218〜239 (1957)
19) S. Lin : Computer solusions of the travelling salesman problem, Bell Systems Tech. J., **44**, 10, pp. 2245〜2269 (1965)
20) D. Michie and R. Ross : Experiments with the adaptive graph traverser, Machine Intelligence, pp. 301〜308 (1970)
21) V.J. Lumelsky and A. Stepanov : Effect of uncertainty on continuous path planning for an autonomous vehicle, Proc. of the 23rd IEEE Conf. on Decision and Control, Las Vegas, Nevada (Dec. 1984)
22) V.J. Lumelsky : Algorithmic and complexity issues of robot motion in an uncertain environment, J. Complexity, **3**, pp. 146〜182 (1987)
23) V.J. Lumelsky and A.A. Stepanov : Path-planning strategies for a point mobile automaton moving amidst unknown obstacles of arbitrary shape, Algorithmica, **2**, pp. 403〜430 (1987)
24) H. Noborio and T. Yoshioka : Sensor-based navigation of a mobile robot under uncertain conditions, A Practical Approach. Practical Motion Planning in Robotics, K.K. Gupta and A.P. DelPobil eds., pp. 325〜347, John Wiley (1998)
25) A. Sankaranarayanan and M. Vidyasager : A new path planning algorithm for moving a point object amidst unknown obstacles in a plane, Proc. of the

1990 IEEE Int. Conf. on Robotics and Automation, Cincinnati, Ohio, pp. 1930～1936 (May. 1990)

26) H. Noborio : A path-planning algorithm for generation of an intuitively reasonable path in an uncertain 2D workspace, Proc. of the Japan-USA Symposium on Flexible Automation, **2**, pp. 477～480 (Jul. 1990)

27) H. Noborio : A sufficient condition for designing a family of sensor-based deadlock-free path-planning algorithms, Journal of Advanced Robotics, **7**, 5, pp. 413～433 (Ja. 1993)

28) A. Sankaranarayanan and M. Vidyasagar : Path planning for moving a point object amidst unknown obstacles in a plane : a new algorithm and a general theory for algorithm development, Proc. of the 29th Conf. on Decision and Control, Hawai, pp. 1111～1119 (Dec. 1990)

29) A. Sankaranarayanan and M. Vidyasagar : Path planning for moving a point object amidst unknown obstacles in a plane : the universal lower bound on worst case path lengths and a classfication of algorithms, Proc. of the IEEE Int, Conf. on Robotics and Automation, pp. 1734～1741 (Apr. 1991)

30) V.J. Lumelsky and T. Skewis : Incorporating range sensing in the robot navigation function, IEEE Transactions on Systems, Man, and Cybernetics, **20**, 5, pp. 1058～1068 (1990)

31) I. Kamon, E. Rimon and E. Rivlin : TangentBug : A range-sensor-based navigation algorithm, Journal of Robotics Research, **17**, 9, pp. 934～953 (1998)

32) S.L. Laubach : Theory and experiments in autonomous sensor-based motion planning with applications for flight planetary microrovers, Ph. D. thesis, California Institute of Technology, Pasadena, CA (1999)

33) S.L. Laubach and J.W. Burdick : An autonomous sensorbased path-planner for planetary microrovers, Proc. of the 1999 IEEE Int. Conf. on Robotics and Automation, pp. 347～354 (May. 1999)

34) H. Noborio, Y. Maeda and K. Urakawa : Three or more dimensional sensor-based path-planning algorithm HD-I, Proc. of the IEEE/RSJ Int. Conf. on Intelligent Robots and Systems, pp. 1699～1706 (Oct. 1999)

35) R. Nogami, S. Hirao and H. Noborio : On the average path lengths of typical sensor-based path-planning algorithms by uncertain random mazes, Proc. of the IEEE Int. Symp. on Compulational Intelligence in Robotics and Automation, pp. 471-478 (Jul. 2003)

索引

【あ】

アイドル回転数制御系　6
アクティブサスペンション
　制御系　6
後戻り　182
アールバー　120
安定増大装置　45
安定微係数　43

【い】

位相安定化　73
位相余裕　45
一般化座標　68

【う】

ヴィバー　120
渦理論　56
宇宙往還技術実験機　99
宇宙レーダ実験　110
運動量理論　56

【え】

エンジンスロットル　38
エンジンの推力　39

【お】

オイラー角　41
　──の関係式　64
オドメトリ　143
オービタ　96
オフライン経路計画　174
オンライン経路計画　174

【か】

回転角速度　41
拡張カルマンフィルタ　21
過去の実際コスト　185
カーゴベイ　96
舵　37
風荷重　91
加速度計　47
加速度比例制御　57
カルマンフィルタ　47
慣性センサ　79
間接誘導　89
完全画素並列方式　134

【き】

技術試験衛星VII型　118
気象レーダ　47
機体固定座標　37
機体の運動方程式　40
軌道再突入実験機　99
軌道船　96
境界層　23
局所運動量理論　56
極超音速飛行実験　99, 100
許容性　186
切換関数　22
切換面　22

【く】

空中共振　50
空中静止　47
空燃比制御　6
クロスオーバ周波数　18
クロスオーバモデル　18

【け】

経路計画　174
ゲイン安定化　73
ゲイン余裕　45

【こ】

後縁　35
航法　1
抗力　36
後輪軸推進　145
小型自動着陸実験　99, 100
国際宇宙ステーション　98
誤差楕円　152
固体ブースタ　96
コーナリングパワー　9
コーナリングフォース　11
コニング角　51
コレクティブピッチ角　54
コレクティブピッチレバー
　　48
混合問題　73
コンボイ走行　30

【さ】

サイクリックピッチ角　54
サイドスティック　45
サイドバイサイド型　47
最ゆう推定法　44
ザーリャ　103

【し】

磁気コンパス　47
四元数　86
姿勢制御　1

次世代宇宙望遠鏡	107	センサ	47	デッドレコニング	142
シーソーロータ型	54	センサベースト経路計画		デルタクリッパー	98
失 速	36		174	電荷結合素子	133
質量流量率	60	線ランドマーク	156	天測航法	142
自動運転	30	【そ】		電波誘導	91
自動着陸	46			点ランドマーク	158
ジャイロ	47	操縦桿	38	【と】	
車間自動制御システム	29	操縦性	44,45		
斜 材	110	双線形系	7	統合制御系	6
重心に働く外力	41	双線形タンジェント則	89	同軸反転型	47
重心回りのモーメント	41	操舵応答	6,56	動的運動量理論	56
周波数整形	26	操舵入力	45	特性根	44,46
昇降計	47	総力積	62	独立二輪駆動型	146
昇降舵	37	遡及的位置推定法	171	トラクション	8
冗長アーム	117	速度比例制御	57	トランスポンダ	47
将来の推定コスト	185	【た】		トレッド	146
シングルロータ形式	47			【に】	
【す】		対気速度	36		
		対地速度	36	2次元翼	37
垂直離着陸	47	タイヤ力	8	2点境界値問題	90
推 力	60	ダウンレンジ方向	89	1/2モデル	16
推力ベクトル	48	舵 角	41	2輪モデル	10
スカイフック制御	26	多段式ロケット	61	人間-自動車系	18
スカイラブ	101	ダッチロール	44	【ね】	
スクラムジェット	98	縦の運動	42		
スパイラルモード	44	短周期モード	44	燃料噴射ポンプ制御系	6
ズベズダモジュール	103	弾性ヒンジ	53	【は】	
スペースプレーン	98	単段式	98		
スライディングモード		単調性の制約条件	186	バウンシング	16
制御系	7	タンデム型	47	剥 離	36
スリップ率	8	【ち】		ハッブル宇宙望遠鏡	107
スリップロックアップ制御	6			ハブ回転面	54
スロッシング	70	地上共振	50	ハブモーメント	48
【せ】		知的構造物	111	バンク角	39
		チャタリング	21	【ひ】	
制御入力	38	長周期モード	44		
静止空間座標	37	直接誘導	89	飛行計画	46
セミアクティブサスペン		【て】		飛行シミュレータ機	46
ション	7			飛行性	45
セルフウィンドウ法	140	適応オブザーバ	21	微小じょう乱方程式	43
前 縁	35	適応構造物	111	ビジョンチップ	135
線形タンジェント則	90	適応制御	6	比推力	62
線形方程式	43	適応フィルタ	7	ひずみ対称行列	88

索引

非線形 H_∞ 制御	26	ボーデ線図	45	ヨー角速度	11
ピッチ運動	39	ホバリング	47	翼　型	35, 37
ピッチ角	39, 54			翼弦長	35
ピッチング	16	【ま】		横加速度	11
尾部ロータ	47	摩擦円	9	横滑り角	43
				横滑り速度	11
【ふ】		【み】		横の運動	42
ファジィ制御	20	ミール	101	横・方向の運動	42
フェザリング運動	49			ヨーレート	11
フェザリングヒンジ	50	【む】		1/4 翼弦長点	37
吹き下ろし	56	迎角	35		
フゴイドモード	44	メインロータ	47	【ら】	
フライバイライト	45			落下制御	102
フライバイワイヤ	45	【も】			
フラッピング運動	50	モデルフォローイング	46	【り】	
フラッピング角	50	モデルベースト経路計画	174	リード・ラグ運動	50
フラッピング固有振動数	53	もれこみ	71	リード・ラグヒンジ	50
フラッピングヒンジ	50			リャプノフ関数	22
フラッピングヒンジオフセット	51	【や】		流入角	54
プラトーニング	30	山登り法	181	【れ】	
フリーフライング宇宙ロボット	113	【ゆ】		列並列方式	134
ブレーキ力	8	有効排出速度	60	連成項	42
ブロック並列方式	134	誘　導	1		
		誘導制御	59	【ろ】	
【へ】		誘導速度	56	6自由度非線形方程式	41
ヘリコプタ	47	ユニティノード	103	ロータ	47
ベンチャースター	98			ロータ回転面	48
		【よ】		ロータ推力	48
【ほ】		揚抗比	37	ロバスト安定化	60
方位角	39, 51	揚　力	36	ロバスト性	6
方向舵	37	ヨー運動	39	路面摩擦係数	10
法線力傾斜	69	ヨー角	39	ロール運動	39
補助翼	37	ヨー角加速度	11	ロール角	39

【A】		【B】		CCD イメージャ	133
ABS	19	BBW	2	CCD 方式	133
ACC システム	29	BF 探索	182	CMG	107
ALFLEX	99, 100			CMOS イメージャ	133
A^+ 探索	184	【C】		CMOS 方式	133
		CCD	133	C系	89

【D】

DME	47

【E】

ETS-VII	118

【F】

FBL方式	2
FBW方式	2
FR	145
FTS	113

【G】

GPS	47
G系	89

【H】

HC探索	180
HHC	58
Hohenemserの仮定	52
HOPE	99
HOPEX	99
HST	106
HTV	98
HYFLEX	99, 100
H_∞制御	6, 73
H_∞制御理論	75

【I】

IBC	58
IMAPビジョン	134
IMU	79
ISS	98
ITS	30

【J】

JEM	105
JEMRMS	105

【M】

MBS	104
MUSES-B	108

【N】

NAVLAB	132
NED系	63
NGST	107
N系	88

【O】

OREX	99

【P】

P6トラス	104
PAM-3	103
PID	24
PWS型	146

【R】

r-bar	120
RHC	116

【S】

S^3PEアーキテクチャ	136
SAS	45
SBW	2
SFU	97
SPDM	105
SRMS	112
SSRMS	104
SSTO	96

【T】

TBW	2
TDRS	121
THC	116
TWD特性	71
TWD零点周波数	71

【V】

v-bar	120
VITA II	133
VOR	47

【X】

X-33	98

【Z】

Z1トラス	103

【ギリシャ文字】

μ設計	6

―― 著 者 略 歴 ――

金井 喜美雄 (かない　きみお)
1960 年　防衛大学校卒業 (航空工学専攻)
1969 年　名古屋大学大学院博士課程修了
　　　　 (航空工学専攻)
1969 年　防衛大学校講師
1971 年　工学博士 (名古屋大学)
1977 年　防衛大学校教授
2000 年　防衛大学校副校長
2002 年　防衛大学校名誉教授
2002 年　日産自動車(株)技術顧問
　　　　 現在に至る

石川 正俊 (いしかわ　まさとし)
1977 年　東京大学工学部計数工学科卒業
1979 年　東京大学大学院修士課程修了 (計数工学専攻)
1979 年　通商産業省工業技術院製品科学研究所勤務
1988 年　工学博士 (東京大学)
1989 年　東京大学助教授
1999 年　東京大学教授
　　　　 現在に至る

河内 啓二 (かわち　けいじ)
1970 年　東京大学工学部航空学科卒業
1975 年　東京大学大学院博士課程修了 (航空学専攻)
　　　　 工学博士
1975 年　科学技術庁航空宇宙技術研究所勤務
1981 年　東京大学助教授
1991 年　東京大学教授
　　　　 現在に至る

坪内 孝司 (つぼうち　たかし)
1983 年　筑波大学第一学群自然学類卒業
1988 年　筑波大学大学院博士課程修了 (電子・情報工学専攻)
　　　　 工学博士
1988 年　日本学術振興会特別研究員
1989 年　宇都宮大学助手
1991 年　東京大学助手
1994 年　筑波大学講師
1998 年　筑波大学助教授
　　　　 現在に至る

吉田 和哉 (よしだ　かずや)
1984 年　東京工業大学工学部機械物理工学科卒業
1986 年　東京工業大学大学院修士課程修了
　　　　 (機械物理工学専攻)
1986 年　東京工業大学助手
1990 年　工学博士 (東京工業大学)
1995 年　東北大学助教授
2003 年　東北大学教授
　　　　 現在に至る

石井 抱 (いしい　いだく)
1992 年　東京大学工学部計数工学科卒業
1994 年　東京大学大学院修士課程修了
　　　　 (計数工学専攻)
1996 年　東京大学大学院博士課程中退
　　　　 (計数工学専攻)
1996 年　東京大学助手
2000 年　博士 (工学) (東京大学)
2000 年　東京農工大学講師
2002 年　東京農工大学助教授
2003 年　広島大学助教授
　　　　 現在に至る

川口 淳一郎 (かわぐち　じゅんいちろう)
1978 年　京都大学工学部機械工学科卒業
1983 年　東京大学大学院博士課程修了
　　　　 (航空学専攻)
　　　　 工学博士
1983 年　文部省宇宙科学研究所助手
1988 年　文部省宇宙科学研究所助教授
2000 年　文部科学省宇宙科学研究所教授
2003 年　独立行政法人宇宙航空研究開発機構宇宙科学研究本部教授
　　　　 現在に至る

川邊 武俊 (かわべ　たけとし)
1981 年　早稲田大学理工学部応用物理学科卒業
1984 年　早稲田大学大学院修士課程修了 (物理学及応用物理学専攻)
1984 年　日産自動車 (株) 中央研究所電子研究所勤務
1992 年　東京大学大学院研究生 (計算工学専攻)
1994 年　工学博士 (東京大学)
1994 年　日産ディーゼル工業 (株) 勤務
1996 年　日産自動車 (株) 総合研究所電子情報研究所勤務
　　　　 現在に至る

登尾 啓史 (のぼりお　ひろし)
1982 年　静岡大学工学部情報工学科卒業
1984 年　静岡大学大学院修士課程修了
　　　　 (情報工学専攻)
1987 年　大阪大学大学院博士課程修了
　　　　 (物理系専攻)
　　　　 工学博士
1987 年　大阪大学助手
1988 年　大阪電気通信大学専任講師
1998 年　大阪電気通信大学教授
　　　　 現在に至る

ビークル
Vehicle　　　　　　　　　　　　　　　　　© (社)計測自動制御学会 2003

2003年12月12日　初版第1刷発行

検印省略	編　　者	社団法人 計 測 自 動 制 御 学 会 東京都文京区本郷1-35-28-303
	著者代表	金　井　喜　美　雄
	発 行 者	株式会社　コ ロ ナ 社
		代 表 者　牛 来 辰 巳
	印 刷 所	壮光舎印刷株式会社

112-0011　東京都文京区千石4-46-10
発行所　株式会社　コ ロ ナ 社
CORONA PUBLISHING CO., LTD.
Tokyo Japan
振替 00140-8-14844・電話(03)3941-3131(代)
ホームページ http://www.coronasha.co.jp

ISBN 4-339-03363-4　　　(金)　　(製本：グリーン)
Printed in Japan

無断複写・転載を禁ずる
落丁・乱丁本はお取替えいたします

宇宙工学シリーズ

(各巻A5判)

■編集委員長　髙野　忠
■編集委員　狼　嘉彰・木田　隆・柴藤羊二

　　　　　　　　　　　　　　　　　　　　　　頁　本体価格

1. 宇宙における電波計測と電波航法　髙野・佐藤／柏本・村田 共著　266　3800円

2. ロケット工学　松尾弘毅監修／柴藤羊二・渡辺篤太郎 共著　254　3500円

3. 人工衛星と宇宙探査機　木田　隆／小松敬治／川口淳一郎 共著　276　3800円

4. 宇宙通信および衛星放送　髙野・小川・坂庭／小林・外山・有本 共著　286　4000円

5. 宇宙環境利用の基礎と応用　東　久雄 編著　242　3300円

6. 気球工学
   成層圏および惑星大気に浮かぶ科学気球の技術　矢島・井筒／今村・阿部 共著　近刊

以下続刊

宇宙ステーションと支援技術　狼・堀川／冨田・白木 共著

宇宙からのリモートセンシング　高木幹雄監修／増子・川田 共著

定価は本体価格+税です。
定価は変更されることがありますのでご了承下さい。

図書目録進呈◆

計測・制御テクノロジーシリーズ

(各巻A5判)

■(社)計測自動制御学会 編

配本順				頁	本体価格
5. (5回)	産業応用計測技術	黒森健一他著		216	2900円
8. (1回)	線形ロバスト制御	劉 康志著		228	3000円
11. (4回)	プロセス制御	高津春雄編著		232	3200円
13. (6回)	ビークル	金井喜美雄他著		230	3200円
17. (2回)	システム工学	中森義輝著		238	3200円
19. (3回)	システム制御のための数学	田村捷利・武藤康彦・笹川徹史 共著		220	3000円

以下続刊

1. 計測技術の基礎　山崎弘郎・田中充 共著
2. センシングのための物理と数理　本多敏・出口光一郎 共著
3. 電子回路とセンサ応用　安藤繁著
4. 計測・制御のための信号処理　河田聡・中村収 共著
6. 動的システム　木村英紀・須田信英・原辰次 共著
7. フィードバック制御　細江繁幸・荒木光彦 共著
9. システム同定と制御　秋月影雄・和田清・大松繁 共著
10. アドバンスト制御　大森浩充著
12. ロボティクス ―ロボット制御の理論―　ロボティクス部会編著
14. 画像処理　中嶋正之著
15. 信号処理入門　小畑秀文・田村安孝・浜田望 共著
16. 新しい人工知能 ―その知識社会の諸問題への応用―　國藤進他著
18. 音声信号処理論 ―音声の生成・知覚から合成・認識へ―　赤木正人著
20. 情報数学 ―現代情報技術のための基礎数学―　浅野孝夫著

定価は本体価格+税です。
定価は変更されることがありますのでご了承下さい。

図書目録進呈◆